黄河中游水文志

（河口镇—龙门）
（1951—2021）

黄河水利委员会中游水文水资源局　编

山西人民出版社

图书在版编目（CIP）数据

黄河中游水文志 / 黄河水利委员会中游水文水资源
局编. -- 太原 ： 山西人民出版社，2024.1
ISBN 978-7-203-13235-6

Ⅰ．①黄… Ⅱ．①黄… Ⅲ．①黄河流域－中游－水文
－工作概况 Ⅳ．①P344.2

中国国家版本馆CIP数据核字(2024)第020449号

黄河中游水文志

编　　者：黄河水利委员会中游水文水资源局
责任编辑：王晓斌
复　　审：高　雷
终　　审：武　静
装帧设计：李建文

出　版　者：山西出版传媒集团·山西人民出版社
地　　　址：太原市建设南路 21 号
邮　　　编：030012
发行营销：0351 – 4922220　4955996　4956039　4922127（传真）
天猫官网：https://sxrmcbs.tmall.com　电话：0351 – 4922159
E – mail：sxskcb@163.com　发行部
　　　　　sxskcb@126.com　总编室
网　　　址：www.sxskcb.com

经 销 者：山西出版传媒集团·山西人民出版社
承 印 厂：山西万佳印业有限公司

开　　本：787mm×1092mm　　　1/16
印　　张：17
字　　数：280 千字
版　　次：2024 年 1 月　第 1 版
印　　次：2024 年 1 月　第 1 次印刷
书　　号：ISBN 978-7-203-13235-6
定　　价：198.00 元

如有印装质量问题请与本社联系调换

《黄河中游水文志》编纂委员会

（2021 年 2 月）

《黄河中游水文志》编纂委员会

（2022 年 1 月）

顾　问	席锡纯	王海明	高国甫	宋海宏	陈三俊
主　任	贾俊亮				
副主任	韩淑媛	陈　鸿	郭成修		
委　员	蔡文彦	汪艾卓	郭成山	高夏晖	李钦隆
	褚杰辉	刘培锋	何继宏	甄晓俊	张玉胜
	袁春雨	齐　斌	王格宏	李　瑞	陈志洁
	王　勇	杨德应	郑树明	张兆明	陈朝辉
	常桂强				
主　编	郭成修				
副主编	薛开祥	马文进	齐　斌	甄晓俊	

主要参编人员（按姓氏笔画为序排列）

马志刚	王　靖	王志东	王秀兰	白瑞兵
乔玉青	刘培锋	李文平	杨建忠	何　莹
宋　琦	张　政	张　静	张允波	张娅琪
陈　艳	陈志洁	陈柄乾	陈朝辉	罗荣华
郑　凯	赵　梅	赵诺亚	赵基元	赵慧芳
姜胜利	贺俊华	郭永旭	席艳秋	董福新
惠　丰	谢事亨	甄雨欣	雷文祥	慕东红
蔡　蕾	薛小吉	薛晓霞		

序

　　黄河是中华民族的母亲河。千百年来，浩浩黄河水哺育了中华儿女，孕育了灿烂辉煌的中华文明。新中国成立后，党和国家对治理开发黄河高度重视，黄河保护治理取得了举世瞩目的成就。

　　2021年，《黄河水文志（1988—2020）》出版发行，这是继1996年版《黄河水文志》后，又一部详尽反映黄河水文各项工作的精品力作。如今，《黄河中游水文志》历时三载终于修编成书，这既是黄河中游水文事业的一件大事要事，也是《黄河水文志》的有益补充，是记录黄河水文历史的重要载体。这本书系统记述了1951—2021年黄河中游水文事业的发展历程、沧桑巨变和辉煌成就，是黄河保护治理事业在水文方面的客观反映和真实写照。

　　自1935年设立吴堡水文站，黄河中游水文事业历经岁月沧桑，从无到有、由弱到强，不断发展壮大，如今拥有8个职能部门、6个直属事业单位、4个勘测局、1个企业。经过几轮站网规划，黄委中游水文水资源局目前有45个水文站、6个水位站、298个雨量站、8个蒸发站(含万家寨)，形成了比较完整的水文测报体系，"耳目"和"尖兵"作用发挥更加充分，为水旱灾害防御、水资源管理、水生态保护和水环境治理提供了坚实支撑。

　　改革开放以来，特别是党的十八大以来，在党中央的高度重视下，在水利部、黄河水利委员会党组的正确领导下，黄河水文测报能力不断提升，服务范围不断拓展，自主创新能力不断加强，现代化建设不断提档升级，为黄河流域生态保护和高质量发展提供了科学精准的水文服务。黄河中游作为黄河泥沙主要来源区、暴雨洪水主要来源区，70年来，中游局全体同仁胸怀大局，勠力拼搏，各项事业的发展逐渐步入了快车道。水文站网布局日趋完善，水文测报能力有效提升，高素质专业队伍不断加强，经济发展持续向好，获评"全国文明单位"，职工获得感、幸福感、安全感显著增强，用实际行动诠释了黄河水文人的使命和担当，丰富了黄河水文精神的时代内涵。

进入新时代，习近平总书记发出"让黄河成为造福人民的幸福河"的伟大号召，《黄河流域生态保护和高质量发展规划纲要》和《黄河保护法》相继出台，黄河保护治理事业迈上了新征程。中游局全体同仁一定要乘势而上，抓住机遇，在党的二十大精神的指引下，贯彻落实黄河水文发展战略，坚守初心使命，忠诚履职尽责，踔厉奋发，勇毅前行，为黄河水文事业的发展贡献中游水文人的智慧和力量。

2023 年 1 月

凡　例

一、本志的编写以马克思列宁主义、毛泽东思想、邓小平理论、"三个代表"重要思想、科学发展观和习近平新时代中国特色社会主义思想为指导，遵循辩证唯物主义和历史唯物主义的立场、观点和方法，全面、客观、真实反映黄河中游水文事业的发展历程，力求达到真实性、准确性、完整性和资料性相统一。

二、本志参照《黄河水文志》的编写要求，结合黄河中游水文的具体情况，所叙事物始于1935年吴堡水文站成立，本着详近略远的原则，简明扼要地如实记述事物的客观实际，重点记述1951年以来的史实和取得的成就，力求做到去粗取精，去伪存真，翔实可靠，下限一般至2019年底（各类荣誉奖项和各级职务任职情况延伸至2021年底）。

三、本志以志为主体，辅以述、记、考、图、表、录、照片等，随文插图，力求图文并茂；横排门类、纵述始末；编目设篇、章、节三级，节以下层次用一、（一）、1、（1）等序号表示。

四、本志的编写在文风上力求简洁、明快、严谨、朴实，做到言简意赅、文约事丰、叙而不论、秉笔直书。

五、本志中所记录的单位名称，凡首次出现时均用全称，并加括号注明简称，再次出现时可用简称；使用的水文资料和数据，一般指整理后的资料，另有说明的除外。

六、本志文字采用简化字。以1964年5月国务院公布的《简化字总表》

为准。

七、纪年时间。本志采用公元纪年法，年、月、日和时间均采用阿拉伯数字书写。

八、计量单位。以 1984 年 2 月 27 日国务院颁发的《中华人民共和国法定计量单位规定》为准，行文中的计量单位和名称均用汉字表示。当数字为零时用"0"表示，没有数字时用"—"表示，缺少某项数字时用"……"表示。

九、标点符号。执行 2011 年 12 月 30 日中华人民共和国国家质量监督检验检疫总局、中国国家标准化管理委员会联合发布，2012 年 6 月 1 日实施的《中华人民共和国国家标准标点符号用法》（GB/T15834—2011）。

目　录

第四篇　水环境监测

附　表

概　述

　　黄河从内蒙古自治区（以下简称内蒙古）托克托县的河口镇至河南省郑州市的桃花峪为其中游，河口镇至陕西省韩城市的龙门称为中游区上段（以下简称河龙区间）。河龙区间的地理坐标在东经 108°02' 至 112°44'、北纬 35°40' 至 40°34' 之间，东西跨 4°42'，南北跨 4°54'。河龙区间属黄河水利委员会（以下简称黄委）中游水文水资源局（以下简称中游局）管辖的水文测区（以下简称中游局测区），行政区域分属内蒙古、陕西省和山西省 7 市 43 县（市、区、旗）。中游局负责河龙区间的水文测验、水情报汛、水文预报、水环境监测、水行政管理以及水文科研等工作。

　　中游局测区地处山西省吕梁山脉以西，西北与内蒙古鄂尔多斯高原相邻，西南与陕西省白于山、崂山和黄龙山为界，大部分属于黄土高原地区，这一地区地面崎岖起伏，千沟万壑，支离破碎。地形主要分为黄土丘陵沟壑区、沙丘沙地草滩区、基岩出露区等，其中以黄土丘陵沟壑区为主。河龙区间是我国水土流失最严重的地区，也是全球水土流失最严重的地区之一。

　　河龙区间集水面积 111586 平方千米，占黄河流域总面积的 14.8%。干流长 723 千米，河道平均比降 0.84‰。区间多沙粗沙区面积 5.99 万平方千米，占黄河中游全部多沙粗沙区面积 7.86 万平方千米的 76.2%。

　　河龙区间属温带大陆性季风气候，从南到北跨越半湿润、半干旱和干旱三个气候带。总的气候特点是春季多风沙、常干旱；夏季湿度大、高温多雨；秋季天气温和；冬季寒冷、干燥、少雨。

　　河龙区间平均年降水量在 300 毫米至 550 毫米之间，从东南向西北逐渐递减。中游局测区多年平均年径流量为 42.1 亿立方米（1950 年至 2020 年），占黄河多年平均年径流量的 7.3%（1950 年至 2020 年）。中游局测区是黄河泥沙，特别是粗沙的主要来源区。多年平均年输沙量为 5.343 亿吨（1950 年至 2020 年），多年平均含沙量 127 千克每立方米（1950 年至 2020 年），窟野河温家川水文站实测最大含沙量 1700 千克每立方米（1958 年 7 月 10 日 20 时 12 分）。中游局测区是黄河三大洪水来源区之一，吴堡水文站 1976 年 8 月 2 日洪峰流量为 24000 立方米每秒，是黄河流域有资料记载以来实测最大洪水。

机构沿革。中游局由吴堡水文站逐步发展、升格和更名而来，现隶属黄委水文局，系正处级事业单位，与黄河中游水资源保护局、黄河中游水环境监测中心、黄河水利委员会中游水文水政监察支队合署办公。

1935 年 6 月，在现山西省柳林县薛村镇军渡村设立了吴堡水文站，1937 年 9 月起因日军侵略停测。1951 年 9 月，在陕西省吴堡县宋家川镇柏树坪村重设吴堡水文站，行政、人事归黄委西北黄河工程局领导，业务技术由黄委水文科领导。1952 年 12 月，吴堡水文站改为一等水文站。1956 年 6 月，吴堡水文分站升格为吴堡水文总站（以下简称吴堡总站）。1968 年 6 月，吴堡总站更名为吴堡总站革命委员会。1978 年 5 月，吴堡总站革命委员会恢复为吴堡总站。1979 年 11 月，吴堡总站由黄委明确为正处（县）级单位。1985 年 11 月，吴堡总站由陕西省吴堡县迁往山西省榆次市（驻郭家堡乡郭村），更名为榆次水文总站。1992 年 8 月，榆次水文总站更名为黄河水利委员会中游水文水资源局。1995 年 3 月，成立黄河中游水资源保护局。

截至 2020 年，隶属于中游局管辖的水文站 39 处，其中干流站 3 处，一级支流站 27 处，其中把口站 20 处；二级支流站 6 处，其中小河站 1 处；三级支流站 2 处。有水位站 6 处，有委托群众观测的降水站 256 处，有蒸发站 7 处。

水文测验。各水文站测验项目主要有水位、流量、单沙、输沙率、颗分、水温、冰凌、降水和蒸发等。1935 年至 2019 年，中游局所属各站水文测验的设施设备从十分简陋到初步实现现代化，从完全人工作业到基本实现机械化、电动化、自动化，发生了翻天覆地的变化。仅流量测验设施就经历了从测船、吊船缆道、吊箱缆道、浮标缆道、铅鱼缆道到栈桥测验系统的发展变化历程。

从 2000 年开始，为适应黄河治理开发和水资源调度管理的需要，水文测报业务相应扩展，增加了多项水文专项测验任务。如：黄河干流水量统一调度试验、黄河调水调沙试验、黄河小北干流放淤试验和利用桃汛洪水冲刷降低潼关高程试验等治黄专项水文测报工作。

2010 年至 2018 年，中游局先后 3 次开展水文监测优化分析研究。截至 2019 年，共有 16 个支流水文站实施了优化监测。

1982 年河曲水文站冰情测报工作受到山西省政府的好评，荣获锦旗一面，时任山西省副省长赵军专程到河曲水文站看望慰问职工。2013 年，延安市委、市政府代表全市人民向中游局发来感谢信。2012 年、2017 年，榆林市委、市政府代表全市人民向中游局发来感谢信。

水文资料整编。中游局测区的水文资料整编主要包括水文站的基本水文测验资料整编、水库测验资料整编、水环境监测资料整编和专项水文资料整编等。水文资料整编一般分为在站整编、审查、复审、汇编、流域验收和刊印等 6 个阶段，每个阶段都有相应的分工、工作内容、技术要求、审查方法和质量标准。

随着水文工作的发展，水文资料整编技术也经历了创新和提高的过程。水利部颁发的有关水文资料整编规范和《水文资料整编方法》中，均吸收了黄河水文资料整编工作的经验。

1976 年开始研究电子计算机整编（简称电算整编）技术，1979 年中游局测区 9 个站的水文资料开始使用 TQ-16 型电子计算机整编。之后十多年间经过不同机型、不同语言程序的更新换代，1991 年各站的水文资料全部实现电算整编。1987 年水文局在水利部水文司的统一部署下开始水文数据实验库的研制，于 1990 年基本建成，结束了以《水文年鉴》的单一形式存贮水文资料的历史。

水文信息报送。中游局测区水情站网的发展大体可以归纳为五个时期，20 世纪 50 年代为发展期，20 世纪 60 年代为下降期，20 世纪 70 年代为回升期，20 世纪 80、90 年代为稳定期，进入 21 世纪为新发展时期。

1955 年架设报汛专用电话线路（吴堡县邮电局至水文站）。1991 年之后，无线电台在各水文站、中转台以及局机关全面普及，有线电报这种较为落后的信息传输手段就此退出历史舞台。

1984 年开始，中游局陆续在各水文站配置短波电台。至 1991 年，短波电台已在中游局测区范围内普及。水文站报汛人员通过短波电台，采用语音方式把水情信息报文传送到中转台，再由中转台通过短波电台传送至局机关水情室。水情室收报员负责抄报、校报、转报、译报，若遇大风或雷雨天气，短波电台的信号时弱时强，时有延误，还易出差错。

1995年中游局和水文局联合开发了实时水情信息管理系统，建立了有线电话报汛体系，开通了短波数（汉）传电台三级水情报汛体系（即：报汛水文站→府谷、榆林、延安、吴堡集合转发站→榆次水情中心台）。其中榆次水情中心台与水文局、府谷、榆林、延安、吴堡中转台建立了X.25网络的远程数据传输系统；榆次水情中心台与吴堡中转台还建立了卫星地面站通信系统。

2000年，在国家防汛指挥系统榆次水情分中心建设中主要采用GILAT SS-Ⅱ型卫星地面站传输系统和MDT-6000型短波数字传输系统，将水文站由自记水位计和固态存储雨量计采集的水位和雨量数据转换成报文形式，再通过短波、PSTN、卫星地面站等信道自动传输到集合转发站，由集合转发站通过X.25网络或卫星信道传输到榆次水情分中心。2000年10月，GILATSSA-II型卫星地面站设备安装投产。2003年6月，中游局自行研发的手机短信水情传输系统投产。2012年初又进行了升级更新，进一步完善了水文站、水情分中心、局机关各级领导及业务人员三级手机短信水情传输系统，为水情信息的传输提供了高可靠、低成本、可移动、速度快、效率高的手段和途径。有关领导及业务人员能够及时收到各站的实时水情信息，手机短信水情传输系统的开发运用更有利于防汛决策，更有利于指导各个水文站的测报工作。

水环境监测。中游局测区水化学成分监测始于1959年，当时成立了吴堡水化学中心分析室，1968年停止水化学成分监测。1975年恢复水质监测工作，设立水质分析室；1979年1月水质分析室改建为吴堡监测站，1993年10月更名为黄河中游水环境监测中心，1993年取得国家技术监督局计量认证合格证。

1992年以来，黄河中游水环境监测工作发展迅速，监测站网逐步增加，站网布局渐趋完善。在常规监测站网的基础上增加了省界监测站网、专用监测站网；检测类别不断增多，由单纯的地表水监测扩展到地下水、饮用水、大气降水、工业废水及生活污水、土壤监测等；检测项目不断增加，由天然水化学项目及五项毒物的分析逐步扩展到重金属、有机污染物、营养盐、有机污染综合指标等；检测队伍不断壮大，检测人员素质、检测能力不断提高；检测技术装备现代化水平不断提高，拥有自动化程度较高的仪器设备；检测技术手段逐步改善，由重量分析、容量分析和简单仪器分析的手工、半手工状态发展到以自动化分析为主；检测环境显著改善，实验室面积扩大，基础设施和配套设施日益完善，基本达到规范要求。工作内容逐步由单纯的水环境监测分析、提供基础数据向水环境监督管理转变，可更好地为水资源保护和水生态环境保护提供可靠的决策依据。

水文信息化。 计算机网络系统为水文信息资源的采集、传输、处理和利用提供了技术支撑，随着计算机网络技术的发展，中游局的计算机网络系统也在不断升级和扩展。从 1995 年利用短波数（汉）传电台三级水情报汛系统进行计算机文件的一点对多点传输、X.25 广域网卡点对点计算机文件传输阶段，经过 1998 年的星型以太局域网阶段，到现在的多媒体 Internet 网络阶段。1998 年国家在"一江一河"治理中投入大量的资金，给中游局的通讯发展带来了新的机遇。在水文局的大力支持下，决定于 1998 年汛期前建成中游局的机关局域网，进一步完善局机关与各勘测队以及吴堡站之间的水情广域网系统。经过发展，网内计算机数量由原来的 5 台发展到 2002 年的 100 多台，再到 2019 年底的 300 多台，达到人均 1 台的规模。中游局机关建立了办公局域网系统，局属各勘测局建立了水情计算机网络系统，并通过 X.25 公网利用 CISCO2500 系列路由器建立了全局的广域网系统。网络由仅传输水情报文发展为提供水情传输、水情数据库查询、卫星云图接收查询、电子邮件服务、视频点播等水情处理和办公自动化服务的综合性平台。

水文科技。 中游局水文科技伴随着水文工作的发展而发展，内容涉及水文监测的所有项目及有关仪器设备的研发和推广应用，早在 1953 年就在黄河吴堡水文站和无定河绥德水文站开展了浮标系数试验。随着中游局水文事业的发展，科技管理工作逐步完善，成立了研究管理机构，制定了有关条例和管理办法，规范科技管理，强化奖励激励，不断提高创新能力，加强成果推广应用，取得了较为丰硕的科技成果，有力地推动了中游局水文事业的可持续发展。

子洲径流实验站于 1959 年 1 月 1 日正式开展全面观测，原属黄委水文处管理，职工 40 余人，1960 年 11 月划归吴堡总站。1970 年 6 月撤销，历时 11 年，共刊印了 5 册《黄河流域子洲径流实验站水文实验资料》。

1990 年以前，中游局没有专门的科研及管理机构，也没有专职科技管理人员，科技管理工作由技术科负责。1990 年成立水文水资源研究室，人员编制 6 人。负责开展全局科技管理，制定科技发展规划、科研计划和科技管理制度，组织科技项目申报、项目执行情况检查、项目验收、科技成果评奖和交流等工作。1990 年 11 月，成立榆次水文总站学术委员会。1993 年 4 月，经水文局批准成立了黄河中游水文水资源研究所，主要开展水资源评价、水资源保护、水文测验和部分水文测验仪器的推广应用等工作。

为了提高水文测报精度，降低职工劳动强度和工作危险性，中游局所属各水文站结合工作实际，做了大量的试验分析和研究工作。白家川水文站作为黄河水文系统的实验站，开展了高含沙量脉动试验、泥沙么重测定、积宽法测流试验、单位流速试验、浮标形状阻力系数试验、全沙（悬移质）试验等，也开展了铅鱼自动缆道、浮子式自记水位计、双翻斗雨量计、同位素测沙仪推广应用试验，取得了丰硕的成果，在工作实践中起到了带动、示范作用。特别是在洪水期水文测验中，该站基本实现了不用人在水上或高空作业。上、中、下 3 个断面观测水位全部使用水位计自记，监测流量用铅鱼缆道完成，单样含沙量和悬移质输沙率用同位素测沙仪施测。

1992 年至 2021 年，中游局获水文局科技进步奖 90 项。从 2002 年水文局开始评审技术革新浪花奖以来，截至 2021 年，中游局获水文局技术革新浪花奖 158 项。从 2002 年黄委开展"三新"成果认定以来，截至 2021 年底，中游局获"三新"成果认定 98 项。作为主要研究成果的水文测验数据处理系统完全遵循现行技术规范，具有全面系统的水文监测数据处理功能。操作简单、快捷、差错率小，内容涉及水位、流量、泥沙、水文测量等数据的处理和计算，2003 年 6 月起在吴堡等 23 个水文站正式投入使用。该系统根据实际工作需要几经改进升级，目前应用于黄委、松辽委、山西、内蒙古、陕西、湖北、新疆、广西等地的数百个水文站。

1964 年至 2019 年，中游局职工在《水文》《人民黄河》发表的论文共 42 篇；《黄河中游水文》和《水文站业务技术与管理》专著出版发行。

水文经济及基本建设。 水文经济是支撑水文行业生存和发展的基础。水文经济既包括一般事业经费、防汛费，还包括基本建设资金、水利基金和国债建设资金，也包括水文技术服务收入和经营收入。另外，上级和其他单位拨给的科学研究、试验、研发等专题（专项）经费也是水文经济的组成部分。

从 1987 年开始，水文经济逐渐从简单维持型的短缺经济状态过渡到多渠道筹集资金的活跃经济状态，走过了较为艰难的历程。当时正值改革开放初期，财政拨款少，支出工资、津贴后所剩无几，正常的业务工作难以维持；由于水文基建投资很少，绝大部分水文设施设备老化失修，职工住房等生活设施极为匮乏；水文经营创收还处于摸索阶段，职工收入低，生活困难。1993 年前后国家对事业单位预算管理模式进行了改革，水文行业实行“全额管理，差额拨款，以收抵支”的事业费预算管理模式，经费虽然有所增加，但仍不能满足实际工作需要。为了解决经费不足的困难，广大职工解放思想，转变观念，依托自身技术、设备优势，大力开展技术咨询和技术服务，千方百计组织经营创收，取得了一些收入，弥补了经费缺口。随着生活基地的建设，职工生活条件得到改善，收入也有所提高，稳定了职工队伍，促进了水文事业的发展。

1996 年的黄河洪水暴露出水文工作中存在的严重问题，国家增拨专款用于改善水文测报设施设备。1998 年长江等流域发生大洪水以后，国家加大了对水利行业的投入，各类经费逐年增多，特别是防汛经费和基建投资增幅较大，并增加了一些专项建设资金；同时，经营创收工作也得到长足发展，特别是水利部颁发《水文专业有偿服务收费管理试行办法》后，收入逐年增加，从而使黄河中游水文经济渐入佳境。目前无论是在测报设施和技术手段方面，还是在办公、生活设施和收入方面都有了很大的改善。

从 1964 年起，随着国家经济好转，初步建设了办公、生产生活用房。从 2000 年开始，先后通过“十五”“十一五”“十二五”水文水资源工程建设项目、中央直属水文基础设施建设项目、黄河流域重点水文站建设项目、水文站 2013 年至 2014 年度应急建设基础设施工程项目、基层水文站吃水工程、基层水文站输电线路改造工程、水文站交通道路建设工程、水文站采暖设施建设工程、黄委大江大河水文监测系统（一、二期）等的建设，以及水毁修复工程建设项目、省界水文站建设项目等专项建设，中游局各水文站的基础设施和水文测验设备建设得到突飞猛进的发展，各水文站的工作环境和生活环境焕然一新。

20世纪80年代后期，中游局从全额拨款事业单位转变为差额拨款事业单位。差额拨款就是上级在核定和下达年度支出预算的同时，分别核定下达资金拨款数、抵支收入数及上缴上级的收入数（即创收经济指标数）。从此，中游局主动走向社会，发挥行业和专业优势，积极开展多种经营与技术服务的创收工作。通过全局职工30余年的不懈努力，创收从零开始，由少到多，弥补了财政差额拨款资金，保证了职工队伍稳定，使水文水资源管理事业得以健康发展。

从1986年首次承担"陕西省黄河府谷至禹门口航运项目"技术服务开始，这些技术服务项目的开展，既拓展了水文业务，又锻炼了职工队伍，同时也取得了很好的社会经济效益，有力支持了地方经济建设，弥补了事业经费的不足。经营创收由少到多，到2013年逐步兑现了上级和地方出台的各项职工津贴和福利待遇。截至2019年底，中游局累计创收3.1606亿元，保障了基本业务工作的正常开展。

党建与精神文明建设及工会工作。中游局属驻地单位，党组织为属地管理，党的建设工作是通过与上级党组织和地方党组织相互沟通协调开展，实行"条块结合、以块为主"的双重管理模式。中共黄委会中游水文水资源局委员会根据工作站点多、战线长、人员分散、时效性强等特点，创新党员教育管理形式，在黄河治理开发与管理工作中，充分发挥了党委的政治核心作用、党支部的战斗堡垒作用和党员的先锋模范作用。党组织的创造力、凝聚力、战斗力和领导力、号召力不断增强，使广大党员和干部牢固树立了科学的世界观、人生观、价值观和正确的权力观、地位观、利益观。从2003年起，局党委多次受到上级党组织表彰奖励。其中，2012年被黄委、晋中市委评为"2010—2012年度创先争优先进基层党组织"；2012年在黄委召开的"2010—2012年度黄委创先争优表彰大会"上中游局党委进行了典型发言；2015年12月在黄委召开的党建工作座谈会上中游局党委又一次进行了典型发言; 2016年中游局党委被黄委评为"先进基层党组织"。

精神文明建设是凝聚全民族力量的重要途径,是推动社会主义发展的必然要求。中游局党委精心组织,认真贯彻执行党在各个时期的决议决定,扎实有效地开展了各类群众性精神文明创建活动,深入推进公民道德建设,大力培育和践行社会主义核心价值观,大力营造"文明单位人人创、创建责任人人担、文明成果人人享"的和谐氛围,在全体职工的共同努力下,职工的精神面貌明显改善,职工的道德修养和文化素质明显提升,职工的集体感和荣誉感明显增强,职工的经济收入明显提高,为加快建设智慧水文、富强水文、美好水文起到了积极的推动作用。

1997年,中游局荣获"榆次市文明单位称号";2003年,中游局被晋中市评为"文明单位";2005、2007、2009、2011、2013年被山西省精神文明建设指导委员会评为"山西省文明单位";2015、2017、2019年被山西省精神文明建设指导委员会评为"山西省文明单位标兵";2020年11月,被中央精神文明建设指导委员会评为"全国文明单位"。

2010年,中游局组建工作队驻榆社县河峪乡东清秀村开展帮扶工作,先后完成栽植核桃树、养殖笨鸡、整修排洪渠护堤、修建生产桥、打百米深井一口等工作,每年"六一"儿童节和春节对困难群众进行走访慰问。2012年被晋中市委市政府评为"年度定点扶贫工作先进单位",2013年榆社县委县政府赠送中游局"情系老区人民　倾心竭力扶贫"牌匾。

中共黄委会中游水文水资源局纪律检查委员会是在局党委的领导下,按照水文局和晋中市的安排部署开展工作的。中游局纪检、监察、党风廉政建设和审计工作,紧紧围绕水文水资源事业中心工作,在日常监督中,坚持以理想、信念、宗旨、作风和党性党风党纪教育为主;坚持惩前毖后、治病救人,抓早抓小、防微杜渐,筑牢思想防线,营造明底线、知敬畏、讲规矩、守纪律的良好氛围。加强单位对党的路线、方针、政策和国家法律法规以及上级规定执行情况的监督检查,加强"风险防范"和"责任追究"监管。做到了守土有责、守土担责、守土尽责;做到了应审尽审、有审必严、不留死角。以忠诚履职尽责、勇于担当作为、求真务实的工作作风,着力构建不能腐、不敢腐、不想腐的长效机制。充分发挥了纪检、监察、党风廉政建设和审计在日常监督中的重要作用,为促进中游局水文水资源事业的改革和发展起到保驾护航的作用。

水政监察。 为深入贯彻执行《中华人民共和国水法》《中华人民共和国水污染防治法》等法律法规，保护水文行业的合法权益，中游局成立了水政监察机构。主要负责《宪法》《水法》《防洪法》《水文条例》《水文监测环境和设施保护办法》等法律法规的宣传及贯彻实施，职工的法制教育工作，中游局测区的水政监察工作，指导下属单位水政监察工作以及水政队伍规范化建设。1990年至2019年共查处各类水事案件97起，有效维护了水文行业的合法权益。

人事劳动。 中游局机构自成立以来，随着水文站网的不断发展和水文业务的增加，人员编制也经历了多次调整。1984年水文局下达的编制为439人。2002年12月，按照水文局机构改革"三定方案"，中游局事业编制255人，其中局机关编制42人、局直单位编制40人、局属事业单位编制173人。

2002年机构改革后，水文局4次对中游局人员编制进行核增：2004年核定编制297人；2007年核定编制333人；2009年核定编制340人；2013年核定编制360人，其中榆次勘测局51人、府谷勘测局77人、榆林勘测局73人、延安勘测局56人；2020年底中游局事业编制360人，其中：局机关编制42人、局直单位编制45人、局属事业单位编制273人。

1980年以前中游局领导由黄委选拔任用，站长由单位推荐黄委审查批准后任用；1980年至1984年局领导由水文局选拔任用，科级干部由单位推荐水文局审查批准后任用，站长由单位选拔任用；1988年开始实行科级干部聘任制，聘期三年，站长由单位选拔任用。

近年来，中游局坚持通过"内部培训""外派学习"等方式提升职工综合素质。逐步引进了各类高学历人才，弥补了过去职工专业较为单一的不足。2019年，中游局在吴堡水文站建立了职工培训基地，并先后举办了各类培训班，各勘测局每年汛前、汛后举办业务培训班。鼓励在职职工参加各类培训和学历教育，先后选派上百名职工到有关院校脱产学习。职工还通过函授学习、自学考试取得硕士研究生、大学本科、专科、中专等学历。中游局还积极组织职工参加上级举办的各类培训班，参加培训人员也取得了监理工程师、水质监测等资质证书，满足了相关工作的需要。强有力的职工培训为中游局水文事业的可持续发展提供了坚实的技术支撑，为职工个人的职称评定创造了良好的条件。

2014年以来，中游局积极组织人员参加了水利部组织的"全国水文勘测技能竞赛"和黄委组织的"黄委水文勘测技能竞赛"活动，2016年荣获"黄委水文勘测技能竞赛优秀组织奖"，有3人荣获"全国水利技术能手"称号、6人荣获"黄委技术能手"称号。

第一篇　区域概况

黄河从内蒙古自治区（以下简称内蒙古）托克托县的河口镇至河南省郑州市的桃花峪为其中游，河口镇至陕西省韩城市的龙门称为中游区上段（以下简称河龙区间）。河龙区间的地理坐标在东经108°02′至112°44′、北纬35°40′至40°34′之间，东西跨4°42′，南北跨4°54′，行政区域分属内蒙古、陕西省和山西省7市43县（市、区、旗）。

河龙区间的水文测验、水情报汛、水文预报、水环境监测、水行政管理以及水文科研等工作由黄河水利委员会（以下简称黄委）中游水文水资源局（以下简称中游局）负责。

中游局测区地处山西省吕梁山脉以西，西北与内蒙古鄂尔多斯高原相邻，西南与陕西省白于山、崂山和黄龙山为界，大部分属于黄土高原地区，是我国黄土高原的主要组成部分。

河龙区间集水面积111586平方千米，占黄河流域总面积的14.8%。干流长723千米，河道平均比降0.84‰。区间多沙粗沙区面积5.99万平方千米，占黄河中游全部多沙粗沙区面积7.86万平方千米的76.2%。河龙区间黄土覆盖区域约占62%，风沙区约占24%，基岩出露区约占14%，是黄河泥沙的主要来源区之一。

第一章　自然环境

第一节　气候特征

河龙区间属温带大陆性季风气候，从南到北跨越半湿润、半干旱和干旱三个气候带。总的气候特点是春季多风沙、常干旱；夏季湿度大、高温多雨；秋季天气温和；冬季寒冷、干燥、少雨。

一、降水

河龙区间平均年降水量在 300 毫米至 550 毫米之间，从东南向西北逐渐递减。降水的特点，一是季节分配很不均匀，降水主要集中在 7 月、8 月和 9 月三个月，占全年降水量的 61.6%。二是降水的年际变化大，多雨年份比少雨年份的降水量大 2 倍至 3 倍。据 1957 年至 2019 年的资料统计，河龙区间平均年降水量为 450.6 毫米。南部的黄龙山地区年降水量最大，北部的内蒙古风沙区年降水量最小。

中游局测区最大 1 日降水量占年降水量的 12% 左右，最大 30 日降水量占年降水量的 35% 左右；汛期 6 月至 9 月降水量占年降水量的 73.4%。

二、气温

河龙区间属暖温带向中温带过渡区，气温由南向北递减，各地的高温相差较小，低温相差较大，同一站点气温变化大。

河龙区间年平均气温在 3.6℃ 至 11.8℃ 之间（见表 1.1.1—1），大体从低纬度向高纬度递减。但受地势影响，同纬度的河谷或盆地气温高于山地。如朱家川流域下游的保德县地处黄河河谷，气温明显高于纬度相近但处于山地的五寨和神池两县。1 月气温最低，7 月气温最高。

表 1.1.1—1　河龙区间部分气象站年平均气温（T）与纬度对照表

站　　名	清涧	延安	宜川	右玉	神池	保德	离石	吉县
T（℃）	9.5	9.5	11.0	3.6	4.7	8.8	8.0	11.8
纬度	37°05'	36°30'	36°03'	40°00'	39°04'	39°01'	37°29'	36°05'

河龙区间同一站点极端日温差在 20℃ 至 25.8℃ 之间，极端年温差在 45℃ 至 50℃ 之间。风沙区的日温差和年温差变化最大，位于毛乌素沙漠的无定河上游吴旗一带，极端最大日温差 31.7℃，极端最大年温差 62.7℃。

三、水面蒸发

中游局测区年水面蒸发量介于 1639.8 毫米至 2100 毫米之间，年蒸发量以 4 月至 6 月最大，冬季最小。

四、河流冰情

中游局测区各支流一般从 11 月开始由北向南逐渐结冰，次年 2 月底至 3 月由南向北逐步解冻。

较大支流无定河和窟野河，11 月下旬出现流凌和岸冰，12 月下旬部分河段封冻，次年 3 月上旬解冻。

黄河干流河口镇至喇嘛湾年年封冻，河口镇站一般 11 月中旬开始流凌，12 月中旬封冻，次年 3 月中旬开河，平均流凌天数 30 天、封冻天数 95 天，断面平均冰厚 0.65 米。喇嘛湾至龙口河段一般不封冻。

龙口至天桥水电站河段长 72.7 千米。该河段未建天桥水电站以前，一般 11 月中旬开始流凌。龙口以上河窄水急、水面落差大，冬季不易封冻，龙口至石窑卜段则年年封冻，石窑卜至天桥水电站段多不封冻。天桥水电站建成后，河道水情发生了明显变化，每年自坝前一直封冻至龙口附近。河曲站断面每年平均封冻期达 100 天左右，封冻期最长的 1997 年达 134 天。

1977 年 2 月天桥水库建成运行以来，由于出库水流温度相对较高，府谷断面冬季水面常常冒"白气"，不流凌。府谷至吴堡区间河段分别于 1929 年和 1933 年两次封冻，历时分别为 40 多天和 4 天，并且是局部封冻。2002 年 12 月 21 日从佳县木头峪乡木头峪村开始封冻，随后封冻河段陆续上延至神木县贺家川乡彩林村，全长 95 千米，冰厚 50 厘米左右。2003
年 2 月 23 日该河段全部开河。吴堡水文站断面 1956 年、1959 年和 1960
年分别封冻过 3 次，其余河段一般冬季只流凌，不封冻。

1998 年 10 月万家寨水库建成，库区冬季开始封冻，原来年年发生在
山西省天桥水电站、河曲县城及内蒙古准格尔旗马栅一带的冰害问题已转
移至万家寨库区及库尾河道。在封冻期，部分河段由于冰花下潜形成冰塞，
壅水有时高达 5 至 7 米；开河期易形成冰坝壅水。

万家寨库区自下而上的封冻情况为：坝前至红河口河段一般为平封
段，总长约 50 千米，冰面平整；红河口以上至喇嘛湾河段一般为立封段，
总长约 20 千米，该河段冰花、冰块在弯道与河道卡口处易堆积；喇嘛湾
约 40 千米河段为平封段，冰面平整，部分断面冰面上有稀疏的小冰块及
冰花，冰盖下无冰花，该河段部分断面有清沟。

第二节　地形地貌

河龙区间处在我国"第二阶梯"的尾部，海拔一般在 1000 米至 2000
米之间。河东昕水河以北诸支流的上中游、河西白于山河源区以及西南的
黄龙山，海拔在 1500 米至 2000 米之间，其他地区海拔大都在 1000 米至
1500 米之间。各支流下游及干流河谷海拔一般在 600 米至 1000 米之间。
最高山峰是河东的吕梁山主峰关帝山，位于山西省方山县，海拔 2831 米；
其次是河西的白于山主峰，位于陕西省靖边县，海拔 1823 米；南部黄龙
山主峰大岭海拔 1783 米；西北鄂尔多斯高原最高点高程 1584 米，位于内
蒙古鄂尔多斯市。

河龙区间地面崎岖起伏，千沟万壑，支离破碎。地形主要分为黄土丘
陵沟壑区、沙丘沙地草滩区、基岩出露区等，其中以黄土丘陵沟壑区为主。

一、黄土丘陵沟壑区

黄土丘陵沟壑区黄土广布，土质疏松，沟壑纵横，地面支离破碎，起
伏较大。黄土丘陵沟壑区主要分布在黄河西岸长城一线以南地区，北起偏
关，南至乡宁，东起吕梁山西坡，西抵黄河。境内除少数石质山地外，大

都是黄土覆盖的丘陵沟壑，地面异常破碎。

除紫金山、汉高山等少数高大山体外，整个地表均为黄土覆盖，黄土层下基岩基本接近水平状，多属于中生界砂石岩，黄土覆盖的厚度近 100 米，部分地区超过了 100 米。该区域平均海拔在 1000 米至 2000 米之间，梁峁（垣）与沟壑间的相对高差在 100 米至 200 米之间。

北部朱家川、偏关河流域黄土下的基岩主要为寒武、奥陶系石灰岩；中部和南部大都是上古生界煤系地层和中生界砂岩、泥岩。一些主要河流在黄土堆积之前均已发育，基岩被分割为不同的地貌形态。黄土堆积充填了宽谷洼地，使古地面的起伏趋于和缓，成为波状起伏的高原形态，但因黄土土质疏松，极易被流水切割，致使黄土地貌比古地形更为破碎，成为千沟万壑的景象。

二、沙丘沙地草滩区

河龙区间的沙丘沙地草滩区主要是指鄂尔多斯台地东南部，该区域土质松散，风蚀强烈，流沙南移，沙丘草滩与内陆湖泊相间，形成了明显的风沙草滩地貌景观。由于这里地势平缓，降水入渗快，径流小，因而水蚀作用微弱。在这一地区与黄土丘陵区的过渡地带，坡度增大，支沟增多，并有流动沙丘和半固定沙丘。该过渡带的土壤侵蚀以水蚀和重力侵蚀为主，并伴有风蚀。

三、基岩出露区

河龙区间地表组成物质以基岩类型为主，地貌发育类型有中山、低山和基岩丘陵。

河龙区间地面物质组成复杂多样。从宏观上看，地面主要物质有 3 类，即黄土、风沙土及基岩。表 1.1.2—1 为河龙区间 20 条主要入黄支流流域地面物质组成情况。其中黄土覆盖区约 47641 平方千米，风沙区约 13125 平方千米，基岩出露区约 30527 平方千米。

表 1.1.2—1 河龙区间主要支流地面组成情况统计表

序号	河 名	流域面积（平方千米）	不同地物面积（平方千米）			不同地物面积占流域面积（%）		
			黄土	风沙土	基岩	黄土	风沙土	基岩
1	红 河	5533	973.8	0	4559.2	17.6	0	82.4
2	偏关河	2089	736.2	0	1352.8	35.2	0	64.8
3	皇甫川	3246	918.6	545.3	1782.1	28.3	16.8	54.9
4	县川河	1587	1271.0	0	316.0	80.1	0	19.9
5	孤山川河	1272	569.4	0	702.6	44.8	0	55.2
6	朱家川	2922	2212	0	710.0	75.7	0	24.3
7	岚漪河	2167	1057.6	0	1109.4	48.8	0	51.2
8	蔚汾河	1478	886.8	0	591.2	60.0	0	40.0
9	窟野河	8706	2768.7	559.1	5378.2	31.8	6.4	61.8
10	秃尾河	3294	809.5	2066.8	417.7	24.6	62.7	12.7
11	佳芦河	1134	571.5	333.1	229.4	50.4	29.4	20.2
12	湫水河	1989	1334.8	0	654.2	67.1	0	32.9
13	三川河	4161	1592.0	0	2569.0	38.3	0	61.7
14	屈产河	1220	682.7	0	537.3	56.0	0	44.0
15	无定河	30261	17163.9	9620.5	3476.6	56.7	31.8	11.5
16	清涧河	4080	3035.2	0	1044.8	74.4	0	25.6
17	昕水河	4326	2122.5	0	2203.5	49.1	0	50.9
18	延 水	7687	5595.4	0	2091.6	72.8	0	27.2
19	汾川河	1785	1452.9	0	332.1	81.4	0	18.6
20	仕望川	2356	1886.6	0	469.4	80.1	0	19.9
	合计	91293	47641.1	13124.8	30527.1	52.2	14.4	33.4

　　风沙土、黄土的孔隙度较高，稳渗速度较大，而在基岩出露区，稳渗速度较小，有利于产流、集流，形成较大的洪峰。黄土质地较砒砂岩疏松，但从水中崩解速度看，砒砂岩，尤其是其中的泥岩，崩解速度不亚于马兰黄土，因此在皇甫川、窟野河和孤山川河等流域中，砒砂岩出露区产沙模数较高。皇甫川、孤山川河、窟野河、秃尾河和无定河赵石窑以上为长城

沿线沙地丘陵区；无定河赵石窑以下、清涧河、延水、汾川河和仕望川等
为河西黄土高原沟壑区；红河、偏关河、朱家川、裴家川、蔚汾河、湫水
河、三川河和昕水河等为河东黄土高原沟壑区。

第三节　河流水系

一、干流特征

黄河流经内蒙古托克托县的河口镇后，受吕梁山阻挡，由西向东经
90°大转弯折向南流，在晋陕峡谷中穿行。该河段坡陡流急，河中险滩众多，
水力资源较丰富。除河曲、府谷河谷段较宽外，其余河段宽度多在400米
至600米之间。从干流河势来看，本河段可分为河口镇至府谷、府谷至吴
堡和吴堡至龙门三个区段，各区段特征见表1.1.3—1。

表1.1.3—1　河龙区间黄河干流各区段特征统计表

区段名称	面积 （平方千米）	河长 （千米）	落差 （米）	流域 形状系数	河道比降 （万分率）
河口镇—万家寨	8847	104	83.0	1.22	8.0
万家寨—府谷	9226	102	86.9	0.887	8.5
河口镇—府谷	18073	206.5	169.9	0.425	8.2
府谷—吴堡	29475	242	180.3	0.503	7.5
吴堡—龙门	64038	275	256.8	0.847	9.3
河口镇—龙门	111586	723	607.0	0.213	8.4

河口镇至府谷区段河长206.5千米，面积18073平方千米，支流测站
控制面积10517平方千米，无控区面积7556平方千米。其中，河口镇至
喇嘛湾河段河道宽浅平缓，两岸有川地，喇嘛湾以下黄河进入万家寨峡谷；
出龙口后河道变宽，水流分散，沙洲较多，一直延伸到河曲县城关；河曲
曲峪至保德县义门河道穿峡谷至天桥水电站。

府谷至吴堡区段河长242千米，面积29475平方千米，支流测站控制
面积22974平方千米，无控区面积6501平方千米。本区段在府谷上下游

河道展宽，并有孤山川河汇入。自孤山川河口以下河道又穿行峡谷直至吴堡。本区段河道比降 0.75‰。由于支流在大洪水时携带大量泥沙和块石进入黄河，因而在干流河道上形成许多碛滩，如肖木碛（白云沟）、川口碛（岚漪河）、迷糊碛（迷糊沟）、软米碛（蔚汾河）、罗峪口碛（窟野河）、秃尾碛（秃尾河）、佳芦碛（佳芦河）、荷叶碛（楼底河）和大同碛（湫水河）等。

吴堡至龙门区段河长 275 千米，面积 64038 平方千米，支流测站控制面积 52377 平方千米，无控区面积 11661 平方千米。该区段河道穿行峡谷之间，河谷宽度一般在 300 米至 500 米之间，平均比降 0.93‰。

著名的黄河壶口瀑布就位于此段，壶口瀑布是我国第二大瀑布，也是世界上最大的黄色瀑布，是国家 AAAA 级风景名胜区，国家地质公园。东临山西省临汾市吉县壶口镇，西临陕西省延安市宜川县壶口乡，为两省共有旅游景区。瀑布以下附近河槽宽仅 30 米至 50 米，水面落差高达 15 米，水流倾泻而下，波涛汹涌，震耳欲聋，水雾弥漫，形成"千里黄河一壶收"的景象。

国家地质公园——黄河壶口瀑布

乾坤湾是黄河蛇曲国家地质公园，是黄河古道秦晋峡谷上的一大自然景观，是一幅天然太极图。黄河在这里陡然形成了 320 度大转弯，被称为天下黄河第一湾。

黄河蛇曲国家地质公园——乾坤湾

二、水系分布

河龙区间支流众多，水系发达，以皇甫川、窟野河、无定河和延水等河流为主，加上纵横交错的其他支流及毛支沟，形成了树枝状的地表水系网。

河龙区间河流的主要特点是：干流深切，支沟密布。支毛冲沟数量极多，河网密度大，大都属季节性沟道；河段多弯曲，各主要河流平均弯曲系数在 1.47 至 1.50 之间；直接入黄支流下游河谷基岩深切，河床比降大。

河龙区间水系十分发达，流域面积超过 1000 平方千米的黄河一级主要支流有 21 条，总面积为 92295 平方千米，占测区总面积的 82.7%。其中黄河左岸有红河、杨家川、偏关河、县川河、朱家川、岚漪河、蔚汾河、湫水河、三川河、屈产河和昕水河等 11 条主要支流；黄河右岸有皇甫川、孤山川河、窟野河、秃尾河、佳芦河、无定河、清涧河、延水、汾川河和仕望川等 10 条主要支流。主要支流及其出口水文站布设情况见表 1.1.3—2 和表 1.1.3—3。

表 1.1.3—2　河龙区间流域面积大于 1000 平方千米一级支流一览表

区域	序号	河　名	河长（千米）	流域面积（平方千米）	站　名	控制面积（平方千米）	至河口距离（千米）	汇入干流区段
河东	1	红　河	219.4	5533	放牛沟	5461	13	河口镇—万家寨
	2	杨家川	69.5	1002				河口镇—万家寨
	3	偏关河	128.5	2089	关河口	2088	1.2	万家寨—天桥
	4	县川河	112.2	1587	旧县	1562	3.0	万家寨—天桥
	5	朱家川	158.6	2922	下流碛桥头	2881 2854	14 19	天桥—吴堡
	6	岚漪河	119.2	2167	裴家川	2159	3.9	天桥—吴堡
	7	蔚汾河	81.8	1478	碧村 兴县（二）	1476 650	2.1 37	天桥—吴堡
	8	湫水河	121.9	1989	林家坪	1873	13	天桥—吴堡
	9	三川河	176.4	4161	后大成	4102	25	吴堡—龙门
	10	屈产河	78.3	1220	裴沟	1023	18	吴堡—龙门
	11	昕水河	138.0	4326	大宁	3992	37	吴堡—龙门
河西	1	皇甫川	137.0	3246	皇甫（三）	3175	14	万家寨—天桥
	2	孤山川河	79.4	1272	高石崖（三）	1263	1.8	天桥—吴堡
	3	窟野河	241.8	8706	温家川（二） 温家川（三）	8645 8515	6.9 14	天桥—吴堡
河西	4	秃尾河	139.6	3294	高家川（二）	3253	10	天桥—吴堡
	5	佳芦河	92.5	1134	申家湾	1121	6.7	天桥—吴堡
	6	无定河	491.2	30261	白家川	29662	59	吴堡—龙门
	7	清涧河	167.8	4080	延川（二）	3468	38	吴堡—龙门
	8	延　水	284.3	7687	甘谷驿	5891	112	吴堡—龙门
	9	汾川河	119.8	1785	新市河	1662	23	吴堡—龙门
	10	仕望川	112.8	2356	大村	2141	29	吴堡—龙门

流域面积在 500 平方千米至 1000 平方千米的一级支流有 4 条，总面积为 3069 平方千米，占河龙区间总面积的 2.8%；流域面积在 100 平方千米至 500 平方千米的一级支流有 30 条，总面积为 6003 平方千米，占河龙区间总面积的 5.4%。

无定河是河龙区间流域面积、含沙量最大的支流，发源于陕西省北部靖边、定边和吴旗三县交界处的白于山，地处毛乌素沙地南缘及黄土高原地区，于清涧县河口村汇入黄河。无定河全长491.2千米，流域总面积30261平方千米，平均比降为1.79‰。

无定河上游风光（陈耘摄影）

表1.1.3—3　河龙区间流域面积100平方千米至1000平方千米一级支流一览表

区域	序号	河　名	河长（千米）	流域面积（平方千米）	河道比降（10⁻⁴）	汇入干流区段
河	1	大石沟河	18	116	190	山西省河曲县董家庄村（万家寨—天桥）
	2	小河沟河	36.5	150	172	山西省保德县神山村（府谷—吴堡）
	3	杨家坡沟	28.5	135	119	山西省兴县寨滩村（府谷—吴堡）
	4	孟家坪河	40.5	176	96.0	山西省兴县巡检司村（府谷—吴堡）
	5	张家坪河	36.5	237	117	山西省兴县罗峪口村（府谷—吴堡）
	6	芦山沟	34.0	122	142	山西省兴县圈图头村（府谷—吴堡）
	7	八堡水	29.5	143		山西省临县第八堡村（府谷—吴堡）
东	8	兔坂河	22.5	118	117	山西省临县后山村（府谷—吴堡）
	9	曲峪河	36.5	203		山西省临县曲峪村（府谷—吴堡）
	10	清凉寺沟	43.5	287	135	山西省临县从罗峪村（府谷—吴堡）
	11	月镜河	48.0	267		山西省临县索达干村（府谷—吴堡）
	12	留誉沟	58.3	346	194	山西省中阳县下堡村（吴堡—龙门）

区域	序号	河　名	河长（千米）	流域面积（平方千米）	河道比降（10⁻⁴）	汇入干流区段
	13	小蒜河	26.0	100	302	山西省石楼县黄家岇村（吴堡—龙门）
	14	义牒河	33.0	269	370	山西省石楼县前山至崖头村（吴堡—龙门）
	15	和合河	23.5	119	320	山西省石楼县井里村（吴堡—龙门）
	16	芝河	62.0	792	150	山西省永和县佛堂村（吴堡—龙门）
	17	州川河	61.0	646	142	山西省吉县东城村（吴堡—龙门）
	18	鄂河	68.5	748	154	山西省乡宁县万宝山村（吴堡—龙门）
河西	1	清水川	77.0	883	52.2	陕西省府谷县石山则村（府谷—吴堡）
	2	石马川	47.5	243	104	陕西省府谷县高尧岇村（府谷—吴堡）
	3	胡乔寺沟	40.7	222	113	陕西省府谷县攒头村（府谷—吴堡）
	4	白云沟	30.2	113	132	陕西省府谷县白云村（府谷—吴堡）
	5	阴会沟	33.0	134	118	陕西省神木县万镇村（府谷—吴堡）
	6	辛会沟	24.8	132	134	陕西省佳县桑嬭村（府谷—吴堡）
	7	乌龙河	35.7	379	102	陕西省佳县峪口村（府谷—吴堡）
	8	楼底河	32.4	245	106	陕西省佳县关口村（府谷—吴堡）
	9	曾家河	22.6	138	173	陕西省佳县螅镇村（府谷—吴堡）
河西	10	清河沟	23.7	144	180	陕西省吴堡县清河口（吴堡—龙门）
	11	惠家河	16.0	111	294	陕西省清涧县高家畔村（吴堡—龙门）
	12	安河	28.3	137	177	陕西省延长县罗子山乡（吴堡—龙门）
	13	雷多河	40.1	274	152	陕西省延长县雷赤乡（吴堡—龙门）
	14	鹿儿川	35.0	145	190	陕西省宜川县老关度（吴堡—龙门）
	15	白水川	64.9	318	187	陕西省宜川县老吉堡（吴堡—龙门）
	16	猴儿川	77.8	480	144	陕西省宜川县石家滩（吴堡—龙门）

窟野河是河龙区间发生洪水最大且最频繁的支流，也是含沙量最大、土壤侵蚀最强烈的河流。窟野河发源于内蒙古鄂尔多斯市的巴定沟畔，是黄河山陕峡谷右岸较大的支流之一。地理位置在东经109°26'至110°52'之间、北纬38°23'至39°52'之间。河长241.8千米，流域面积8706平方千米，平均比降2.58‰，流域面积大于100平方千米的支流

11条，于陕西省神木县沙峁头村汇入黄河，入汇口干流下游距离黄河重点控制站吴堡站145千米。

秃尾河是河龙区间径流量年际变化最小、年内分配最均匀的支流。发源于陕西省神木县尔林兔镇公泊沟，于该县万镇武家峁汇入黄河。干流长139.6千米，流域面积3294平方千米，平均比降2.68‰。全流域河长大于5千米的支流共有33条，其中流域面积大于100平方千米的有8条。流域内风沙区和黄土丘陵沟壑区面积各占一半，风沙区主要分布在上中游，即高家堡以北地区，谷浅坡缓，滩地连片；黄土丘陵沟壑区分布在下游地区，谷深坡陡，梁峁起伏，基岩裸露，土层较薄，水土流失严重。

朱家川发源于吕梁山脉的管涔山西麓神池县小寨乡南堡村金木梁、达木河一带，于保德县杨家湾镇花园村附近汇入黄河，全长158.6千米，河道比降5.02‰，流域面积2922平方千米。该流域地处黄河中游晋西北黄土高原，流域黄土下的基岩主要为寒武、奥陶系石灰岩。地理坐标位于东经110°56′至112°14′、北纬38°43′至39°18′之间。流域面积中土石山区占24.2%，缓坡丘陵区占22.6%，冲积平原区占12.9%，丘陵沟壑区占40.3%。流域面积大于100平方千米的一级支流有3条，朱家川属于季节性河流。

汾川河上游是河龙区间植被最好的区域之一，发源于崂山东麓后九龙泉，向东流经宜川县，在西沟村注入黄河，全长119.8千米，流域面积1785平方千米，平均比降8.05‰。汾川河流域植被极不均匀，上游宝塔区（临镇以上河流长53.5千米，面积1121平方千米，占流域面积的62.8%）植被良好，以天然次生林及灌木林为主，林草覆盖率为72.4%。中下游植被较差，连片的林草地较少，只有一些零星的苹果、刺槐、核桃、杨树等人工林木，林草覆盖率仅为9.5%。

清凉寺沟位于山西省临县西部，是中游局测区设站控制面积最小的黄河一级支流。发源于吕梁山脉中段的紫金山南麓，于丛罗峪村注入黄河。干流全长43.5千米，流域面积为287平方千米。该流域地形支离破碎，沟壑纵横，是典型的黄土丘陵沟壑区。1千米以下沟道872条，1千米至5千米沟道225条，5千米以上沟道9条。

岔巴沟位于陕西省子洲县西北部，是中游局测区设站控制流域面积最小的支流，是黄河三级支流，无定河二级支流。沟道长 26.3 千米，流域面积为 205 平方千米，平均比降 9.67‰。流域内地形支离破碎，沟壑纵横，也是典型的黄土丘陵沟壑区。5 千米以上沟道 7 条。

第四节　水利工程

一、黄河干流

河龙区间的黄河干流水力资源较为丰富，理论蕴藏量 562 万千瓦，可建电站 8 座，装机容量 440.2 万千瓦，年发电量 169.6 亿千瓦·时，占干流资源比重的 16.4%。已建电站三座，总装机容量 162.8 万千瓦，年发电量 46.6 亿千瓦·时。

万家寨水利枢纽工程是黄河中游梯级开发的第一级，是引黄入晋的龙头枢纽工程。该工程于 1994 年 11 月 3 日开工，1995 年 12 月 9 日截流，1998 年 10 月 1 日下闸蓄水，同年 11 月 28 日第 1 台机组发电，2001 年全部竣工。万家寨水利枢纽工程的主要任务是供水结合发电调峰，同时兼有防洪、防凌作用。为砼重力坝，水库总库容约 8.96 亿立方米，调节库容 4.45 亿立方米。电站装机 6 台，总装机容量 108 万千瓦，年发电量 27.5 亿千瓦·时。

龙口水利枢纽工程是黄河万家寨水利枢纽的配套工程，是黄河治理开发规划中确定的梯级工程之一。坝址距上游万家寨水库 25.6 千米，距下游天桥水库约 70 千米。水库以发电为主，对万家寨水库进行反调节，同时具有滞洪削峰等作用。水库总库容 1.957 亿立方米，调节库容 0.705 亿立方米。水库 2006 年 6 月开工建设，2009 年 9 月首台机组投产发电，2010 年 6 月全部机组建成投产。龙口水电站装机 4 台，总装机容量 42 万千瓦，设计多年平均发电量 13.02 亿千瓦·时。

天桥水利枢纽工程是黄河中游的一座径流水电站，为砼重力坝、土石坝。该工程 1970 年 4 月动工兴建，1978 年 7 月 4 台机组全部投产，总装机容量 12.8 万千瓦，年设计发电量 6.1 亿千瓦·时。原始总库容（水位 834 米）为 0.6734 亿立方米。

二、中游局测区支流

截至 2020 年底，中游局测区支流建有大型水库 3 座。无定河的王圪堵水库，库容 3.89 亿立方米；巴图湾水库，库容 1.034 亿立方米。延水的王瑶水库，库容 2.03 亿立方米。中型水库 37 座，总库容 17.13 亿立方米；小型水库 90 座，总库容 2.956 亿立方米。

王圪堵水库坝址位于无定河干流芦河入口上游，距横山县城 12 千米，2010 年建成，2012 年运行。王圪堵水库是一座以工业供水、农业灌溉为主，兼具防洪、拦沙、发电等功能的大型水利工程。总库容 3.89 亿立方米，坝址以上流域面积 10751 平方千米。水库设计洪水标准为 100 年一遇，校核洪水标准为 2000 年一遇。王圪堵水库对无定河上游的水沙控制起着重要作用。

巴图湾水库位于内蒙古乌审旗无定河镇巴图湾村，是一座以发电为主，兼具防洪、灌溉、水产养殖等功能的水利枢纽工程。1973 年建成，2004 年完成除险加固后，总库容为 1.034 亿立方米。水库设计洪水标准为 100 年一遇，校核洪水标准为 2000 年一遇。

王瑶水库位于陕西省延安市安塞区王瑶乡王瑶村，总库容 2.03 亿立方米，1972 年建成。以防洪为主，兼具灌溉、发电、养鱼、供水等功能。水库下游 65 千米为延安市。设计灌溉面积 8500 亩，保灌 5000 亩。电站安装 320 千瓦水轮发电机组 2 台，设计水头 35 米，单机引水流量 1.15 立方米每秒，设计年发电量 150 万千瓦·时。水库设计洪水标准为 100 年一遇，校核洪水标准为 2000 年一遇。

近年来，随着经济和社会的发展，以防洪、灌溉、发电、观光为目的，在黄河的支流上修建了许多橡胶坝、水库、拦河闸坝等水利水电工程，为及时掌握这些水利水电工程的基础信息，中游局对 2000 年以来新建或在建的橡胶坝、水库、拦河闸坝等基础信息进行了调查汇总，详见表 1.1.4—1。

表 1.1.4—1　橡胶坝情况统计表

河　名	橡胶坝名　称	位　置	距水文站距离	兴建时间（年）	橡胶坝兴建前后河道状况	橡胶坝概况
窟野河	7 号橡胶坝	陕西省神木市	王道恒塔站下游 25.8 千米	2009	建成后河宽 340 米	坝高 3.5 米，坝长 283 米

续　表

河　名	橡胶坝名　称	位　置	距水文站距离	兴建时间（年）	橡胶坝兴建前后河道状况	橡胶坝概况
窟野河	4号橡胶坝	陕西省神木市	王道恒塔站下游27千米	2009	建成后河宽319米	坝高3.5米，坝长305米
窟野河	3号橡胶坝	陕西省神木市	王道恒塔站下游28.2千米	2009	建成后河宽232米	坝高3.5米，坝长198米
窟野河	2号橡胶坝	陕西省神木市	王道恒塔站下游29.7千米	2008	建成后河宽244米	坝高3.5米，坝长184米
窟野河	1号橡胶坝	陕西省神木市	王道恒塔站下游31.3千米	2008	建成后河宽230米	坝高4米，坝长191米
窟野河	6号橡胶坝	陕西省神木市	王道恒塔站下游32.3千米	2009	建成后河宽165米	坝高3.5米，坝长122米
窟野河	5号橡胶坝	陕西省神木市	王道恒塔站下游33千米	2009	建成后河宽165米	坝高3.5米，坝长120米
窟野河	恒源电厂	陕西省神木市店塔镇神树塔村	王道恒塔站上游3.4千米	2014	建成前河宽220米建成后河宽200米	坝高3米，坝长170米（一半为橡胶坝，一半为土坝，各为85米）
窟野河	5号橡胶坝	陕西省神木市大柳塔镇	王道恒塔站上游26.7千米	2008	建成后河宽430米	坝高2.5米，坝长355米
窟野河	4号橡胶坝	陕西省神木市大柳塔镇	王道恒塔站上游27.1千米	2008	建成后河宽436米	坝高2.5米，坝长339米
窟野河	3号橡胶坝	陕西省神木市大柳塔镇	王道恒塔站上游28.2千米	2008	建成后河宽463米	坝高2.5米，坝长353米
窟野河	2号橡胶坝	陕西省神木市大柳塔镇	王道恒塔站上游29.8千米	2008	建成后河宽421米	坝高2.5米，坝长350米
窟野河	1号橡胶坝	陕西省神木市大柳塔镇	王道恒塔站上游30.4千米	2008	建成后河宽403米	坝高2.5米，坝长343米
窟野河	A号橡胶坝	陕西省神木市大柳塔镇	王道恒塔站上游31.1千米	2008	建成后河宽371米	坝高2.5米，坝长334米
窟野河	B号橡胶坝	陕西省神木市大柳塔镇	王道恒塔站上游32千米	2008	建成后河宽409米	坝高2.5米，坝长353米
窟野河	C号橡胶坝	陕西省神木市大柳塔镇	王道恒塔站上游32.8千米	2008	建成后河宽390米	坝高2.5米，坝长336米
芦　河	芦河橡胶坝	陕西省横山区城区	横山站基面下0.32千米	2014	建成前堤距43米建成后河宽41米	坝高2米，坝长41米

续 表

河　名	橡胶坝名称	位　置	距水文站距离	兴建时间（年）	橡胶坝兴建前后河道状况	橡胶坝概况
芦　河	芦河橡胶坝	陕西省横山区城区	横山站基面下2.19千米	2014	建成前堤距37米 建成后河宽35米	坝高2.5米，坝长35米
芦　河	芦河橡胶坝	陕西省横山区城区	横山站基面上0.56千米	2014	建成前堤距41米 建成后河宽39米	坝高1.6米，坝长39米
芦　河	芦河橡胶坝	陕西省横山区城区	横山站基面上1.32千米	2014	建成前堤距37米 建成后河宽35米	坝高2.2米，坝长35米
芦　河	芦河橡胶坝	陕西省横山区城区	横山站基面上2.27千米	2014	建成前堤距40.5米 建成后河宽38.5米	坝高1.9米，坝长38.5米
延　水	延安大学橡胶坝	陕西省延安市宝塔区	距延安站下游2.5千米，距甘谷驿站上游37千米	2005	建成后河宽118米 河底高程956米	坝高2.7米，坝长104.8米
延　水	宝塔山橡胶坝	陕西省延安市宝塔区	距延安站下游6千米，距甘谷驿站上游33千米	2010	建成后河宽140米 河底高程948米	坝高5米，坝长140米
延　水	石圪垯橡胶坝	陕西省延安市河庄坪镇石圪垯村	距延安站上游3千米	2013	河宽85.5米 河底高程968.5米	原滚水坝翻新，坝长85.5米，高3米
仕望川南川支流	南寺湾橡胶坝	陕西省宜川县城	距大村站上游23千米	2012	建成后河宽50米	坝高2米，坝长50米
仕望川西川支流	西川橡胶坝	陕西省宜川县城	距大村站上游23千米	2012	建成后河宽50米	坝高2米，坝长50米
仕望川	北石崖橡胶坝	陕西省宜川县城	距大村站上游22千米	2012	建成后河宽70米	坝高2.4米，坝长70米
清涧河	子长橡胶坝	陕西省子长市城区	子长站上游800米至5000米处每1000米1个	2010	建设前不详 建成后河宽84米	坝高3.5米，坝长84米
蔚汾河	兴县橡胶坝	山西省兴县县城区	距兴县站下游8千米	2013	建设前河宽100米 建成后河宽80米	坝高3.5米，坝长80米
蔚汾河	兴县蔡家崖橡胶坝	山西省兴县新城区	距兴县站下游14千米	2017	建设前河宽90米 建成后河宽90米	坝高3米，坝长90米
湫水河	临县橡胶坝	山西省临县城区	距林家坪站上游40千米	2009	建设前河宽100米 建成后河宽100米	坝高2.5米，坝长100米
三川河	柳林县橡胶坝	山西省柳林县城区	距后大成站上游18.2千米	2003	建设前河宽120米 建成后河宽120米	坝高3米，坝长120米
北川河	方山县橡胶坝	山西省方山县城区	距后大成站上游95.4千米	2007	建设前河宽60米 建成后河宽40米	坝高2.5米，坝长40米
北川河	离石区橡胶坝	山西省离石区凤山街道	距后大成站上游49.1千米	2004	建设前河宽80米 建成后河宽60米	坝高3米，坝长60米

河　名	橡胶坝名　称	位　置	距水文站距离	兴建时间（年）	橡胶坝兴建前后河道状况	橡胶坝概况
东川河	离石区橡胶坝	山西省离石区滨河街道	距后大成站上游50.8千米	2002	建设前河宽70米建成后河宽40米	坝高3米，坝长40米
南川河	中阳县橡胶坝	山西省中阳县城区	距后大成站上游62.7千米	2007	建设前河宽40米建成后河宽40米	坝高2.5米，坝长40米
州川河	吉县橡胶坝	山西省吉县城区	距吉县站上游0.2千米	2011	建设前河宽60米建成后河宽45米	坝高2.2米，坝长45米

第五节　水土流失

河龙区间是我国水土流失最严重的地区，也是全球水土流失最严重的地区之一。输沙模数在5000吨每平方千米以上的面积达7.16万平方千米，占全区面积的64.2%；输沙模数在15000吨每平方千米至20000吨每平方千米之间的面积约为4.4万平方千米，占全区面积的39.4%；输沙模数在20000吨每平方千米以上的面积约为1.2万平方千米，占全区面积的10.8%。这里每年输入黄河的泥沙占黄河年输沙量的60%以上，而且泥沙颗粒较粗。泥沙粒径大于0.025毫米的粗颗粒泥沙占总沙量的50%至70%，是造成黄河下游河床淤积的主要粗沙来源区。河龙区间水土流失最主要的特点是区域大、强度大、时间集中。

黄河中游多沙粗沙区不仅产沙量很大，窟野河下游神木至温家川区间历年最大年输沙模数更是高达10万吨每平方千米（1959年），而且产沙时间集中。据1969年前的10多年实测资料分析，年内最大1日输沙量占到年输沙量的28.9%，最大30日输沙量占到年输沙量的61.5%，汛期6月至9月的输沙量占到年输沙量的97.6%。这是中游局测区的平均情况，具体到各个支流流域还有一定的差异。朱家川、蔚汾河、屈产河、岚漪河和延水等流域，汛期输沙量占到年输沙量的99%以上；秃尾河流域的汛期输沙量占年输沙量的89.6%。

由于多沙粗沙区历年年降水量、暴雨次数、暴雨量及其强度和下垫面组成情况不同，输沙量的年际变化和历年同时段最大输沙量的变化都很大。不同时段最大输沙量年际之间的变化幅度远大于最大降雨量和径流量的年际变化幅度，历年最大值为历年最小值的数十倍甚至一二百倍，历时愈短，变化幅度愈大。窟野河最大 1 日输沙量历年最大与历年最小的倍比高达 168.8；最大 30 日输沙量历年最大与历年最小的倍比为 105.1；汛期输沙量历年最大与历年最小的倍比为 88.5；年输沙量历年最大与历年最小的倍比为 57.6。更为突出的是，该流域下游神木至温家川区间，1959 年输沙量高达 1.35 亿吨，1965 年输沙量仅 18 万吨，两者之间相差竟达 750 倍。地处风沙覆盖区的无定河支流海流兔河，最大 1 日输沙量历年最大与历年最小的倍比高达 490 倍以上，然而其年输沙量年际间的变化却较平稳，最大与最小的比值小于 14。

水土流失是该地区生态环境脆弱的主要原因，也是当地人民贫穷落后的主要原因之一。水土流失的危害主要表现在土层变薄，肥力减退；冲毁耕地，破坏土地；淤积坝库，影响灌溉；威胁村镇，交通受阻；加剧洪涝灾害，生态失调。

河龙区间是我国能源重点开发区。该地区丰富的煤炭、石油、天然气等资源的开发建设，给当地社会和经济的发展带来了契机。我国已将地处多沙粗沙区的山西、陕西、内蒙古接壤地区列为国家能源重点开发区，在这里将建成我国最大的能源重化工基地。但建设与破坏往往是共生的，如果在开发能源资源时忽视水土保持工作，矿区开发、修路以及其他配套工程的建设将不可避免地加重水土流失，给黄河水沙带来影响。

自 1987 年以来，河龙区间大型煤田，如神府、东胜、准格尔等煤田相继开工建设，与之对应的交通、供电、供水和通讯建设以及其他工业建设也在同步进行。随着该区工业的迅速发展，人口剧增，城镇崛起，人地矛盾和水资源供需矛盾日趋突出，这些都将对水沙变化带来一定的影响。

河龙区间矿产资源十分丰富，而且大多分布于多沙粗沙区，如神木、府谷、榆阳、横山和靖边等地，资源开发涉及的支流有皇甫川、孤山川河、窟野河、秃尾河和无定河等。这些地区水土流失本来就非常严重，而煤炭等资源的大规模开采，铲除地表原有植被，移动大量岩石土体，造成地表土层松动，地下岩性物质裸露地表，在风雨作用下极易风化成碎屑，并伴有滑坡、崩塌等重力侵蚀，很容易加剧水土流失。特别是位于煤炭资源开发区的支流，比降较大，输沙能力很大，进入支流的侵蚀物质往往在洪水期被输入黄河。如位于神府、东胜矿区腹地的窟野河支流乌兰木伦河王道恒塔水文站，自 1987 年开矿以来，1988 年至 1992 年连续 5 年发生含沙量超过 1000 千克每立方米的高含沙洪水。根据布设在乌兰木伦河干流石圪台（非开矿区）、大柳塔（开矿区）和支流活鸡兔沟活鸡兔（非开矿区）、李家畔（开矿区）等水文站 1990 年至 1992 年观测资料分析，干流石圪台至大柳塔区间因开矿使输沙模数增加 1 倍以上，支流活鸡兔沟因开矿使输沙模数增加 9 倍以上。

长期以来，由于盲目毁林开垦和进行陡坡地、沙化地耕种，造成了河龙区间严重的水土流失和风沙危害，洪涝、干旱、沙尘暴等自然灾害频发，人民群众的生产生活受到严重影响，生态安全受到了严重威胁。

20 世纪 90 年代末，国家开始实施退耕还林。从保护和改善生态环境出发，将易造成水土流失的坡耕地有计划、有步骤地停止耕种，按照适地适树的原则，因地制宜地植树造林，恢复森林植被。退耕还林工程包括坡耕地退耕还林和宜林荒山荒地造林。

退耕还林工程实施以来取得了显著成效。森林覆盖率明显提高，沙化进程明显遏制，水土流失明显改观。这些变化引起了局地小气候条件的明显优化，进而使降水量有所增加，灾害性暴雨洪水有所减少，河流含沙量减少，有效地促进了生态效益、经济效益和社会效益的统一。

第六节 自然灾害

河龙区间自然灾害频繁、种类较多。除水土流失外，危害较大的还有旱灾、洪灾等。干旱与水土流失是河龙区间最大的自然灾害。河龙区间生态环境脆弱主要是由气候干旱、水土流失引起的，而生态环境脆弱又是制约区域经济发展的重要因素之一。

一、干旱

河龙区间大部分地区属于干旱半干旱地带，降雨少，以干旱为主的灾害性天气时有发生，素有"十年九旱"之称。春旱、伏旱、卡脖子旱几乎年年发生，严重影响着当地农作物的生长。干旱是河龙区间最严重的自然灾害，也是这一地区最显著的气候特点。据1470年至1970年的旱涝资料，发生干旱的年份占到统计年份的70%至75%，自古以来就有三年两头旱，七年一大旱的规律。据统计，1975年至2004年的30年，共有6个春旱年、10个夏旱年、9个秋旱年。

河龙区间的旱灾不仅频率高，而且范围广，历时长，危害大。公元前1766年至公元1945年的3711年中，有大旱成灾记载的就达1070年。明清以来，黄河流域连续大旱，史料记载屡见不鲜，明崇祯年间和清光绪年间都出现过特大干旱，崇祯元年至三年（公元1628年至1630年）、六年至九年（公元1633年至1636年）、十一年至十四年（公元1638年至1641年），黄河流域各地接连发生大旱，灾情遍及晋、陕、豫、鲁四省，尤以陕北为甚。陕北榆林、靖边一带赤地千里，"民饥死者十之八九，人相食，父母子女夫妻相食者有之""自淮北至畿南，树皮食尽，发瘗肉以食"。

鸦片战争以后的100多年间，黄河流域的大旱更是以人口大量死亡、损失惨重而载入史册。据统计，光绪三年至五年（公元1877年至1879年），晋、冀、鲁、豫四省连续大旱，死亡人数达1300多万；民国九年（公元1920年），发生于陕西、山西、河南、山东和河北五省的大旱，受灾人口达2000万，死亡50万人；民国十八年（公元1929年）大旱，黄河流域各省挣扎在死亡线上的灾民达3400多万。

据现有历史资料记载，山西省吕梁地区历史上旱灾的发生，无论是数量还是受灾程度都很严重。从明朝嘉靖七年（公元1528年）开始的四百年内，共发生特大旱灾8次，大旱灾46次。光绪三十年（公元1904年）石楼等县大旱，庄稼颗粒无收。1924年，大旱籽种未入，临县、中阳、离石和方山等县灾情甚于光绪初年，灾民食糠秕、草根、树皮，死骨遍地。

二、洪水

河龙区间的降水多集中于夏秋两季，七月、八月、九月三个月的降水量可达年降水量的61.6%，且多暴雨。雨季一到，洪水和冰雹往往伴随而来，洪水也是该地区危害较大的自然灾害之一。由于河龙区间黄土高原的下垫面特性，暴雨和洪水往往会引起大量的水土流失，使农田和作物遭到破坏，土壤肥力减退。同时洪水还会冲毁淹没河坝、房屋等，可谓"十年九旱、一年不旱洪水泛滥"，使人民生命财产受到较大损失。

据有记载以来的资料显示，最早的洪涝灾害是《临县志》记载的"雍正元年（公元1723年）6月19日，黄河大水满川而下，两岸俱阻，澎湃骇人，冲毁沿河居民庐舍、田园、树木、坟茔以万万计，水退后，夜方大雨"。道光二十二年（公元1842年），碛口黄河水暴涨十余丈，危及沿河人畜，冲毁民房无数。

光绪元年（公元1875年）6月25日，大雨，山西省永宁州（今离石）三川河、临县湫水河、黄河水同时暴涨，冲毁田园、河坝、房屋甚多。

1919年和1942年陕西省安塞县两次遭受洪水灾害，县城被冲毁，1942年县城被迫搬迁。

1976年8月2日，黄河水暴涨，吴堡站洪峰流量24000立方米每秒，沿岸的山西省兴县、临县、柳林和石楼四县的13个公社60个大队受灾，淹没秋田8000余亩，冲毁土地750亩，毁坏水利设施32处，冲走电机140台，冲走猪、羊420只，粮食80万斤，死亡7人，伤2人，共有62户人家直接受到了损失。

1977年7月6日的延河洪水是新中国成立以来中游局测区发生的最大洪涝灾害。这次洪水水漫延安机场、公路、工厂和学校，倒塌房屋5000多间，受灾8500人，死亡134人，淹没、冲毁耕地18万亩，造成经济损失2700多万元。这次洪水造成延安水文站包括观测房、浮标房在内的全部测验设施被冲毁。

2002年7月4日清涧河发生洪水，陕西省子长县城沿街1035户店铺进水，乡镇通讯全部中断，287间房屋倒塌，部分煤矿被淹，造成3万人受灾，5人死亡，2人失踪，子长县直接经济损失2.4亿元。清涧县城内商业区被淹没，水漫公路、街道、车站和学校等，冲毁很多房屋、耕地、桥梁，县城水、电、通讯全部中断，受灾1.95万人，直接经济损失1.04亿元。这次洪水造成延川县直接经济损失822万元。洪水还造成子长水文站大部分测验设施和部分生活设施被冲毁，直接经济损失254.6万元。延川水文站直接经济损失7.3万元。

2003年7月30日陕西省府谷县、山西省保德县一带发生暴雨洪水，给当地造成了比较大的灾害和损失。据不完全统计，陕西省府谷县 600 多户 1450 间房屋、门店、圈舍遭受损失，其中 48 间倒塌，276 间成为危房，2 人下落不明，受灾约 34000 人。城区供电中断，通讯不畅，停水 80 多个小时。1071 千米县、乡、村公路受到破坏，许多厂矿企业损失相对比较严重。这次洪涝灾害给府谷县造成的直接经济损失达 3860 万元。

山西省保德县也遭受到比较大的损失，有 1 人死亡，天桥库区康家沟煤矿公路几乎全部冲毁；庙峁加油站被泥石流冲毁。

2017 年 7 月 25 日，无定河一带出现强降雨过程，部分水库溃坝，小理河、大理河和无定河相继涨水。26 日，洪水冲进子洲县城和绥德县城，道路被冲毁，街道积水，基础设施受损，子洲、绥德两县受灾人口 25.53 万人。

三、其他自然灾害

黄土高原是我国地震频发区域之一，有记载以来共发生 5 级以上地震 177 次，7 级以上地震 19 次，8 级以上地震 5 次。河龙区间虽然不在地震活动最强的地区，但与银川、山西隆起区断陷盆地系和阴山至燕山南缘三个地震带接壤。河龙区间小震多呈零散分布。元成宗大德七年（公元 1303 年）洪洞 8 级大地震，是山西省也是全国历史记载的第一次 8 级大地震。清康熙三十四年（公元 1695 年）临汾 8 级大地震是在华北地区第三个地震活跃期中发生的，也是华北此次地震活动期中唯一的一次 8 级大地震。

河龙区间黄河干流比降较大，黄河流向由北向南是从高纬度到低纬度，河道一般比较顺直，所以封冻情况很少，一般不会发生冰塞、冰坝现象。

河龙区间最大的冰凌灾害发生在 1982 年春，黄河干流河曲段、天桥水电站以上发生了严重冰塞。1982 年 1 月 25 日凌晨，位于山西省河曲县城东北约 10 千米处，素有"岛上人家"之称的娘娘滩岛被淹，两岸十几个村庄及三个厂矿部分进水。冰塞使水位壅高，超过历史最高水位 2 米以上，局部地区高出 4 米之多，局部最大冰花厚达 9.2 米。由于灾情严重，按照"上控、下排、中间疏通"的原则，河防部门采取了一些措施，上游刘家峡水库控制下泄流量在 5000 立方米每秒之内，下游天桥水电站降低水位运行，保证冰凌顺利排出。对河曲段的冰塞，采取爆破方式进行疏通，以消除主河道的阻塞。2月25日至3月8日，整个爆破历时12天，为排泄黄河上游冰凌洪水打开通道。此次冰塞危害涉及晋、陕、蒙三省（区），山西省河曲县受灾最为严重。灾情波及该县5个乡、23个村、3个厂矿和沿河34处机电灌站。受灾131户，534人，淹没耕地5430亩，总损失244.3万元。内蒙古准格尔旗受灾195户，8074人，淹没耕地1920亩，机井10眼、机房26处。

另外，河龙区间连阴秋雨时有发生，经常造成农作物大面积欠收。2003年9月下旬至10月上旬的连阴雨天气，使黄河两岸农业损失惨重，主要经济作物红枣几乎绝收。偶有森林火灾发生，1977年4月11日，中阳、交口交界处山林失火，烧毁林木4000余亩。霜冻、风灾、虫灾等也经常造成较大灾害。

第二章　经济社会

第一节　经济状况

河龙区间所在的内蒙古、陕西省和山西省一带位于我国中西部欠发达地区，不少县被列入国家级贫困县。该区域工农业基础条件薄弱，生产力发展水平较低。

在农业方面，由于自然条件差，水资源贫乏，机械化水平低，种植业单产很低，农业发展处于较低水平。

1984 年 4 月，国家对黄土高原水土保持进行规划时，对农村经济状况进行了深入调查研究。水土流失严重的黄土丘陵沟壑区居住着 3011 万人。受自然条件和社会因素影响，人口分布很不均匀，总的趋势是南部多、北部少，东部密、西部稀，平原和阶地最多，塬区和丘陵区次之，山区和风沙区最少。1990 年，晋西、陕北人口密度分别为 50 人每平方千米至 160 人每平方千米和 50 人每平方千米至 100 人每平方千米。其中，陕北榆林南部人口密度接近 200 人每平方千米。黄土丘陵沟壑区第一副区、第二副区和第五副区的人口密度为 60 人每平方千米至 90 人每平方千米，人均土地 1.1 公顷至 1.7 公顷，这些地区工农业不发达，农民生活贫困，也是黄河多沙粗沙来源区。据黄委黄河上中游管理局统计，到 1990 年底，处于多沙粗沙区的中游测区总人口 745.8 万，人口密度 72.4 人每平方千米，人均耕地 0.39 公顷。这些地区气候干旱，水量稀少，坡陡地薄，耕作粗放，水土流失严重，农业生产落后，粮食产量较低。1990 年中游局测区人均产粮 368.9 千克，大部分地区基本农田数量少，主要仍靠耕种坡地，产量很不稳定，一遇干旱就严重减产，有时甚至颗粒无收。

黄土高原地区，特别是水土流失严重地区，对土地利用结构虽然进行了一些宏观的调整，但仍存在许多不合理之处，主要表现在广种薄收，农地偏多，林地、草地偏少。据 1985 年制定黄土高原水土保持规划时对各省（区）数据分析，水土流失严重的地区中，农地占32.2%，林地占13.4%，草地占6.1%，荒地占32%，非生产用地占16.3%。近年来，虽然对土地利用结构做了进一步调整，但到1990年底，在总土地面积中，农业用地仍占35.2%，林地占16.4%，草地占1.8%，荒地占29.3%，非生产用地占17.3%。与1985年相比，草地和荒地有所减少，林地、农地和非生产用地均有所增加。这种调整对农村经济的发展有一定的促进作用。

在工业方面，煤炭、石油和天然气资源丰富，开发利用前景广阔。煤炭开发几乎是这一区域的经济命脉。神府—东胜煤田开发、准格尔煤田开发、安太堡露天煤田开发、河东煤田开发、靖边油气田开发及西气东输、西电东输等工程对带动这一区域的经济发展起到了重要作用。

到2020年，人民生活水平和质量普遍提高，我国现行标准下农村贫困人口全部实现脱贫，贫困县全部摘帽，解决了区域性整体贫困。其中，陕西省神木市和府谷县已经发展为全国百强县。

总体来讲，河龙区间自然环境、农业条件差，工业基础薄弱，资金不足，人才缺乏，这些短板仍是制约区域经济发展的主要因素。

第二节　人文环境

河龙区间人文环境的主要特点是：人口增长速度快，农业人口比例大；科技教育水平不高，劳动者文化素质偏低；经济发展落后，富余劳动力充裕；老区人民革命情结浓厚，红色旅游资源丰富。在1949年至1985年间，年平均人口增长率2.27%，高于全国同期水平。增长速度是农村大于城市，小城市大于大城市。这些地区几乎都属于贫困地区，农业人口占绝大多数。科技教育资源不足，水平不高，人口的文化教育程度普遍较低。在总人口中，劳动适龄人口的比例略高于全国平均水平，就业人口比例又低于全国平均水平，属于劳动力资源丰富、经济开发程度低的地区。

陕甘宁边区从1936年到1948年是中共中央、边区政府的所在地，中国共产党在延安时期培育的伟大的时代精神，是我们战胜敌人、夺取胜利的力量之源和精神支柱。这里的老区人民对中国共产党有着很深厚的感情。

蔡家崖晋绥边区革命纪念馆距山西省兴县县城5千米，在抗日战争和解放战争时期，这里曾是晋绥边区行政公署和晋绥军区所在地，是延安党中央和各解放区联系的咽喉和枢纽。

在陕北和晋西北留下了一系列革命活动的遗址、文物、根据地的故事、英雄和烈士的故事，这些中国革命历史的载体，既是党和国家的红色基因库，也是开展革命传统教育、爱国主义教育、青少年思想道德教育的生动教材。

第三章　水文特征

第一节　降水蒸发

一、降水

中游局测区降水主要受温带大陆性季风气候影响，测区东距海洋 600 千米至 800 千米，四周高山环绕，向黄河河谷倾斜。外围东有海拔 1700 米至 3000 米呈南北走向的太行山，南有海拔 2000 米至 3000 米呈东西走向的秦岭，对东南暖湿气流形成天然屏障。当暖湿气流通过上述屏障时受到一定削弱，继续向西北挺进到本区边沿时，又受到海拔 1800 米至 2800 米呈南北走向的吕梁山脉、海拔 1400 米至 1800 米呈西北—东南走向的白于山脉阻挡而进一步减弱，这是造成本区降水偏少的主要自然地理因素。迎风的山麓山坡地区有利于暖湿气流的爬高抬升冷却，易形成降水和暴雨。例如，受西北部海拔 1400 米至 1600 米的鄂尔多斯高原的影响，从东南方向进来的暖湿气流在皇甫川、窟野河一带易形成暴雨；受西南部的白于山脉的影响，清涧河、延水一带也易形成暴雨。

中游局测区远离海洋，西北与毛乌素沙漠相邻，干旱少雨是显著的气候特点。中游局测区年平均降水量450.6毫米，在黄河流域6大测区中排第5位。

二、蒸发

（一）水面蒸发

水面蒸发反映的是当地在充分供水情况下的蒸发能力。中游局测区年平均水面蒸发量为1222毫米，在黄河流域6大测区中排第2位，为黄河流域多年年均值的1.11倍。

（二）陆面蒸发

陆面蒸发是反映水热条件的一个综合指标。中游局测区年平均陆面蒸发量为 383.5 毫米，为黄河流域多年平均值的 98.8%，为全国多年平均值的 105.2%。

（三）EL/P 值

在降水量相同的情况下，陆面蒸发量与降水量的比值（EL/P）越大则产流量越小，开发利用当地水资源的条件越差。中游局测区年平均 EL/P 为 0.889，是黄河流域 EL/P 值的 108.9%，是全国 EL/P 值的 158.2%，是 EL/P 值明显偏大的地区。

第二节　径　流

中游局测区多年平均年径流量为 42.1 亿立方米（1950 年至 2020 年），占黄河多年平均年径流量的 7.3%，是黄河流域产流偏少的地区。产流虽少，但 30% 至 40% 的径流量来自汛期的 7 月至 8 月，甚至集中于几场大洪水。

一、干流

中游局测区干流的径流由两部分构成，一是黄河上游河口镇以上来水，二是区间来水。在干流的年径流量中，河口镇以上来水占主导地位。河口镇以上来水占龙门站年径流量的 83.7%，中游局测区来水占龙门站年径流量的 16.3%。测区干流年径流量统计见表 1.3.2—1。测区平水期径流量以河口镇以上来水为主，洪水期径流量以测区来水为主。

表 1.3.2—1　中游局测区干流年径流量统计表

站　名	集水面积（平方千米）	多年平均年径流量（亿立方米）	区　段	集水面积（平方千米）	多年平均年径流量（亿立方米）	区间来水占龙门比重（%）
河口镇	385966	216.6	河口—府谷	18703	-2.1	
府　谷	404039	214.5	府谷—吴堡	29475	34.6	13.4
吴　堡	433514	233.8	吴堡—龙门	64038	9.6	3.7
龙　门	497552	258.7	测　区	111586	42.1	16.3

备注：河口镇水文站 1952 年 1 月设站，1958 年 4 月上迁 10.3 千米，改为头道拐水文站观测。本志中河口镇的有关资料，均采用头道拐水文站资料。

二、支流

（一）径流深度

中游局测区河川径流绝大部分由降水形成。径流深度是径流量的一种表示形式，是河流或区域水资源的重要特征。测区多年平均年径流深度为47.7毫米，在黄河流域6大测区中排第5位，为黄河流域多年平均值的54.4%，为全国多年平均值的16.8%，属水资源严重偏少的地区。

（二）径流系数

径流系数（R/P）是反映流域降水和下垫面产流条件的综合指标，比值越大说明越容易产流。中游局测区多年平均年径流系数为0.111，在黄河流域6大测区中排第5位，为黄河流域多年平均值的60.3%，为全国多年平均值的25.3%，属不易产流区。

（三）断流现象

断流是中游测区支流的一种常见现象，同时也是区域河流的重要特征之一。主要表现形式为畅流期河干断流和冰期连底冻断流两种形式。

断流的原因除了自然因素外，也与社会因素密切相关。自然因素主要是降水量的偏少导致径流量的减少和径流组成中地下径流的比重较小；社会因素主要是工农业生产和人类生活用水较大，各种水利工程对径流的调蓄较小。近年来中游局测区支流断流的情况日趋严重，原因主要在于这一带水资源的先天不足和各方面用水量的增加。另外，水利工程对径流的调蓄作用较小也是一个重要因素。

中游局测区河干断流现象一般发生在无定河、湫水河以北的支流。河干断流天数从几天到200多天不等，一般由南到北递增。皇甫川、清水川、县川河、朱家川、孤山川河、蔚汾河、窟野河、佳芦河、清凉寺沟、湫水河、延水和无定河等12条支流均不同程度发生过河干断流现象。

冰期连底冻引起的断流一般发生在窟野河、湫水河以北的支流。

（四）亩均水量

中游局测区共有耕地面积136.9万公顷，亩均占有水量259立方米；黄河流域共有耕地面积1194.3万公顷，亩均占有水量368立方米；全国亩均占有水量1667立方米。中游局测区亩均占有水量是黄河流域亩均占有水量的 70.4%，是全国亩均占有水量的 15.5%。

（五）人均水量

中游局测区居住人口约 914 万，人均占有水量约 582 立方米；黄河流域（花园口以上）居住人口约 10425 万，人均占有水量约 632 立方米；全国人均占有水量约 1937 立方米。中游局测区人均占有水量是黄河流域人均占有水量的 92.1%，是全国人均占有水量的 30%。

综上所述，中游局测区降水量少，蒸发量大，与黄河乃至全国比较均属径流量严重偏少的地区。亩均和人均水量占有水平低，是水资源严重贫乏的地区。

第三节　泥　沙

黄河以泥沙多而闻名于世。据统计，黄河多年平均年输沙量为 16 亿吨（1919 年至 1985 年），居国内及世界大江大河（1956 年至 1979 年）之首；多年平均输沙模数 2127 吨每平方千米，多年平均含沙量 27.6 千克每立方米，均居国内及世界大江大河前列。

中游局测区是黄河泥沙，特别是粗沙的主要来源区。据统计，多年平均年输沙量为 5.343 亿吨（1950 年至 2020 年），分别占三门峡站和花园口站的 59.5% 和 68.6%；多年平均含沙量 127 千克每立方米，窟野河温家川站实测最大含沙量 1700 千克每立方米（1958 年 7 月 10 日 20 时 12 分），窟野河神木至温家川区间年输沙模数 8.46 万吨每平方千米；皇甫川、窟野河、无定河 3 条支流粗沙总量超过 1 亿吨。这些支流的输沙模数、泥沙之大为世界所罕见。

一、水沙组成

中游局测区集水面积占黄河流域中游段集水面积的 14.8%，年径流量占黄河年径流量的 12.3%，而年输沙量却占到黄河年输沙量的 54.2%，平均含沙量是黄河平均值的 4.41 倍，年输沙模数是黄河平均值的 3.66 倍，在黄河六大测区中居第一位。

水少沙多是黄河的主要特点，在中游局测区更为突出。黄河上游兰州以上和中游三花区间水多沙少，中游局测区和龙三区间水少沙多，上游兰河区间和下游花利区间水少沙也少。其中以中游局测区的水少沙多和兰州以上的水多沙少最为突出，形成了水少沙多、水沙异源的特征。

二、泥沙粒径

中游局测区多年平均年粗沙输沙量 2.114 亿吨，占黄河年粗沙输沙量的 72.2%，占测区总输沙量的 29%；粗沙输沙模数 2004 吨每平方千米，居黄河六大测区首位。

（一）黄河干流

黄河上游泥沙粒径较细，河口镇站 D_m 为 0.028 毫米。进入中游局测区后，由于皇甫川、孤山川河、岚漪河、窟野河、秃尾河、佳芦河、无定河和延水等支流大量泥沙特别是粗泥沙的加入，使黄河泥沙颗粒组成发生了较大变化。府谷、吴堡和龙门站 D_{50} 在 0.026 毫米至 0.028 毫米之间，D_m 在 0.045 毫米至 0.047 毫米之间，接近于 0.05 毫米，是黄河干流泥沙粒径组成中最粗的区段。黄河出了龙门后由于汾河和渭河等支流的粗沙较少，使潼关站泥沙颗粒组成变细，D_{50} 降到了 0.022 毫米，D_m 降到了 0.032毫米。再往下游，由于三门峡水库及下游河道粗沙的沉降淤积，伊洛河、沁河和大汶河等支流沙量较小，粗沙量更少，黄河泥沙颗粒组成进一步变细，到利津站，D_{50} 降到了 0.017 毫米，D_m 降到了 0.025 毫米。见表 1.3.3—1。

表 1.3.3—1　黄河各主要站多年平均悬移质颗粒级配特征统计表

站　名	兰州	河口镇	府谷	吴堡	龙门	潼关	三门峡	花园口	利津
D_{50}（毫米）	0.015	0.015	0.026	0.028	0.028	0.022	0.022	0.018	0.017
D_m（毫米）	0.034	0.028	0.047	0.046	0.045	0.032	0.033	0.028	0.025

（二）测区支流

中游局测区皇甫川、孤山川河、岚漪河、窟野河、秃尾河、佳芦河、湫水河、三川河、无定河、清涧河、昕水河和延水等 12 条主要支流实测泥沙颗粒级配组成中，多年平均 D_{50} 在 0.018 毫米至 0.057 毫米之间，多年平均 D_m 在 0.03 毫米至 0.15 毫米之间。其中皇甫川、孤山川河和窟野河 D_m 超过了 0.1 毫米；秃尾河超过了 0.05 毫米；无定河和延水接近 0.05 毫米。

与黄河流域十大水系比较，中游局测区泥沙 D_{50}、D_m 最粗。汾河、泾河、渭河和北洛河多年平均 D_{50} 在 0.016 毫米至 0.027 毫米之间，多年平均 D_m 在 0.026 毫米至 0.033 毫米之间。其他水系较中游局测区泥沙粒径更小。

三、多沙粗沙区

黄河流域多沙区主要是指土壤侵蚀剧烈的地区，以多年平均年输沙模数大于或等于 5000 吨每平方千米作为衡量指标。中游局测区多沙区面积 7.16 万平方千米，占黄河多沙区面积的 60.1%，占测区集水面积的 64.2%。

粗沙区以多年平均粗沙输沙模数大于或等于 1300 吨每平方千米作为衡量指标。中游局测区粗沙区面积 5.99 万平方千米，占黄河粗沙区面积的 76.2%，占测区多沙区面积的 83.7%，占测区集水面积的 53.7%。

四、高含沙水流

高含沙水流是指含沙量达到 200 千克每立方米至 400 千克每立方米，其运动和输沙特性较一般携沙水流有本质不同的水沙混合的流体。具有含沙量高、流体的流变特性为非牛顿体和泥沙的断面分布相当均匀等特点。

中游局测区 19 条支流多年平均含沙量在 31.1 千克每立方米至 487 千克每立方米之间。其中大于 300 千克每立方米的支流有皇甫川、偏关河和朱家川 3 条；在 200 千克每立方米至 300 千克每立方米之间的支流有孤山川河、佳芦河、湫水河、屈产河、清涧河和延水 6 条；在 100 千克每立方米至 200 千克每立方米之间的支流有窟野河、无定河、岚漪河、蔚汾河和昕水河 5 条；小于 100 千克每立方米的支流有红河、秃尾河、三川河、汾川河和仕望川 5 条。多年平均含沙量大于 100 千克每立方米的支流有 14 条，占 74%。

中游局测区 70% 的站出现过含沙量大于 1000 千克每立方米的高含沙水流。其中 5 个站含沙量大于 1500 千克每立方米，且都在窟野河和皇甫川，以窟野河温家川水文站的 1700 千克每立方米为最大值，窟野河神木和王道恒塔水文站的 1640 千克每立方米次之。除海流兔河韩家峁水文站外，中游局测区各水文站均出现过含沙量大于 200 千克每立方米的高含沙水流。

五、粗泥沙输沙量

中游局测区 12 条主要支流皇甫川、孤山川河、窟野河、秃尾河、佳芦河、无定河、清涧河、延水、岚漪河、湫水河、三川河和昕水河设站控制的面积占龙门以上控制面积的 13.8%，年输沙量占龙门站年输沙量的 58%，年粗沙量占龙门站年粗沙量的 76.4%。其中以皇甫川、窟野河和无定河 3 条支流输入黄河的粗沙量最大。

由此可见，皇甫川、窟野河和无定河 3 条支流是中游局测区泥沙特别是粗泥沙最主要的来源区，也是黄河流域泥沙特别是粗泥沙最主要的来源区。

第四节　洪　水

中游测区是黄河三大洪水来源区之一。洪水大而频发，洪水中携带有大量泥沙是这一区域洪水的显著特征。

中游局测区洪水按其成因可分为暴雨洪水和融冰洪水两大类型，以暴雨洪水为主。

中游局测区暴雨洪水一般每年发生 3 次至 5 次，支流少数年份有时多达 10 余次。干流府谷和吴堡站较大洪水一般发生在每年的 7 月和 8 月。7 月 1 日至 8 月 31 日发生的概率为 93.3%；7 月 20 日至 8 月 10 日发生的概率为 58.4%。干流府谷和吴堡站、主要支流皇甫、高石崖和温家川站历年最大洪水发生的时间均在 7 月 20 日至 8 月 10 日期间。融冰洪水是春季气温升高后，宁蒙河道解冻开河形成的洪水，每年发生一次，一般在 3 月中旬至 4 月上旬出现。融冰洪水称为桃汛，洪峰流量一般在 2000 立方米每秒至 4000 立方米每秒之间。

中游局测区河流多属山溪性河流。洪水暴涨暴落，支流洪水历时一般 5 小时至 15 小时，干流洪水一般 1 天至 3 天。

一、干流洪水

吴堡站 1976 年 8 月 2 日洪峰流量 24000 立方米每秒，是黄河流域有资料记载以来实测最大洪水。黄河中下游主要干流站历年最大洪水统计情况见表 1.3.4—1。

表 1.3.4—1　黄河中下游主要干流站历年最大洪水统计表

站　名	面积（平方千米）		最大洪水（立方米每秒）				
	控　制	区　间	实　测	年　份	调　查	年　份	千年一遇
河口镇	385966		5420	1967	5550		8420
河　曲	397658	11692	5120	1984	8740	1896	9420
府　谷	404039	6381	12800	2003	13000	1945	20100
吴　堡	433514	29475	24000	1976	32000	1842	41200
龙　门	497552	64038	21000	1967	31000	道光年间	42600
三门峡	688401	190483	22000	1933	36000	1843	40000
花园口	730036	41635	22300	1958	32000	1761	42300

二、支流洪水

（一）测区支流洪水频发，是干流大洪水的主要来源

除桃汛洪水会形成干流中等洪水外，府谷和吴堡站较大洪水均由测区支流洪水形成。

（二）支流洪水大，洪峰流量模数高

中游局测区支流实测最大洪水 14000 立方米每秒，发生在窟野河温家川站。大于 10000 立方米每秒的支流有窟野河、皇甫川和孤山川河 3 条；在 8000 立方米每秒至 10000 立方米每秒之间的支流有无定河和延水 2 条。实测洪峰流量模数最大的为孤山川河的 8.16 立方米每秒每平方千米；大于 1.0 立方米每秒每平方千米的支流有红河、皇甫川、孤山川河、窟野河、佳芦河、清涧河和延水 7 条。说明中游局测区支流是洪峰流量和洪峰流量模数的高值区。见表 1.3.4—2。

表1.3.4—2　测区与黄河其他支流实测最大洪水情况表

河　名	站　名	集水面积（平方千米）	洪峰流量（立方米每秒）	发生年份	洪峰流量模数（立方米每秒每平方千米）	所在区间
西柳河	龙头拐	1145	6940	1989	6.06	兰州—河口
红　河	放牛沟	5461	5830	1969	1.07	河口—龙门
皇甫川	皇甫（二）	3175	10600	1989	3.34	河口—龙门
孤山川河	高石崖（三）	1263	10300	1977	8.16	河口—龙门
窟野河	温家川（二）	8645	14000	1976	1.62	河口—龙门
佳芦河	申家湾	1121	5770	1970	5.15	河口—龙门
无定河	白家川	29662	4480	2017	0.15	河口—龙门
清涧河	延川（二）	3468	6090	1959	1.76	河口—龙门
延　水	甘谷驿	5891	9050	1977	1.54	河口—龙门
汾　河	河　津	38729	3320	1954	0.086	河口—龙门
渭　河	咸　阳	49800	8010	1954	0.16	河口—龙门
渭　河	华　县	106498	7660	1954	0.072	河口—龙门
泾　河	张家山	43216	7520	1966	0.17	河口—龙门
北洛河	刘家河	7325	6430	1977	0.88	河口—龙门
伊洛河	黑石关	18563	9450	1958	0.51	三门峡—花园口
沁　河	武　陟	12880	4130	1982	0.32	三门峡—花园口
大汶河	北　望	3499	8640	1964	2.47	花园口—利津

三、测区洪水是黄河中下游大洪水三大来源区之一

黄河花园口站控制了黄河上中游的全部洪水。近300年来，花园口站共发生了大于20000立方米每秒的特大洪水4次，见表1.3.4—3。

表1.3.4—3　花园口水文站特大洪水情况统计表

洪峰流量（立方米每秒）	年　份	资料来源	洪水主要来源
32000	1761	调查	三花区间
33000	1843	调查	中游局测区及泾洛河
20400	1933	实测	泾渭河及中游局测区
22300	1958	实测	三花区间

1843 年大洪水的淤积物组成中，泥沙颗粒很粗，D_{50} 大于 0.1 毫米的粗沙占了 80% 以上。据《靖边县志》以及庆阳庙宇碑记等资料记载，此次特大洪水主要来源于中游局测区粗沙区的无定河、窟野河和皇甫川一带以及泾河和北洛河上游一带。

1933 年大洪水系斜跨中游局测区与泾洛渭河中下游的东北西南向雨带所致，雨区面积 10 万平方千米，有渭河支流散渡河、葫芦河和泾河支流马莲河以及延水、清涧河和三川河等几个暴雨中心，以泾河暴雨中心强度最大。

由此可见，在花园口 4 次大洪水中，有两次来自中游局测区及泾洛渭河地区。1843 年大洪水以中游局测区的皇甫川、窟野河和无定河来水为主，泾河和北洛河洪水次之。1933 年大洪水以泾洛渭河地区来水为主，中游局测区吴堡以下来水次之。

第二篇　管理机构

随着黄河水文事业的不断发展和事业单位机构改革，中游局机构设置逐步健全，职能配置逐渐完善，水文队伍不断壮大，职工素质显著提高，为黄河中游水文事业的发展奠定了良好基础。

第一章　机构职能

第一节　机构沿革

中游局由原组建的吴堡水文站逐步发展、升格和更名而来，现隶属黄委水文局（以下简称水文局），系正处级事业单位，与黄河中游水资源保护局、黄河中游水环境监测中心、黄河水利委员会中游水文水政监察支队合署办公。

1935年6月，在现山西省柳林县薛村镇军渡村设立了吴堡水文站，1937年9月起因日军侵略停测。

1951年9月，黄委在陕西省吴堡县宋家川镇柏树坪村重设吴堡水文站，行政、人事归黄委西北黄河工程局领导，业务技术由黄委水文科领导。

1952年12月，黄委将泺口、柳园口、潼关、吴堡、镫口、兰州六个水文站改为一等水文站，并授权其从1953年1月1日起负责各水文站、水位站和雨量站行政、财务、技术方面的管理。吴堡一等水文站管辖的有吴堡、河曲、义门、沙窝铺、延水关、皇甫、高石崖、温家川、绥德（无定河）、延安（大桥）、甘谷驿、林家坪、贺水13个水文站和薛家峁、延川、延安3个水位站。

1953年3月，黄委将一等水文站扩建为水文分站。吴堡水文分站负责黄河义门至龙门区间各测站，隶属黄委。

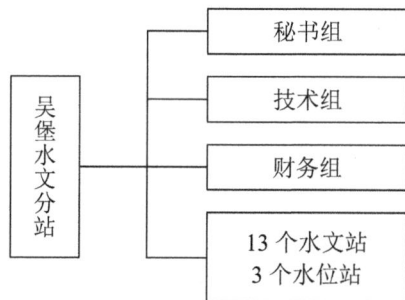

图2.1.1—1　1953年吴堡水文分站组织机构

1956年6月，吴堡水文分站升格为吴堡水文总站（以下简称吴堡总站）。负责头道拐至龙门区间34个流量站。

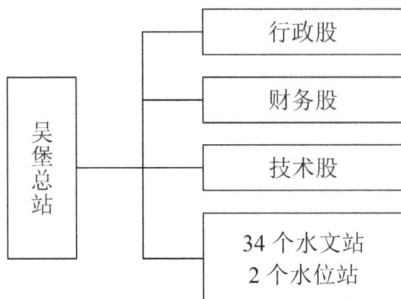

图 2.1.1—2　1956 年吴堡总站组织机构图

1964 年 6 月，吴堡总站组织机构图见下图。

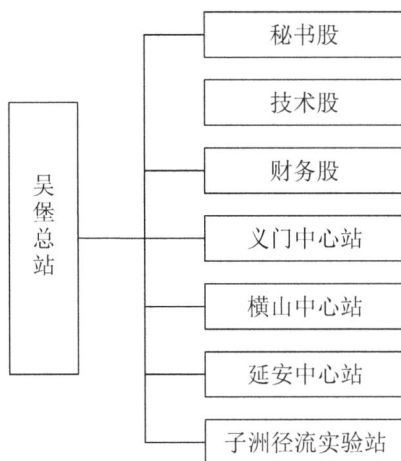

图 2.1.1—3　1964 年吴堡总站组织机构图

1968 年 6 月，吴堡总站更名为吴堡总站革命委员会。1972 年吴堡总站革命委员会组织机构见下图。

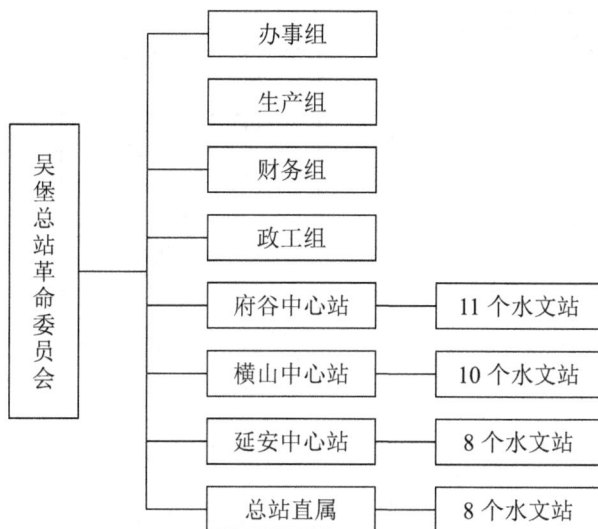

图 2.1.1—4　1972 年吴堡总站革命委员会组织机构图

1978 年 5 月，吴堡总站革命委员会恢复为吴堡总站。

1979 年 11 月，吴堡总站由黄委明确为正处（县）级单位。

1984 年 5 月，在山西省榆次市成立榆次水文勘测队。

1985 年 11 月，吴堡总站由陕西省吴堡县迁往山西省榆次市，更名为榆次水文总站（以下简称榆次总站），驻郭家堡乡郭村。1990 年 1 月又迁到榆次市桥东街 20 号。

1992 年 8 月，榆次总站更名为黄河水利委员会中游水文水资源局，之后管理职能和隶属关系未变化，但机构设置、名称有小幅变化。见图 2.1.1—5 至图 2.1.1—8。

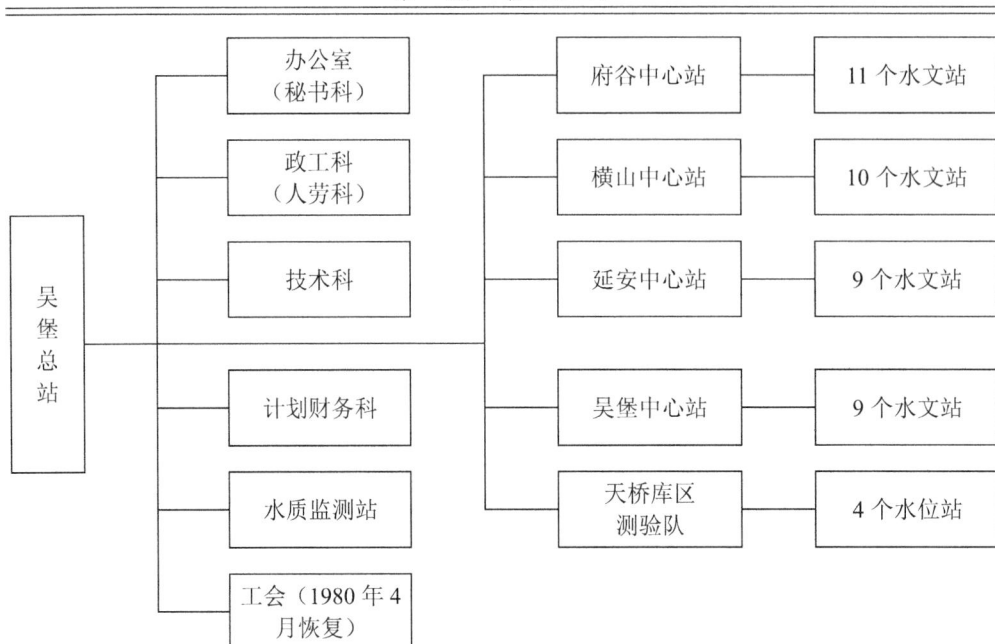

图 2.1.1—5 1982 年吴堡总站组织机构图

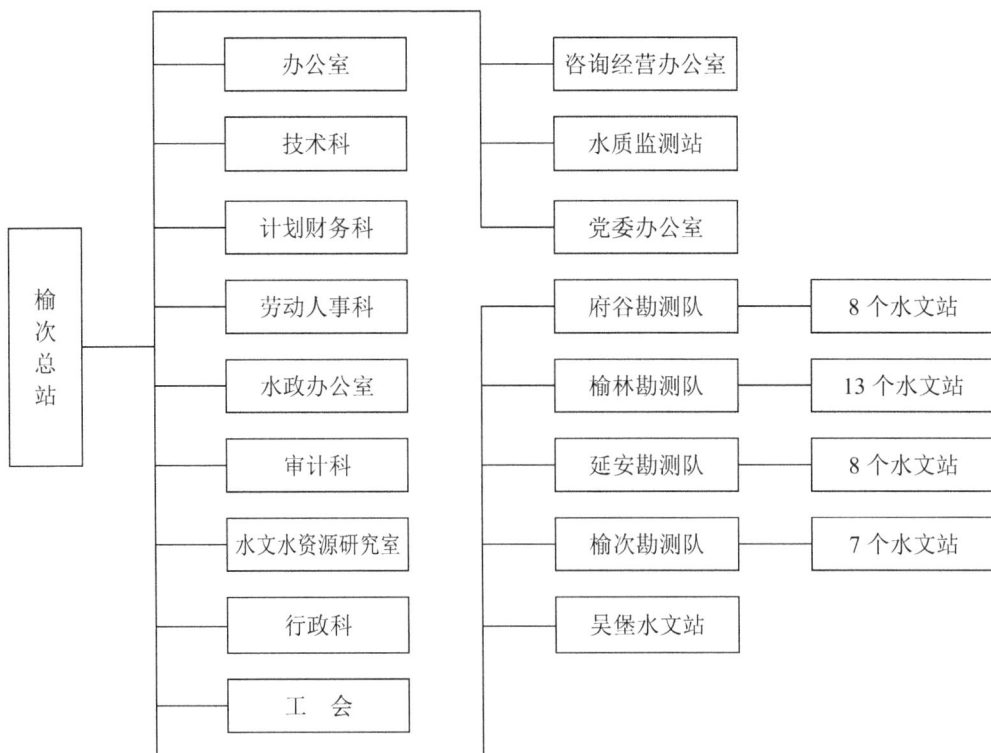

图 2.1.1—6 1992 年榆次总站组织机构图

办公室

技术科

计划财务科

人事劳动科

水政水资源科

监察审计科

党委办公室（2002年
12月撤销政工科）

工会

机关部门

水文水资源研究室

水质监测中心

水情信息中心

机关服务中心

会计核算中心

离退休职工活动室

局直单位

中游局

府谷勘测局 —— 8个水文站

榆林勘测局 —— 13个水文站
2个水位站

延安勘测局 —— 8个水文站

榆次勘测局 —— 7个水文站

吴堡站

局属单位

企业 —— 晋中黄河水利工程
技术服务中心

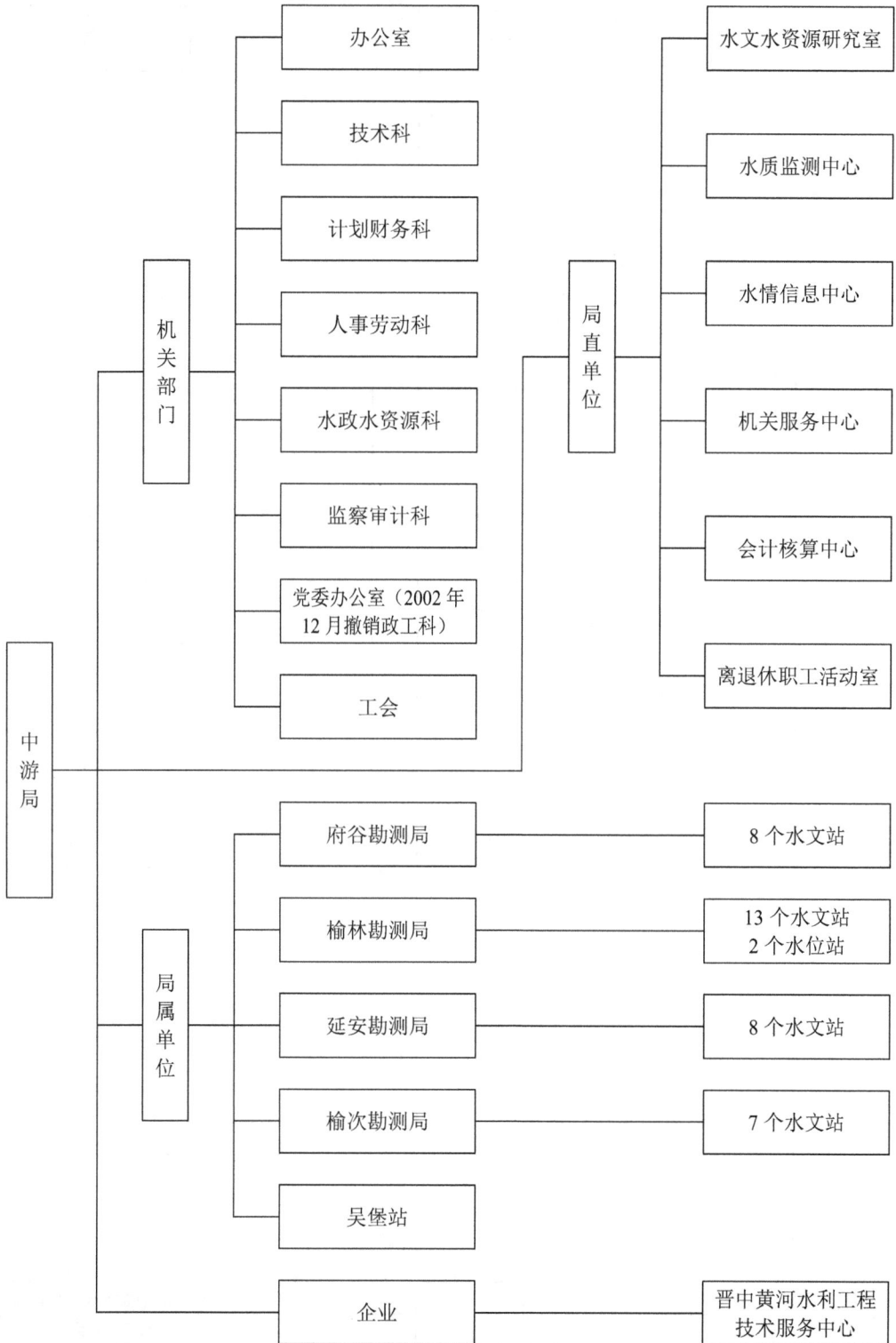

图 2.1.1—7 2002 年中游局组织机构图

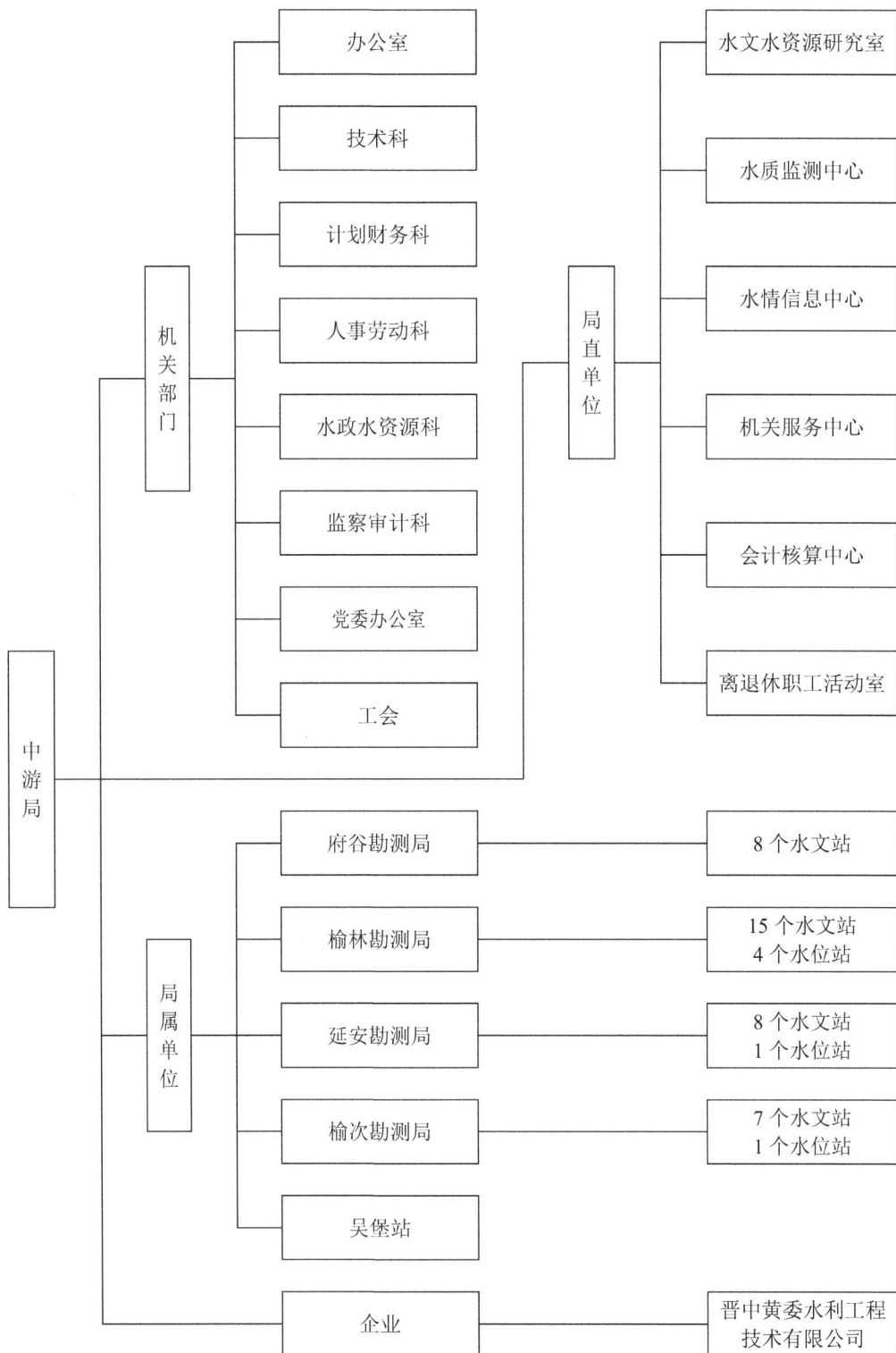

图 2.1.1—8　2019 年中游局组织机构图

1995年5月，成立黄河中游水资源保护局、黄河中游水环境监测中心，与中游局合署办公。

第二节　管理职能

随着单位的逐步升格，管理职能也在转变，由原来单纯的水文测报逐步发展到人、财、物全面管理。负责黄河河口镇至龙门区间的防汛抗旱、水文监测、洪水预报、水文调查、水文分析计算、水资源调查评价、入河排污口调查、水污染调查、水环境监督评价等工作。

一、中游局主要职能

（一）负责辖区内河道（水库）的水文测验工作；

（二）承担防洪、水资源调度管理工作中水文水资源情报和预报业务；

（三）负责测区水质监测和水环境调查分析；

（四）负责测区水文站网规划、水文专业规划的编制和批准后的组织实施；

（五）负责辖区内水文基础设施及水文现代化建设；

（六）负责水文设施设备、仪器的运行维护和管理；

（七）负责国家行业有关技术规范标准的执行；

（八）承担辖区内水文规律的分析研究、水资源调查评价；

（九）负责辖区内水政监察工作；按照规定，负责本局范围内水文国有资产监管和运营；

（十）负责本区水文资金的使用、检查和监督；

（十一）完成上级授权与交办的其他工作。

二、勘测局（队）职能

（一）2009 年前勘测队的主要职能

组织、指导、协调完成辖区各水文（位）站水文测验、水质监测、水文情报、水文资料整编、水政监察工作；负责所辖水文（位）站测验设施、仪器测具的运行、维护、管理和物资后勤供应服务工作；负责水文勘测基地及职工生活基地的管理工作；配合上级各职能部门完成指令性任务，完成上级授权与交办的其他工作任务。

（二）2009 年勘测局升格后的主要职能

负责辖区内河道（水库）的水文水资源监测、水文资料整编及水文规律分析研究等工作；开展辖区内的凌情巡测工作；承担防洪、防凌及水资源调度管理工作中水文水资源情报和预报业务；配合黄河中游水环境监测中心做好辖区水质监测工作；按要求做好辖区河道水情、水污染及水量调度突发事件的监视、调查、上报等工作；负责国家行业有关技术规范标准的执行；负责新技术、新设备、新仪器的实验推广应用；配合完成辖区水文基础设施建设规划，按照授权负责基本建设项目施工监督和资料检查，配合完成竣工验收等工作；按照规定或授权，负责本局水文资金的管理和使用；负责辖区内水政监察工作；按照规定或授权，负责本局范围内水文国有资产监管和运营；负责本区水文资金的使用、检查和监督；完成上级授权与交办的其他工作。

第二章 机构设置

随着黄河水文事业的不断发展,组织机构设置逐步完善,按照黄委事业单位机构改革的总体部署,2002年水文局下达中游局(黄河中游水资源保护局)职能配置、机构设置和人员编制方案(简称"三定方案")。中游局分为机关部门、局直事业单位、局属事业单位,其中,机关部门设置有办公室、人事劳动科、计划财务科、技术科、监察审计科、水政水资源科、党委办公室和工会;局直事业单位设置有水质监测中心、水文水资源研究室、机关服务中心、离退休职工活动室、会计核算中心、水情信息中心;局属企业有晋中黄河水利工程技术服务公司;局属事业单位有府谷、榆林、延安、榆次4个勘测局、吴堡等37个水文站和万镇水位站。见图2.1.1—7。

第一节 机关部门

1953年3月,吴堡水文分站内设秘书组、技术组、财务组,负责吴堡、河曲等13个水文站和3个水位站的水文测报等工作。见图2.1.1—1。

1956年6月,吴堡总站内设行政股、技术股、财务股,负责吴堡、河曲、皇甫、温家川、后大成、赵石窑、甘谷驿等34个水文站和2个水位站。见图2.1.1—2。

1964年6月,吴堡总站内设秘书股、技术股、财务股。见图2.1.1—3。

1968年4月,吴堡总站机关内设股改为组,有办事组、生产组、政工组。

1972年9月,将原生产组划分为生产组和财务组,调整后总站共分四个组:办事组、生产组、财务组、政工组。见图2.1.1—4。

1978年4月,将原办事组、生产组、财务组、政工组四个组改为政工科、秘书科、技术科、财务科四个科。

1979年9月,成立吴堡水质监测站。

1981 年 10 月，吴堡总站机关秘书科改为办公室。

1983 年 11 月，吴堡总站机关新设基建设施科。

1984 年 11 月，吴堡总站机关设有办公室、行政科、技术科（基建设施科和技术科合并）、政工科、计财科、工会、水沙分析室（水质监测站和泥沙室合并）。

1988 年 4 月，榆次总站机关政工科改为劳动人事科，新设咨询经营办公室。

1990 年 3 月，榆次总站机关新设研究室和审计、水政、监察（室）综合科。

1991 年 3 月，新设政工科（与党委办合署办公）、审计科，恢复行政科。

1993 年 5 月，经水文局批准，成立黄河中游水文水资源科学研究所。

1993 年 10 月，吴堡水质监测站更名为黄河中游水环境监测中心（以下简称监测中心）。

1995 年 4 月，成立黄河中游综合经营管理处，下设科技咨询部、综合经营部。

2002 年 11 月改革前，机关部门有办公室、技术科、计划财务科、人事劳动科、水政办公室、监审科、党委办公室（政工科）、工会、研究室、监测中心、行政科、晋中黄河水利工程技术服务中心，均为正科级。

2002 年 11 月，根据水文局下达的"三定方案"，机关部门设置有办公室、技术科、计划财务科、人事劳动科、水政水资源科、监察审计科、党委办公室、工会 8 个正科级部门。见图 2.1.1—7。

第二节　局直单位

2002 年 11 月，按照水文局"三定方案"，局直事业单位设置有水文水资源研究室、水质监测中心、机关服务中心，均为正科级，水情信息中心、会计核算中心（归口计划财务科）、离退休职工活动室（归口人事劳动科）均为副科级。见图 2.1.1—7。

2011 年 3 月，水情信息中心升格为正科级。

第三节 局属单位

1951 年 9 月，在陕西省吴堡县城关镇柏树坪村重设吴堡水文（二）站，之后按照水文站网规划，中游测区水文站网不断增加，到 1960 年测区内设有水文站 67 个，其中吴堡总站管辖的水文站有 47 个。

1958 年 8 月，成立了子洲径流实验站，属黄委水文处管理，1960 年 11 月划归吴堡总站，1970 年 6 月撤销。

1964 年 6 月，按照黄委水文处通知，成立了义门、横山、延安 3 个水文中心站，中心站为总站派出机构。1968 年 4 月，黄委水文系统革委会通知撤销各水文中心站。

1965 年和 1966 年，对水文站的隶属关系进行了两次调整，有的移交到地方管理，有的在黄河水文系统内调整。

1972 年 8 月恢复府谷（原义门）、横山中心站，并对中心站管辖水文站进行了调整。

1973 年 1 月恢复延安中心站，并增设泥沙颗粒分析室一处，地址设在延安水文站。

1975 年 5 月，成立天桥库区水文实验站，下设干、支流进库水文站 3 处（河曲站、旧县站、清水站），增设测验队、泥沙室各一处。1976 年 3 月天桥库区水文实验站与府谷中心站合并，统称天桥库区水文实验站。1982 年 3 月天桥库区水文实验站又改名为府谷水文中心站。

1977 年 5 月成立吴堡片工作组，负责吴堡、丁家沟、杨家坡、林家坪、后大成、裴沟、大宁、吉县 8 个水文站。

1981 年 4 月，天桥库区测验队归总站直接管理，1985 年 3 月，划归府谷水文中心站，1991 年 11 月撤销。

1982 年 4 月，成立吴堡水文中心站，负责吴堡、丁家沟、白家川、裴家川、碧村、杨家坡、林家坪、后大成、裴沟 9 个水文站。

1983 年 12 月，撤销横山、吴堡水文中心站。对府谷、延安中心站管辖的水文站进行了调整。府谷中心站管辖河曲、府谷、皇甫、清水、新庙、王道恒塔、温家川、高石崖、高家堡、旧县、下流碛、裴家川、碧村 13

个水文站和天桥库区测验队；延安中心站管辖靖边、青阳岔、李家河、曹坪、丁家沟、白家川、子长、延川、延安、甘谷驿、临镇、新市河、大村、大宁、吉县15个水文站；吴堡总站直管吴堡、高家川、韩家峁、申家湾、横山、殿市、马湖峪、杨家坡、林家坪、后大成、裴沟11个水文站和总站泥沙室、府谷泥沙室。

1984年4月，根据黄委批复，成立黄委延安水文勘测队。

1984年5月，根据黄委批复，成立黄委榆次水文勘测队。

1986年4月，成立吴堡水文勘测队，同时将延安、府谷中心站更名为延安、府谷水文勘测队。吴堡勘测队下辖11个水文站：吴堡、高家川、韩家峁、申家湾、横山、殿市、马湖峪、杨家坡、林家坪、后大成、裴沟。府谷勘测队下辖13个水文站：河曲、府谷、皇甫、清水、高石崖、新庙、王道恒塔、温家川、高家堡、旧县、桥头、裴家川、兴县，以及天桥库区测验队。延安勘测队下辖15个水文站：靖边、青阳岔、李家河、曹坪、丁家沟、白家川、子长、延川、延安、甘谷驿、临镇、新市河、大村、大宁、吉县。

1987年8月，成立榆林水文水资源勘测大队。

1988年5月，延安水文勘测队更名为延安水文水资源勘测大队。

1989年3月，成立榆次水文水资源勘测队。榆次勘测队下辖7个水文站：兴县、杨家坡、林家坪、后大成、裴沟、大宁、吉县。府谷勘测队下辖10个水文站：河曲、府谷、皇甫、高石崖、新庙、王道恒塔、温家川、高家堡、旧县、桥头。吴堡勘测队下辖7个水文站：高家川、韩家峁、申家湾、横山、殿市、马湖峪、靖边。延安勘测队下辖12个水文站：青阳岔、李家河、曹坪、丁家沟、白家川、子长、延川、延安、甘谷驿、临镇、新市河、大村。

1990年11月，榆林勘测队正式运行，同时撤销吴堡勘测队。府谷勘测队下辖8个水文站：河曲、府谷、皇甫、高石崖、新庙、王道恒塔、旧县、桥头。榆林勘测队下辖13个水文站：高家堡、高家川、温家川、韩家峁、申家湾、横山、殿市、马湖峪、靖边、青阳岔、李家河、曹坪、丁家沟。延安勘测队下辖8个水文站：白家川、子长、延川、延安、甘谷驿、临镇、新市河、大村。榆次勘测队下辖7个水文站：兴县、杨家坡、林家坪、后大成、裴沟、大宁、吉县。

1992 年 3 月，府谷、榆次水文水资源勘测队更名为府谷、榆次水文水资源勘测大队。

1997 年 7 月，府谷、榆林、延安、榆次水文水资源勘测大队分别更名为府谷、榆林、延安、榆次水文水资源勘测局。

2002 年 11 月，水文局下发"三定方案"，明确了中游局所属事业单位和相应级别，其中正科级单位 10 个，有府谷、榆林、延安、榆次勘测局，吴堡、河曲、府谷、温家川、白家川、甘谷驿水文站；副科级单位 31 个，有皇甫、高石崖、新庙、王道恒塔、旧县、桥头、高家堡、高家川、韩家峁、申家湾、横山、殿市、马湖峪、靖边、青阳岔、李家河、曹坪、丁家沟、子长、延川、延安、临镇、新市河、大村、兴县、杨家坡、林家坪、后大成、裴沟、大宁、吉县水文站；加上万镇水位站，共 42 个单位。

2009 年 2 月，府谷、榆林、延安、榆次水文水资源勘测局升格为副处级单位。

府谷勘测局机关设办公室、技术科、计划财务科 3 个科室，均为正科级；管辖 8 个水文站：河曲、府谷为正科级站，皇甫、高石崖、新庙、王道恒塔、旧县、桥头为副科级站。

榆林勘测局机关设办公室、技术科、计划财务科 3 个科室，均为正科级；管辖 13 个水文站，其中温家川为正科级站，高家堡、高家川、韩家峁、申家湾、横山、殿市、马湖峪、靖边、青阳岔、李家河、曹坪、丁家沟为副科级站。

延安勘测局机关设办公室、技术科、计划财务科 3 个科室，均为正科级；管辖 8 个水文站：白家川、甘谷驿为正科级站，子长、延川、延安、临镇、新市河、大村为副科级站。

榆次勘测局机关设办公室、技术科两个科室，均为正科级；管辖 7 个水文站：兴县、杨家坡、林家坪、后大成、裴沟、大宁、吉县为副科级站。

截至 2019 年，中游局管辖府谷、榆林、延安、榆次 4 个勘测局，下设 39 个水文站、6 个水位站、256 个委托雨量站、7 个蒸发站；设有 18 个水质监测省界、重要水功能区监测断面，39 个地下水质站点，10 处入河排污口断面，站点分布在黄河干流及 28 条支流上。

第三篇　水文测验

　　水文测验在防汛抗旱、水利工程建设、水资源管理、水环境保护中发挥着重要作用。水文测验项目主要包括水位、流量、泥沙、降水量、蒸发量、水质和冰凌等。经过多年发展，中游局所属各站水文测验的设施设备从十分简陋到初步实现现代化，从完全人工作业发展到机械化、电动化、自动化，发生了翻天覆地的变化。如水位由人工观读水尺发展到雷达式水位计遥测；水文缆道从无到有，逐步形成了吊箱缆道、铅鱼缆道；由中游局自行开发的水文测验数据处理系统取代了烦琐的人工计算，内容涉及水位、流量、泥沙、水文测量等数据，具有全面系统的水文监测数据处理功能，操作简单、快捷、差错率小。新仪器、新设备、新技术在水文测验中的广泛应用，测验设施设备的升级改造，显著提升了测验精度。

第一章 水文站网

水文站网一般有水位站网、流量站网、泥沙站网、雨量站网、水面蒸发站网、地下水站网、水质站网和墒情站网等。经过多年发展，中游局已基本建成了观测项目符合要求、测站功能满足需要、面上分布科学合理的站网体系，为黄河中游地区乃至黄河下游的防汛抗旱、治理开发、国民经济建设以及黄河的生态文明建设等提供了及时准确的水文数据，为黄河的岁岁安澜做出了重要贡献。

第一节 站网发展

一、水文站变化情况

经过多年发展，中游局所属水文站网不断发展完善，水文站、水位站、雨量站变化情况见表3.1.1—1。

新中国成立前，1935年设立吴堡水文站（1937年10月停测）、壶口水位站（1937年5月撤销），支流三川河柳林镇水文站（1937年10月停测）、无定河绥德水文站（1938年11月撤销），到新中国成立时测区内已没有1个水文站。

表3.1.1—1 水文站、水位站、雨量站数统计表

年份	1935	1951	1960	1970	1980	1990	2000	2010	2020
水文站	3	2	48	36	38	37	37	37	39
水位站	1	0	7	0	1	1	2	6	6
雨量站	1	1	4	52	226	228	226	226	256
蒸发站	1	1	15	0	8	8	7	7	7

说明：水文站兼测的渠道站未统计在内。

新中国成立初期，1951 年 9 月 1 日吴堡站首先恢复测验。同年，无定河绥德站也恢复测验。1952 年河曲站、支流无定河薛家峁水位站、支流延水延安（大桥）和甘谷驿站等新设或重设。1953 年至 1955 年，干流上新建万家寨、义门、沙窝铺、延水关等水文站和龙口水位站；支流新建和恢复红河放牛沟（原名清水河）、皇甫川皇甫、孤山川河高石崖、窟野河温家川、秃尾河高家川、湫水河林家坪、三川河贺水、无定河川口、米脂河宋家崄、义合沟义合镇、昕水河大宁、西川枣园等水文站和清涧河延川水位站。

1956 年水文站网规划调整，撤销三川河贺水水文站，新设偏关河关河口、杨家川杨湾子、朱家川后会村、佳芦河申家湾和三川河后大成等 19 处水文站，义门、皇甫、高石崖和后会村 4 站由包头水文分站划归吴堡总站。1956 年吴堡总站所属水文站 33 处、水位站 2 处，见图 3.1.1—1。

1957 年，黄委按站网规划将延水关水文站改为水位站；撤销无定河绥德、萨拉河和偏关河关河口水文站；新设偏关河偏关水文站；将红河放牛沟、杨家川杨湾子和大各丑沟大各丑门 3 个水文站移交内蒙古水文部门。

1960 年，中游测区的水文站共有 67 处，平均站网密度 1666 平方千米每站，其中属黄委管辖的有水文站 48 处、水位站 3 处。1961 年至 1963 年大量裁撤基本水文站，1965 年黄委将山西省境内的偏关河偏关、东川河岢岚、三川河的北川河圪洞及南川河陈家湾 4 个水文站移交给山西省水文部门。

黄河干流因天桥水库水沙量测验需要，1971 年 5 月新设黄河天桥水库出库站府谷水文站。1975 年黄河义门水文站撤销。

1972 年，吴堡总站革命委员会所属水文站见图 3.1.1—2。

吴堡总站	黄河义门站	无定河川口站
	黄河沙窝铺站	清涧河延川站
	黄河吴堡站	延水延安站
	黄河延水关站	延水甘谷驿站
	皇甫川皇甫站	红河放牛沟站
	孤山川河高石崖站	偏关河偏关站
	石马川折家河站	朱家川吾吉耳站
	朱概沟朱概塔站	朱家川后会村站
	窟野河温家川站	蔚汾河高家村站
	秃尾河高家川站	清凉寺沟杨家坡站
	佳芦河申家湾站	湫水河林家坪站
	海流兔河韩家峁站	北川河峪口站
	芦河靖边站	三川河后大成站
	芦河横山站	南川河陈家湾站
	峁河果子坪站	昕水河大宁站
	大理河周家硷站	
	无定河萨拉河站	黄河龙口水位站
	无定河绥德站	无定河薛家峁水位站

图 3.1.1-1　1956 年吴堡总站所属水文（水位）站

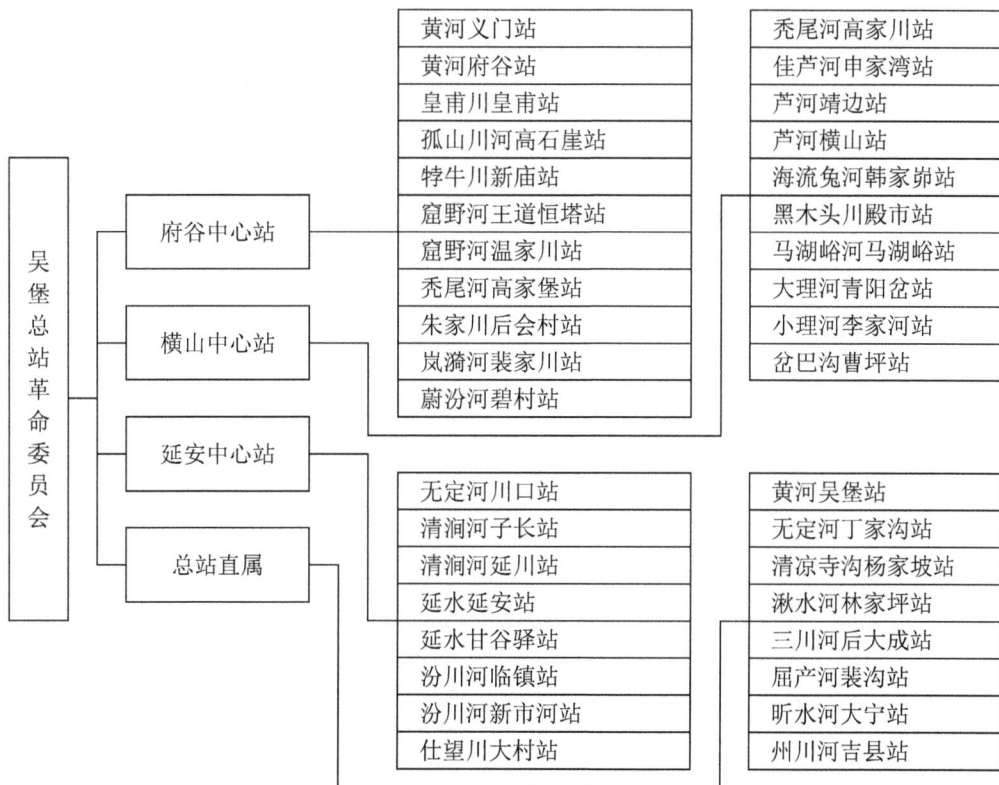

吴堡总站革命委员会	府谷中心站 横山中心站	黄河义门站	秃尾河高家川站
		黄河府谷站	佳芦河申家湾站
		皇甫川皇甫站	芦河靖边站
		孤山川河高石崖站	芦河横山站
		犇牛川新庙站	海流兔河韩家峁站
		窟野河王道恒塔站	黑木头川殿市站
		窟野河温家川站	马湖峪河马湖峪站
		秃尾河高家堡站	大理河青阳岔站
		朱家川后会村站	小理河李家河站
		岚漪河裴家川站	岔巴沟曹坪站
		蔚汾河碧村站	
	延安中心站 总站直属	无定河川口站	黄河吴堡站
		清涧河子长站	无定河丁家沟站
		清涧河延川站	清凉寺沟杨家坡站
		延水延安站	湫水河林家坪站
		延水甘谷驿站	三川河后大成站
		汾川河临镇站	屈产河裴沟站
		汾川河新市河站	昕水河大宁站
		仕望川大村站	州川河吉县站

图 3.1.1—2　1972 年吴堡总站革命委员会所属水文站

1976 年 6 月新设黄河河曲（1952 年设立，1956 年停测，1976 年下迁 5 千米恢复观测）、县川河旧县和清水川清水（1995 年改为专用站）3 个天桥水库进库水文站，靖边站改为降水（蒸发）站，1986 年撤销岚漪河裴家川水文站。

1975 年 1 月，在无定河支流店则沟设立白家川小河站，1978 年 6 月更名为陈刘家山小河站。

1978 年 6 月设立小河水文站 5 处（黄河支流清河沟王家川站、窟野河支流贾家沟贾家沟站、黑木头川支流店房台沟郑崖站、无定河支流解家沟学武村站、清涧河支流文安驿川拐峁站）和配套委托雨量站 29 处。

1979 年 6 月增设小河水文站 2 处（秃尾河支流洞川沟水磨站、湫水河支流招贤沟林家塌站）。

1980 年 6 月，王家川站下迁至张家塌站；撤销学武村站；配套委托雨量站调整为 35 处。

1989 年 7 月撤销小河站 6 处，保留贾家沟站。

中游测区水文站大部分在 20 世纪 50 年代设立，至 20 世纪 90 年代初期基本稳定。见图 3.1.1—3 至图 3.1.1—5、表 3.1.1—1。截至 2020 年，隶属于中游局管辖的水文站 39 处，其中干流站 3 处；水位站 6 处，其中干流 4 处；一级支流站 27 处，其中把口站 20 处；二级支流站 6 处，其中小河站 1 处；三级支流站 2 处。中游局所属水文、水位站统计情况见表 3.1.1—2。

	黄河河曲站	窟野河温家川站
	黄河府谷站	贾家沟贾家沟站
	皇甫川皇甫站	秃尾河高家堡站
府谷勘测队	清水站	秃尾河高家川站
	孤山川河高石崖站	佳芦河申家湾站
	牸牛川新庙站	海流兔河韩家峁站
	窟野河王道恒塔站	芦河横山站
榆林勘测队	朱家川桥头站	黑木头川殿市站
	县川河旧县站	马湖峪河马湖峪站
		大理河青阳岔站
		小理河李家河站
	无定河白家川站	岔巴沟曹坪站
	清涧河子长站	无定河丁家沟站
延安勘测队	清涧河延川站	
	延水延安站	蔚汾河兴县站
	延水甘谷驿站	清凉寺沟杨家坡站
榆次勘测队	汾川河临镇站	湫水河林家坪站
	汾川河新市河站	三川河后大成站
	仕望川大村站	屈产河裴沟站
		昕水河大宁站
吴堡站		州川河吉县站

榆次总站

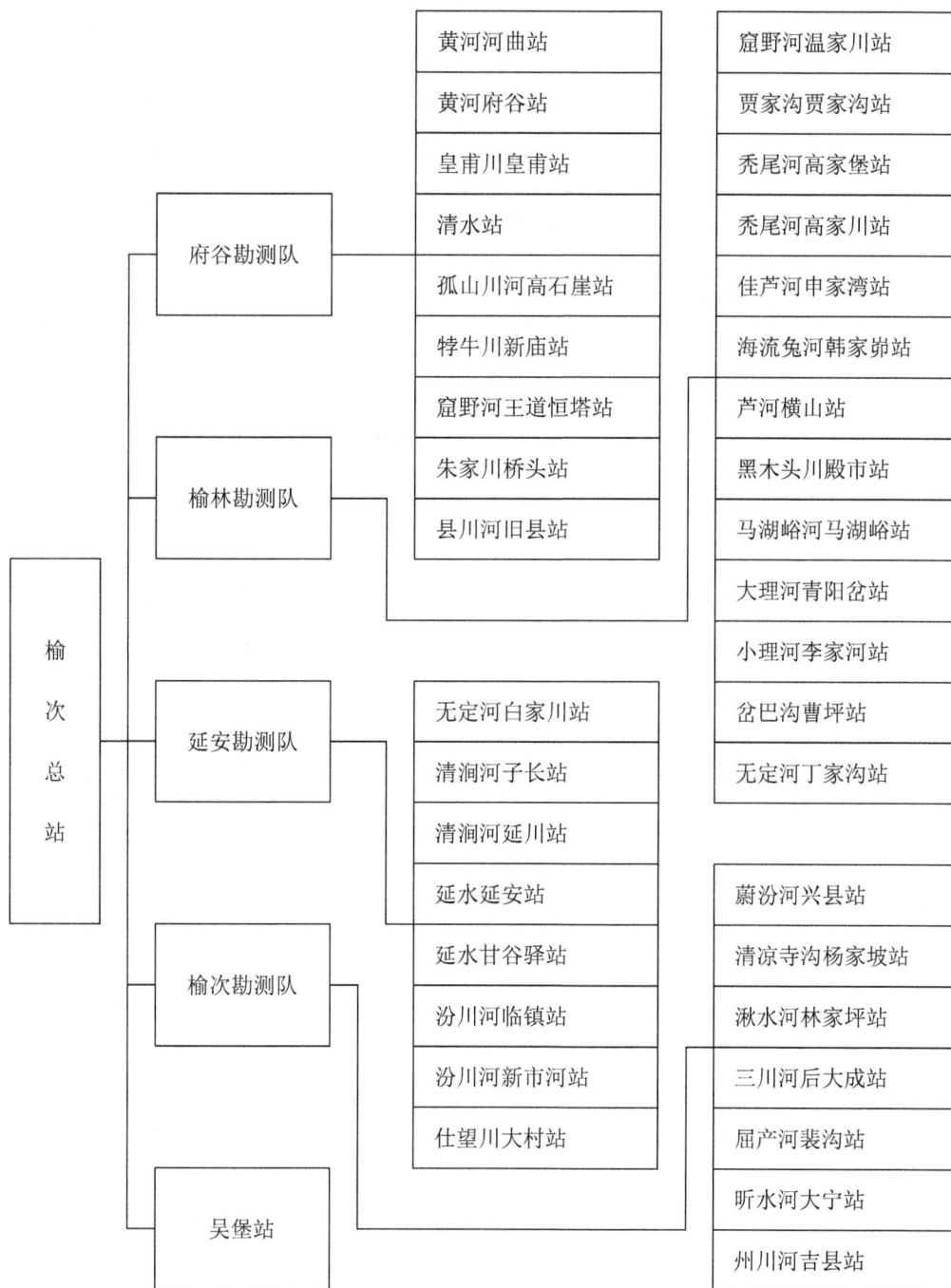

图 3.1.1—3 1990年榆次总站所属水文站

| 中游局 |
| 府谷勘测局 |
| 榆林勘测局 |
| 延安勘测局 |
| 榆次勘测局 |
| 吴堡站 |

黄河河曲站
黄河府谷站
县川河旧县站
皇甫川皇甫站
孤山川高石崖站
朱家川桥头站
窟野河王道恒塔站
牸牛川新庙站

无定河白家川站
清涧河子长站
清涧河延川站
延水延安站
延水甘谷驿站
汾川河临镇站
汾川河新市河站
仕望川大村站

窟野河温家川站
贾家沟贾家沟站
秃尾河高家堡站
秃尾河高家川站
佳芦河中家湾站
海流兔河韩家峁站
芦河横山站
黑木头川殿市站
马湖峪河马湖峪站
大理河青阳岔站
小理河李家河站
岔巴沟曹坪站
无定河丁家沟站
黄河万镇水位站
黄河佳县水位站

蔚汾河兴县站
清凉寺沟杨家坡站
湫水河林家坪站
三川河后大成站
屈产河裴沟站
昕水河大宁站
州川河吉县站

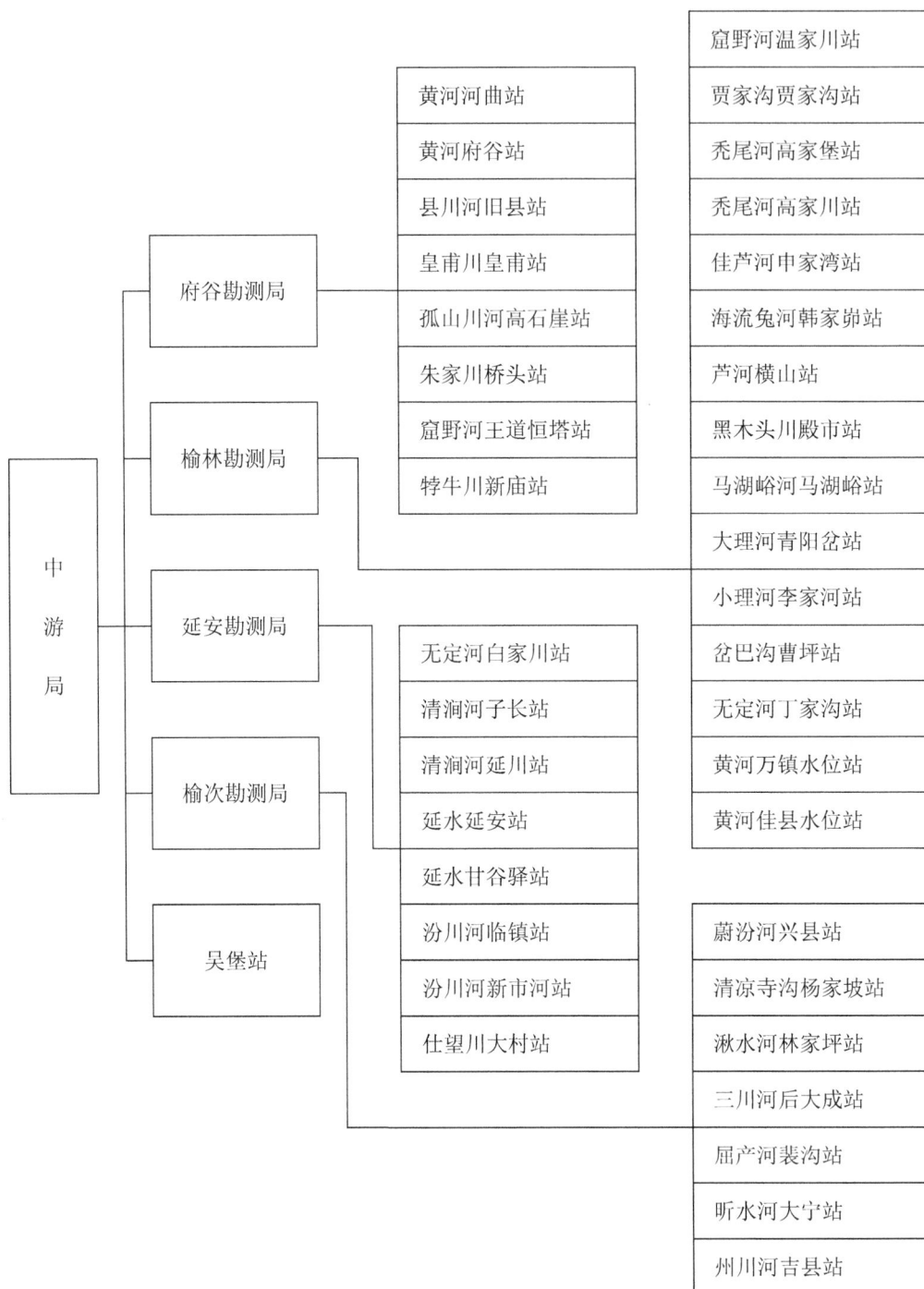

图 3.1.1—4　2002 年中游局所属水文站、水位站

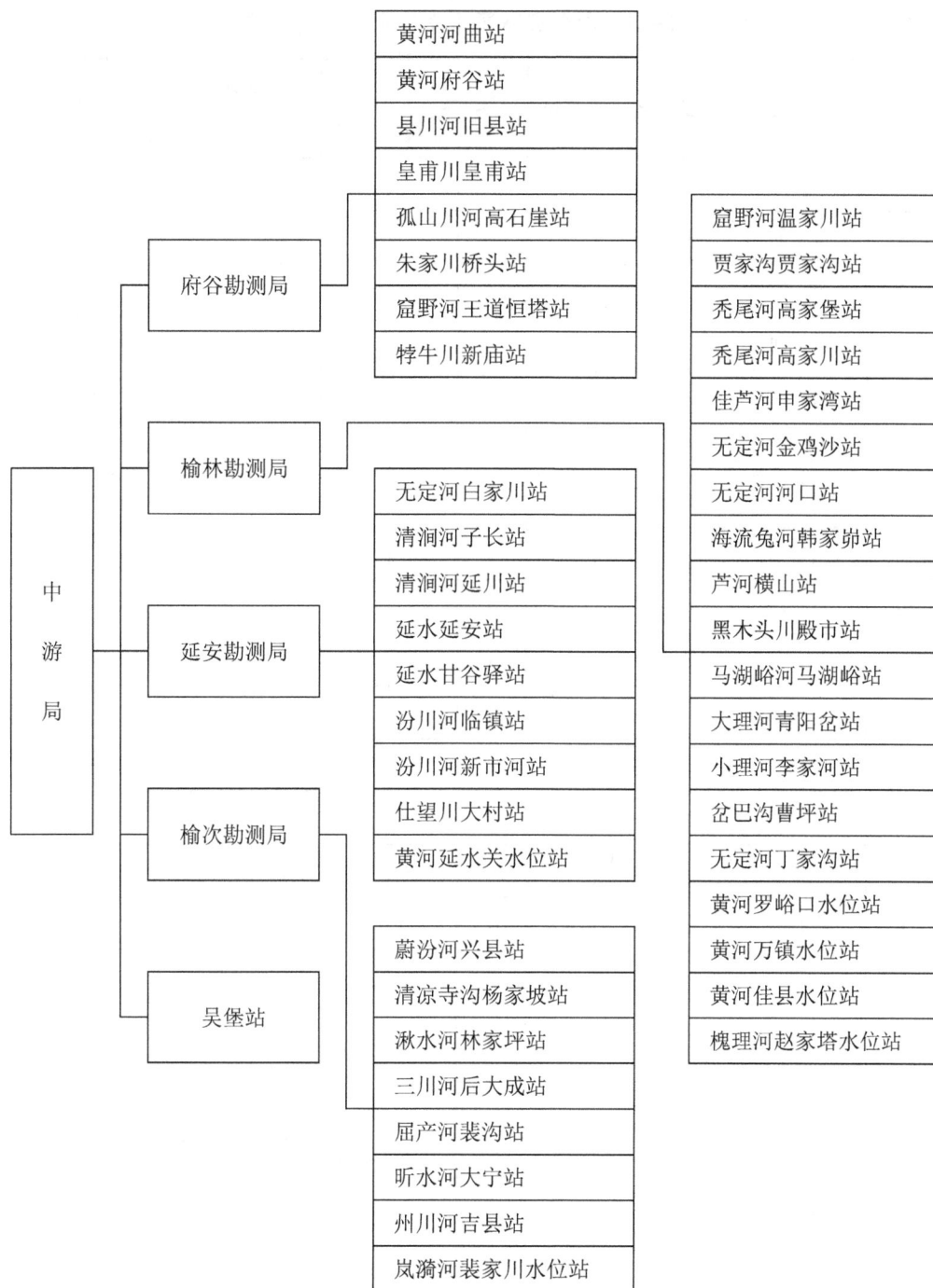

图 3.1.1—5　2020 年中游局所属水文站、水位站

中
游
局

府谷勘测局
- 黄河河曲站
- 黄河府谷站
- 县川河旧县站
- 皇甫川皇甫站
- 孤山川河高石崖站
- 朱家川桥头站
- 窟野河王道恒塔站
- 牸牛川新庙站

榆林勘测局
- 窟野河温家川站
- 贾家沟贾家沟站
- 秃尾河高家堡站
- 秃尾河高家川站
- 佳芦河申家湾站
- 无定河金鸡沙站
- 无定河河口站
- 海流兔河韩家峁站
- 芦河横山站
- 黑木头川殿市站
- 马湖峪河马湖峪站
- 大理河青阳岔站
- 小理河李家河站
- 岔巴沟曹坪站
- 无定河丁家沟站
- 黄河罗峪口水位站
- 黄河万镇水位站
- 黄河佳县水位站
- 槐理河赵家塔水位站

延安勘测局
- 无定河白家川站
- 清涧河子长站
- 清涧河延川站
- 延水延安站
- 延水甘谷驿站
- 汾川河临镇站
- 汾川河新市河站
- 仕望川大村站
- 黄河延水关水位站

榆次勘测局

吴堡站
- 蔚汾河兴县站
- 清凉寺沟杨家坡站
- 湫水河林家坪站
- 三川河后大成站
- 屈产河裴沟站
- 昕水河大宁站
- 州川河吉县站
- 岚漪河裴家川水位站

表 3.1.1—2　中游局所属水文、水位站情况统计表

序号	河　名	站　名	干流	支　流			观测时间		备　注
				一级	二级	三级	全年	汛期	
1	黄河	河　曲	√				√		
2	黄河	府　谷	√				√		
3	黄河	吴　堡	√				√		
4	黄河	罗峪口	√					√	汛期水位站
5	黄河	万　镇	√					√	汛期水位站
6	黄河	佳　县	√					√	汛期水位站
7	黄　河	延水关	√					√	汛期水位站
8	皇甫川	皇　甫		√			√		
9	县川河	旧　县		√				√	
10	孤山川河	高石崖		√			√		
11	朱家川	桥　头		√				√	
12	岚漪河	裴家川		√				√	汛期水位站
13	蔚汾河	兴　县		√			√		
14	窟野河	王道恒塔		√			√		
15	窟野河	温家川		√			√		
16	牸牛川	新　庙			√		√		
17	贾家沟	贾家沟			√			√	
18	秃尾河	高家堡		√			√		
19	秃尾河	高家川		√			√		
20	佳芦河	申家湾		√			√		
21	清凉寺沟	杨家坡		√			√		
22	湫水河	林家坪		√			√		
23	三川河	后大成		√			√		
24	屈产河	裴　沟		√			√		
25	无定河	金鸡沙		√			√		

序号	河 名	站 名	干流	支 流			观测时间		备 注
				一级	二级	三级	全年	汛期	
26	无定河	河 口		√			√		
27	无定河	丁家沟		√			√		
28	无定河	白家川		√			√		
29	海流兔河	韩家峁			√		√		
30	芦 河	横 山			√		√		
31	黑木头川	殿 市			√		√		
32	马湖峪河	马湖峪			√		√		
33	大理河	青阳岔			√		√		
34	槐理河	赵家塔			√			√	汛期水位站
35	小理河	李家河				√	√		
36	岔巴沟	曹 坪				√	√		
37	清涧河	子 长		√			√		
38	清涧河	延 川		√			√		
39	昕水河	大 宁		√			√		
40	延 水	延 安		√			√		
41	延 水	甘谷驿		√			√		
42	汾川河	临 镇		√			√		
43	汾川河	新市河		√			√		
44	仕望川	大 村		√			√		
45	州川河	吉 县		√			√		
合 计			7	28	8	2	36	9	包括水位站

黄河干流中游局测区水文（水位）站沿革统计表见表 3.1.1—3，黄河以西支流水文（水位）站沿革统计表见表 3.1.1—4，黄河以东支流水文（水位）站沿革统计表见表 3.1.1—5。

表 3.1.1—3 黄河干流中游局测区水文（水位）站沿革统计表

站 名	站别	断面地点（省、县、村）	新设、迁移、撤销等变化说明
万家寨	水文	山西省偏关县万家寨村	1954 年设，1956 年停测；1960 年恢复观测，1964 年撤销；1994 年 9 月 1 日由黄河万家寨水利枢纽有限公司下迁 100 米恢复观测，改为万家寨（二）；2000 年 1 月 1 日上迁 250 米改为万家寨（三）。
龙 口	水位	内蒙古准格尔旗樊家沙湾村	1954 年设，1958 年撤销。
河 曲	水文	山西省河曲县铁果门村	1952 年 1 月设，1956 年 5 月停测，1976 年 6 月下迁 5 千米设为河曲（二）。
义 门	水文	山西省保德县义门村	1953 年 7 月设；1954 年 1 月上迁 250 米设为义门（二），1957 年 7 月上迁 132 米，设为义门（三）；1975 年 5 月 1 日改为水位站。
府 谷	水文	陕西省府谷县府谷镇	1971 年 5 月设，1988 年 6 月由府谷站上迁 384 米，设为府谷（二）；1991 年 1 月下迁 134 米，设为府谷（三）；2007 年 9 月由府谷（三）上迁 250 米，设为府谷站。
前北会	水位	山西省保德县前北会	1960 年设，1962 年撤销。
沙窝铺	水文	山西省兴县沙窝铺	1953 年 5 月设，1957 年至 1968 年为水位站，1968 年 1 月撤销。
罗峪口	水位	山西省兴县牛家梁村	2009 年设
万 镇	水位	陕西省神木县万镇	1995 年 7 月设
佳 县	水位	陕西省佳县佳芦镇	1999 年 7 月设
碛 口	水位	山西省临县碛口	1960 年设，1962 年撤销。
吴 堡	水文	陕西省吴堡县柏树坪村	1935 年 6 月设，1937 年 10 月停测；1951 年 9 月下迁 3.3 千米设为吴堡（二）。
三 交	水位	山西省柳林县三交村	1960 年设，1962 年撤销。
延水关	水文	陕西省延川县延水关村	1953 年 7 月设在永和关，1954 年迁移到延水关；1957 年至 1968 年为水位站；1968 年 8 月撤销；2009 年重设为水位站。
里仁坡	水位	山西省大宁县里仁坡村	1960 年设，1962 年撤销。
壶 口	水位	山西省吉县马粪滩村	1935 年 6 月设，1937 年 5 月停测；1943 年 9 月恢复为壶口（二），1947 年 10 月撤销。

表 3.1.1—4 中游局测区黄河以西支流水文（水位）站沿革统计表

河 名	站 名	站别	断面地点（省、县、村）	新设、迁移、撤销等变化说明
牸牛川	新 庙	水文	内蒙古伊金霍洛旗古城壕村	1966 年 5 月设
清水川	清 水	水文	陕西省府谷县石山则村	1976 年 6 月设；1978 年 1 月下迁 100 米，同年 6 月下迁 25 米，新设为清水（二）。1995 年 10 月 1 日后改为天桥水库专用水文站。
清水川	沙窑则	水文	陕西省府谷县寨崖湾村	1958 年设，1962 年撤销。
皇甫川	皇 甫	水文	陕西省府谷县黄甫村	1953 年 7 月设，1955 年 6 月上迁 53 米，设为皇甫（二）；1977 年 1 月上迁 4 千米，设为皇甫（三）。
孤山川河	高石崖	水文	陕西省府谷县大沙沟村	1953 年 7 月设，1955 年 7 月上迁 700 米，设为高石崖（二）；1958 年 6 月下迁 2.5 千米，设为高石崖（三）。
窟野河	王道恒塔	水文	陕西省神木县牛皮塔村	1958 年 10 月设，1960 年 4 月下迁 3.5 千米，设为王道恒塔（二）；1972 年 1 月下迁 2.5 千米，设为王道恒塔（三）。
牛栏沟	新民村	水文	陕西省神木县新民村	1966 年 5 月设，1967 年 10 月撤销。
贾家沟	贾家沟	小河	陕西省神木县贾家沟村	1978 年 6 月设，2016 年 6 月 1 日由贾家沟站下迁 0.9 千米，设为贾家沟（二）。
窟野河	温家川	水文	陕西省神木县刘家坡村	1953 年 7 月设，1966 年 9 月由温家川站上迁 210 米，设为温家川（二）；1998 年 1 月上迁 7.2 千米，设为温家川（三）。
朱概沟	朱概塔	水文	陕西省神木县朱概塔村	1956 年 11 月年设，1961 年 7 月撤销。
石马川	折家河	水文	陕西省府谷县折家河村	1956 年 10 月设，1967 年 11 月撤销。
乌龙河	董家坪	水文	陕西省佳县董家坪村	1958 年 11 月设，1968 年 1 月撤销。
秃尾河	高家堡	水文	陕西省神木县高家堡村	1966 年 5 月设，1982 年 6 月由高家堡上迁 100 米，设为高家堡（二）。
秃尾河	高家川	水文	陕西省神木县高家川村	1955 年 9 月设，1964 年 1 月由高家川站上迁 1.2 千米，设为高家川（二）。
佳芦河	申家湾	水文	陕西省佳县申家湾村	1956 年 10 月设
海流兔河	韩家峁	水文	陕西省榆林市红石桥村	1956 年 11 月设，2015 年 1 月 1 日上迁 8.5 千米，设为韩家峁（二）。
芦 河	靖 边	水文	陕西省靖边县张家畔村	1956 年 10 月设，1976 年 1 月撤销。
芦 河	横 山	水文	陕西省横山县李家圪村	1956 年 9 月设
黑木头川	殿 市	水文	陕西省横山县沙圪村	1958 年 9 月设，1959 年 4 月由殿市站上迁 800 米，设为殿市（二）。

河　名	站　名	站别	断面地点（省、县、村）	新设、迁移、撤销等变化说明
峁河	果子坪	水文	陕西省米脂县果子坪村	1956 年 11 月设；5 月由果子坪上迁 300 米，设为果子坪（二）；1961 年 7 月撤销。
无定河	金鸡沙	水文	陕西省靖边县金鸡沙村	2017 年设
无定河	河　口	水文	内蒙古乌审旗水清湾村	2018 年设
无定河	小滩子	水文	陕西省靖边县小滩子村	1958 年 1 月设，1961 年 1 月撤销。
大理河	青阳岔	水文	陕西省横山县石仁坪村	1958 年 10 月设，2011 年下迁 34 千米，设为青阳岔（二）。
马湖峪河	马湖峪	水文	陕西省米脂县候渠村	1961 年 8 月设
无定河	丁家沟	水文	陕西省绥德县二十里铺村	1958 年 10 月设
槐理河	赵家塔	水位	陕西省绥德县亢家沟村	2009 年设
马义河	新窑台	水文	陕西省靖边县新窑台	1958 年 12 月设，1962 年 1 月撤销。
小理河	李家河	水文	陕西省子洲县李家河村	1958 年 10 月设
岔巴沟	曹　坪	水文	陕西省子洲县曹坪村	1958 年 8 月设
无定河	新　桥	水文	陕西省靖边县新桥村	1960 年 4 月设，1962 年撤销。
无定河	新桥水库（坝上）	水位	陕西省靖边县新桥村	1962 年设，1965 年 1 月撤销。
无定河	新桥水库（坝下）	水文	陕西省靖边县新桥村	1960 年 4 月设，1968 年 1 月撤销。
米脂河	宋家硷	水文	陕西省米脂县宋家硷村	1953 年 7 月设，1953 年 11 月撤销。
无定河	绥　德	水文	陕西省绥德县白家硷村	1935 年 8 月设，1936 年 8 月由绥德站上迁 10 千米至无定河、大理河汇合口，设为绥德（二），1938 年 11 月撤销。1951 年 10 月在绥德站址附近设绥德（三），1957 年 5 月撤销。
无定河	薛家峁	水位	陕西省绥德县赵家砭村	1952 年 7 月设，1961 年 1 月撤销。
义合沟	义合镇	水文	陕西省绥德县义合镇	1953 年 7 月设，1953 年 10 月撤销。
义合沟	郭家坪	水文	陕西省绥德县郭家坪村	1966 年 5 月设，1967 年 10 月撤销。
无定河	白家川	水文	陕西省清涧县白家川村	1975 年 1 月设
无定河	川　口	水文	陕西省清涧县邢家塌村	1956 年 1 月设，1957 年 6 月上迁 2.5 千米，设为川口（二）；1975 年 1 月撤销。
清涧河	子　长	水文	陕西省子长县漱沟台村	1958 年 7 月设

续 表

河 名	站 名	站别	断面地点（省、县、村）	新设、迁移、撤销等变化说明
永坪川	贾家坪	水文	陕西省延川县贾家坪村	1958年7月设，1962年1月撤销。
清涧河	延 川	水文	陕西省延川县城关镇	1952年设水位站；1953年7月改为水文站；1980年2月由延川下迁100米，设为延川（二）。
延 水	城 崄	水文	陕西省安塞县城崄村	1958年7月设，1962年1月撤销。
延 水	延 安	水文	陕西省延安市杨家湾村	1958年7月设，1979年1月上迁32米，设为延安（二）。
延 水	延 安（大桥）	水文	陕西省延安市北关	1952年3月设，1958年停测；1960年重设，1962年1月撤销。
西 川	枣 园	水文	陕西省延安市枣园村	1953年7月设，1953年10月撤销。
延 水	甘谷驿	水文	陕西省延安市甘谷驿镇	1952年1月设
延 水	闫家滩	水文	陕西省延长县闫家滩村	1960年5月设，1968年5月撤销。
汾川河	临 镇	水文	陕西省延安市临镇	1958年10月设
汾川河	呼家窑子	水文	陕西省宜川县呼家窑子村	1960年7月设，1962年1月撤销。
汾川河	新市河	水文	陕西省宜川县新市河村	1966年5月设
仕望川	大 村	水文	陕西省宜川县大村	1958年10月设；1989年5月下迁100米，设为大村（二）；2009年4月上迁100米，设为大村站。

表 3.1.1-5 中游局测区黄河以东支流水文（水位）站沿革统计表

河 名	站 名	站别	断面地点（省、县、村）	新设、迁移、撤销等变化说明
杨家川	杨湾子	水文	内蒙古清水河县杨湾子村	1956年12月黄委设，1959年交内蒙古，1962年1月撤销。
偏关河	偏 关	水文	山西省偏关县城关镇	1957年7月黄委设，1965年4月交山西省。
县川河	旧 县	水文	山西省河曲县旧县村	1976年6月设
朱家川	桥 头	水文	山西省保德县桥头村	1989年6月设
朱家川	下流碛	水文	山西省保德县下流碛村	1978年1月设，1989年6月撤销。
朱家川	后会村	水文	山西省保德县杨家湾村	1956年1月设；1957年7月由后会村站上迁86.3米，设为后会村（二）；1959年1月由后会村（二）站上迁2.5千米，设为后会村（三）；1978年1月撤销。

河　名	站　名	站别	断面地点（省、县、村）	新设、迁移、撤销等变化说明
蔚汾河	高家村	水文	山西省兴县赵家川口村	1956 年 1 月设，1958 年 5 月撤销。
蔚汾河	碧　村	水文	山西省兴县碧村	1958 年 5 月设，1986 年 1 月撤销。
蔚汾河	兴　县	水文	山西省兴县车家庄村	1986 年 2 月设；1987 年 7 月上迁 7.5 千米，设为兴县（二）。
岚漪河	裴家川	水文	山西省兴县任家湾村	1956 年 1 月设，1986 年 7 月撤销。
岚漪河	裴家川	水位	山西省兴县瓦塘村	2009 年设
清凉寺沟	杨家坡	水文	山西省临县葫芦旦村	1956 年 11 月设，1963 年 1 月由杨家坡上迁 1 千米，设为杨家坡（二）。
湫水河	林家坪	水文	山西省临县林家坪村	1953 年 7 月设
北川河	峪　口	水文	山西省方山县后南村	1956 年 10 月设，1960 年 4 月撤销。
北川河	圪　洞	水文	山西省方山县圪洞村	1960 年 4 月设，1965 年 4 月交山西省。
南川河	陈家湾	水文	山西省中阳县万年饱村	1956 年 9 月设，1965 年 12 月撤销。
三川河	后大成	水文	山西省柳林县后大成村	1956 年 7 月设
三川河	柳林镇	水文	山西省柳林县柳林镇	1935 年 7 月设，1937 年 10 月撤销。
三川河	贺　水	水文	山西省柳林县贺水村	1953 年 7 月设，1956 年 6 月撤销。
西　河	石　楼	水文	山西省石楼县王村	1958 年 10 月设，1961 年 9 月撤销。
屈产河	裴　沟	水文	山西省石楼县裴沟村	1962 年 6 月设
屈产河	长　兴	水文	山西省柳林县长兴村	1961 年 9 月设，1962 年 5 月撤销。
昕水河	大　宁	水文	山西省大宁县葛口村	1954 年 10 月设
州川河	吉　县	水文	山西省吉县西关村	1958 年 10 月设

说明：水文（水位）站断面地点均为现行政区划。

二、现有水文（位）站情况

截至 2019 年，全局水文测站情况如下：

（一）有水文站 39 处，其中全年站 36 处，汛期站 3 处。

（二）有水位站 6 处，均为汛期专用报汛站。

（三）有委托雨量站 256 处，其中全年站 149 处，汛期站 107 处。汛期站中有 30 个站为专用报汛站。

（四）有蒸发站 7 处，其中水文站兼测 6 处，独立蒸发站 1 处。

三、测验项目

中游局历年水文站测验项目见表 3.1.1—6 至表 3.1.1—13。各水文站测验项目主要有水位、流量、单沙、输沙率、颗分、水温、冰凌、降水和蒸发等。1962 年对测站气象等观测项目进行了调整，停测了气象、地下水水位（除新桥、曹坪）和土壤含水量观测项目，部分站停测了水化学测验项目。

温家川站 1997 年至 2003 年因设施设备不健全未施测输沙率。

表 3.1.1—6　1935 年水文站测验项目一览表

序号	站　名	水位	流量	单沙	输沙率	颗分	水温	冰凌	降水	蒸发
1	吴　堡	√	√	√	√	—	—	—	√	√
2	绥　德	√	√	√	—	—	—	—	—	—
3	柳林镇	√	√	√	—	—	—	—	—	—

表 3.1.1—7　1960 年各水文站测验项目一览表

序号	站　名	水位	流量	单沙	输沙率	颗分	水温	冰凌	降水	蒸发
1	吴　堡	√	√	√	√	√	√	√	√	—
2	皇　甫	√	√	√	√	√	√	√	√	—
3	高石崖	√	√	√	√	—	√	√	√	—
4	下流碛	√	√	√	√	—	√	√	√	—
5	碧　村	√	√	√	√	—	√	√	√	—
6	王道恒塔	√	√	√	√	—	√	√	√	—
7	温家川	√	√	√	√	√	√	√	√	—
8	高家川	√	√	√	√	—	√	√	√	—
9	申家湾	√	√	√	√	—	√	√	√	—
10	杨家坡	√	√	√	√	—	√	—	√	—
11	林家坪	√	√	√	√	—	√	√	√	—

序号	站　名	水位	流量	单沙	输沙率	颗分	水温	冰凌	降水	蒸发
12	后大成	√	√	√	√	√	√	√	√	√
13	长　兴	√	√	√	√	—	√	√	√	
14	丁家沟	√	√	√	√	—	√	√	√	√
15	川　口	√	√	√	√	—	√	√	√	√
16	韩家峁	√	√	√	√	—	√	—	√	—
17	横　山	√	√	√	√	—	√	√	√	—
18	靖　边	√	√	√	√	—	√	√	√	√
19	殿　市	√	√	√	√	—	√	√	√	√
20	青阳岔	√	√	√	√	—	√	√	√	—
21	李家河	√	√	√	√	—	√	√	√	—
22	子　长	√	√	√	√	—	√	√	√	—
23	延　川	√	√	√	√	√	√	√	√	√
24	大　宁	√	√	√	√	—	√	√	√	√
25	甘谷驿	√	√	√	√	√	√	√	√	√
26	临　镇	√	√	√	√	—	√	—	√	—
27	大　村	√	√	√	√	—	√	—	√	—
28	吉　县	√	√	√	√	—	√	—	√	—
合　计		28	28	28	28	6	28	23	28	10

表 3.1.1—8　1970 年各水文站测验项目一览表

序号	站　名	水位	流量	单沙	输沙率	颗分	水温	冰凌	降水	蒸发
1	吴　堡	√	√	√	√	√	—	√	√	—
2	皇　甫	√	√	√	—	√	—	—	√	—
3	高石崖	√	√	√	—	√	—	—	√	—
4	下流碛	√	√	√	—	—	—	—	√	—
5	碧　村	√	√	√	—	—	—	—	√	—
6	王道恒塔	√	√	√	—	√	—	—	√	—
7	温家川	√	√	√	√	√	—	—	√	√

序号	站　名	水位	流量	单沙	输沙率	颗分	水温	冰凌	降水	蒸发
8	新　庙	√	√	√	—	√	—	—	√	√
9	高家堡	√	√	√	—	—	—	—	√	—
10	高家川	√	√	√	√	√	—	—	√	—
11	申家湾	√	√	√	—	√	—	—	√	√
12	杨家坡	√	√	√	—	—	—	—	√	—
13	林家坪	√	√	√	—	√	—	—	√	—
14	后大成	√	√	√	—	√	—	—	√	—
15	裴　沟	√	√	√	—	—	—	—	√	—
16	丁家沟	√	√	√	√	√	—	—	√	—
17	川　口	√	√	√	√	√	—	√	√	√
18	韩家峁	√	√	√	—	—	—	—	√	—
19	横　山	√	√	√	—	—	—	—	√	—
20	靖　边	√	√	√	—	—	—	—	√	√
21	殿　市	√	√	√	—	—	—	—	√	—
22	马湖峪	√	√	√	—	—	—	—	√	—
23	青阳岔	√	√	√	—	√	—	—	√	—
24	李家河	√	√	√	—	√	—	—	√	—
25	曹　坪	√	√	√	—	√	—	—	√	—
26	子　长	√	√	√	—	√	—	—	√	—
27	延　川	√	√	√	—	√	—	—	√	—
28	大　宁	√	√	√	—	√	—	—	√	√
29	延　安	√	√	√	—	—	—	—	√	—
30	甘谷驿	√	√	√	√	√	—	—	√	—
31	临　镇	√	√	√	—	—	—	—	√	—
32	新市河	√	√	√	—	—	—	—	√	—
33	大　村	√	√	√	—	—	—	—	√	√
34	吉　县	√	√	√	—	—	—	—	√	—
合　计		34	34	34	6	19	0	2	34	7

表 3.1.1—9　1980 年各水文站测验项目一览表

序号	站　名	水位	流量	单沙	输沙率	颗分	水温	冰凌	降水	蒸发
1	河　曲	√	√	√	√	√	√	√	√	—
2	府　谷	√	√	√	√	√	√	√	√	—
3	吴　堡	√	√	√	√	√	—	√	√	—
4	皇　甫	√	√	√	—	√	—	—	√	—
5	旧　县	√	√	√	—	√	—	—	√	—
6	高石崖	√	√	√	—	√	—	—	√	—
7	下流碛	√	√	√	—	—	—	—	√	—
8	碧　村	√	√	√	—	—	—	—	√	—
9	王道恒塔	√	√	√	—	√	—	—	√	—
10	温家川	√	√	√	√	√	—	√	√	√
11	新　庙	√	√	√	—	√	—	—	√	√
12	贾家沟	√	√	√	—	—	—	—	—	—
13	高家堡	√	√	√	—	—	—	√	—	—
14	高家川	√	√	√	√	√	—	—	√	—
15	申家湾	√	√	√	—	√	—	—	√	√
16	杨家坡	√	√	√	—	—	—	—	√	—
17	林家坪	√	√	√	—	√	—	—	√	—
18	后大成	√	√	√	—	√	—	—	√	—
19	裴　沟	√	√	√	—	—	—	—	√	—
20	丁家沟	√	√	√	√	√	—	√	√	—
21	白家川	√	√	√	√	√	—	√	√	√
22	韩家峁	√	√	√	—	—	—	—	√	—
23	横　山	√	√	√	—	—	—	—	√	—
24	靖　边	—	—	—	—	—	—	—	—	√
25	殿　市	√	√	√	—	—	—	—	√	—
26	马湖峪	√	√	√	—	—	—	—	√	—
27	青阳岔	√	√	√	—	√	—	—	√	—
28	李家河	√	√	√	—	√	—	—	√	—

序号	站　名	水位	流量	单沙	输沙率	颗分	水温	冰凌	降水	蒸发
29	曹　坪	√	√	√	—	√	—	—	√	—
30	子　长	√	√	√	—	√	—	—	√	—
31	延　川	√	√	√	—	√	—	—	√	—
32	大　宁	√	√	√	—	√	—	—	√	√
33	延　安	√	√	√	—	—	—	—	√	—
34	甘谷驿	√	√	√	√	√	—	—	√	—
35	临　镇	√	√	√	—	—	—	—	√	—
36	新市河	√	√	√	—	—	—	—	√	—
37	大　村	√	√	√	—	—	—	—	√	√
38	吉　县	√	√	√	—	—	—	—	√	—
合　计		37	37	37	8	21	2	8	37	7

表 3.1.1—10　1990 年各水文站测验项目一览表

序号	站　名	水位	流量	单沙	输沙率	颗分	水温	冰凌	降水	蒸发
1	河　曲	√	√	√	√	√	√	√	√	—
2	府　谷	√	√	√	√	√	√	√	√	—
3	吴　堡	√	√	√	√	√	—	√	√	—
4	皇　甫	√	√	√	—	√	—	—	√	—
5	旧　县	√	√	√	—	—	—	—	√	—
6	高石崖	√	√	√	—	√	—	—	√	—
7	桥　头	√	√	√	—	—	—	—	√	—
8	兴　县	√	√	√	—	—	—	—	√	—
9	王道恒塔	√	√	√	—	√	—	—	√	—
10	温家川	√	√	√	√	√	—	√	√	√
11	新　庙	√	√	√	—	√	—	—	√	—
12	贾家沟	√	√	√	—	—	—	—	√	—
13	高家堡	√	√	√	—	—	—	—	√	—

序号	站　名	水位	流量	单沙	输沙率	颗分	水温	冰凌	降水	蒸发
14	高家川	√	√	√	√	√	—	—	√	—
15	申家湾	√	√	√	—	√	—	—	√	√
16	杨家坡	√	√	√	—	—	—	—	√	—
17	林家坪	√	√	√	—	√	—	—	√	—
18	后大成	√	√	√	—	√	—	—	√	—
19	裴　沟	√	√	√	—	—	—	—	√	—
20	丁家沟	√	√	√	√	√	—	√	√	—
21	白家川	√	√	√	√	√	—	—	√	√
22	韩家峁	√	√	√	—	—	—	—	√	—
23	横　山	√	√	√	—	—	—	—	√	—
24	靖　边	—	—	—	—	—	—	—	√	√
25	殿　市	√	√	√	—	—	—	—	√	—
26	马湖峪	√	√	√	—	—	—	—	√	—
27	青阳岔	√	√	√	—	√	—	—	√	—
28	李家河	√	√	√	—	√	—	—	√	—
29	曹　坪	√	√	√	—	√	—	—	√	—
30	子　长	√	√	√	—	√	—	—	√	—
31	延　川	√	√	√	—	√	—	—	√	—
32	大　宁	√	√	√	—	√	—	—	√	√
33	延　安	√	√	√	—	√	—	—	√	—
34	甘谷驿	√	√	√	√	√	—	—	√	—
35	临　镇	√	√	√	—	—	—	—	√	—
36	新市河	√	√	√	—	—	—	—	√	—
37	大　村	√	√	√	—	—	—	—	√	√
38	吉　县	√	√	√	—	—	—	—	√	—
合　计		38	38	38	8	21	2	5	38	7

表 3.1.1—11 2000 年各水文站测验项目一览表

序号	站 名	水位	流量	单沙	输沙率	颗分	水温	冰凌	降水	蒸发
1	河 曲	√	√	√	√	√	√	√	√	—
2	府 谷	√	√	√	√	√	√	√	√	—
3	吴 堡	√	√	√	√	√	—	√	√	—
4	皇 甫	√	√	√	—	√	—	—	√	—
5	旧 县	√	√	√	—	—	—	—	√	—
6	高石崖	√	√	√	—	√	—	—	√	—
7	桥 头	√	√	√	—	√	—	—	√	—
8	兴 县	√	√	√	—	√	—	—	√	—
9	王道恒塔	√	√	√	—	√	—	—	√	—
10	温家川	√	√	√	—	√	—	√	√	√
11	新 庙	√	√	√	—	√	—	—	√	√
12	贾家沟	√	√	√	—	—	—	—	√	—
13	高家堡	√	√	√	—	—	—	—	√	—
14	高家川	√	√	√	√	√	—	—	√	—
15	申家湾	√	√	√	—	√	—	—	√	√
16	杨家坡	√	√	√	—	√	—	—	√	—
17	林家坪	√	√	√	—	√	—	—	√	—
18	后大成	√	√	√	—	√	—	—	√	—
19	裴 沟	√	√	√	—	—	—	—	√	—
20	丁家沟	√	√	√	√	√	—	√	√	—
21	白家川	√	√	√	√	√	—	—	√	√
22	韩家峁	√	√	√	—	—	—	—	√	—
23	横 山	√	√	√	—	—	—	—	√	—
24	靖 边	—	—	—	—	—	—	—	—	√
25	殿 市	√	√	√	—	—	—	—	√	—
26	马湖峪	√	√	√	—	—	—	—	√	—
27	青阳岔	√	√	√	—	√	—	—	√	—
28	李家河	√	√	√	—	√	—	—	√	—

序号	站　　名	水位	流量	单沙	输沙率	颗分	水温	冰凌	降水	蒸发
29	曹　坪	√	√	√	—	√	—	—	√	—
30	子　长	√	√	√	—	√	—	—	√	—
31	延　川	√	√	√	—	√	—	—	√	—
32	大　宁	√	√	√	—	√	—	—	√	√
33	延　安	√	√	√	—	—	—	—	√	—
34	廿谷驿	√	√	√	√	√	—	—	√	—
35	临　镇	√	√	√	—	—	—	—	√	—
36	新市河	√	√	√	—	—	—	—	√	—
37	大　村	√	√	√	—	—	—	—	√	√
38	吉　县	√	√	√	—	—	—	—	√	—
合　计		37	37	37	8	21	2	5	38	7

表 3.1.1—12　2010 年各水文站测验项目一览表

序号	站　　名	水位	流量	单沙	输沙率	颗分	水温	冰凌	降水	蒸发
1	河　曲	√	√	√	√	—	√	√	√	—
2	府　谷	√	√	√	√	√	√	√	√	—
3	吴　堡	√	√	√	√	√	—	√	√	—
4	皇　甫	√	√	√	—	√	—	—	√	—
5	旧　县	√	√	√	—	—	—	—	√	—
6	高石崖	√	√	√	—	√	—	—	√	—
7	桥　头	√	√	√	—	—	—	—	√	—
8	兴　县	√	√	√	—	—	—	—	√	—
9	王道恒塔	√	√	√	—	√	—	—	√	—
10	温家川	√	√	√	√	√	—	√	√	√
11	新　庙	√	√	√	—	√	—	—	√	—
12	贾家沟	√	√	√	—	—	—	—	√	—
13	高家堡	√	√	√	—	—	—	—	√	—

序号	站　名	水位	流量	单沙	输沙率	颗分	水温	冰凌	降水	蒸发
14	高家川	√	√	√	√	√	—	—	√	—
15	申家湾	√	√	√	—	√	—	—	√	√
16	杨家坡	√	√	√	—	—	—	—	√	—
17	林家坪	√	√	√	—	√	—	—	√	—
18	后大成	√	√	√	—	√	—	—	√	—
19	裴　沟	√	√	√	—	—	—	—	√	—
20	丁家沟	√	√	√	√	√	—	√	√	—
21	白家川	√	√	√	√	√	—	—	√	√
22	韩家峁	√	√	√	—	—	—	—	√	—
23	横　山	√	√	√	—	—	—	—	√	—
24	靖　边	—	—	—	—	—	—	—	√	√
25	殿　市	√	√	√	—	—	—	—	√	—
26	马湖峪	√	√	√	—	—	—	—	√	—
27	青阳岔	√	√	√	—	√	—	—	√	—
28	李家河	√	√	√	—	—	—	—	√	—
29	曹　坪	√	√	√	—	—	—	—	√	—
30	子　长	√	√	√	—	√	—	—	√	—
31	延　川	√	√	√	—	—	—	—	√	—
32	大　宁	√	√	√	—	√	—	—	√	√
33	延　安	√	√	√	—	—	—	—	√	—
34	甘谷驿	√	√	√	√	√	—	—	√	—
35	临　镇	√	√	√	—	—	—	—	√	—
36	新市河	√	√	√	—	—	—	—	√	—
37	大　村	√	√	√	—	—	—	—	√	√
38	吉　县	√	√	√	—	—	—	—	√	—
合　计		37	37	37	8	21	2	5	38	7

表 3.1.1—13 2019 年各水文站测验项目一览表

序号	站 名	水位	流量	单沙	输沙率	颗分	水温	冰凌	降水	蒸发
1	河 曲	√	√	√	√	√	√	√	√	—
2	府 谷	√	√	√	√	√	√	√	√	—
3	吴 堡	√	√	√	√	√	—	√	√	—
4	皇 甫	√	√	—	—	√	—	—	—	—
5	旧 县	√	√	—	—	—	—	—	—	—
6	高石崖	√	√	—	—	√	—	—	—	—
7	桥 头	√	√	√	—	—	—	—	√	—
8	兴 县	√	√	√	—	—	—	—	√	—
9	王道恒塔	√	√	√	—	√	—	—	—	—
10	温家川	√	√	√	√	√	—	√	—	√
11	新 庙	√	√	√	—	—	—	—	√	√
12	贾家沟	√	√	√	—	—	—	—	√	—
13	高家堡	√	√	√	—	—	—	—	√	—
14	高家川	√	√	√	√	√	—	—	√	—
15	申家湾	√	√	√	—	√	—	—	√	√
16	杨家坡	√	√	√	—	—	—	—	√	—
17	林家坪	√	√	√	—	√	—	—	√	—
18	后大成	√	√	√	—	√	—	—	√	—
19	裴 沟	√	√	√	—	—	—	—	√	—
20	金鸡沙	√	√	—	—	—	—	—	√	—
21	河 口	√	√	—	—	—	—	—	√	—
22	丁家沟	√	√	√	√	√	—	√	√	—
23	白家川	√	√	√	√	√	—	—	√	√
24	韩家峁	√	√	√	—	—	—	—	√	—
25	横 山	√	√	√	—	—	—	—	√	—

序号	站　名	水位	流量	单沙	输沙率	颗分	水温	冰凌	降水	蒸发
26	靖　边	—	—	—	—	—	—	—	√	√
27	殿　市	√	√	√	—	—	—	—	√	—
28	马湖峪	√	√	√	—	—	—	—	√	—
29	青阳岔	√	√	√	—	√	—	—	√	—
30	李家河	√	√	√	—	√	—	—	√	—
31	曹　坪	√	√	√	—	√	—	—	√	—
32	子　长	√	√	√	—	√	—	—	√	—
33	延　川	√	√	√	—	√	—	—	√	—
34	大　宁	√	√	√	—	√	—	—	√	√
35	延　安	√	√	√	—	—	—	—	√	—
36	甘谷驿	√	√	√	√	√	—	—	√	—
37	临　镇	√	√	√	—	—	—	—	√	—
38	新市河	√	√	√	—	—	—	—	√	—
39	大　村	√	√	√	—	—	—	—	√	√
40	吉　县	√	√	√	—	—	—	—	√	—
合　计		39	39	37	8	21	2	5	40	7

第二节　站网分类

截至2019年底，中游局共有国家重要水文站25个，省界断面站24个，一般站11个；有大河控制站8个，区域代表站30个，小河站1个；有一类精度流量站5个，二类精度流量站14个，三类精度流量站20个；有一类精度泥沙站2个，二类精度泥沙站9个，三类精度泥沙站26个（金鸡沙和河口站没有泥沙测验项目）。具体情况见表3.1.2—1。

表 3.1.2-1 中游局水文站分类分级统计表

序号	河 名	站名	国家重要站	省界断面站	一般站	大河控制站	区域代表站	小河站	流量精度站			泥沙精度站		
									一类	二类	三类	一类	二类	三类
1	黄 河	河曲	✓	✓	—	✓	—	—	—	✓	—	—	✓	—
2	黄 河	府谷	✓	✓	—	✓	—	—	✓	—	—	—	✓	—
3	黄 河	吴堡	✓	—	—	✓	—	—	✓	—	—	✓	—	—
4	皇甫川	皇甫	✓	✓	—	—	✓	—	—	✓	—	—	✓	—
5	县川河	旧县	✓	✓	—	—	✓	—	—	—	✓	—	—	✓
6	孤山川河	高石崖	✓	✓	—	—	✓	—	—	✓	—	—	✓	—
7	朱家川	桥头	✓	✓	—	—	✓	—	—	—	✓	—	—	✓
8	蔚汾河	兴县	—	✓	—	—	✓	—	—	—	✓	—	—	✓
9	窟野河	王道恒塔	✓	—	—	—	✓	—	—	✓	—	—	✓	—
10	窟野河	温家川	✓	✓	—	✓	—	—	✓	—	—	—	✓	—
11	牸牛川	新庙	✓	✓	—	—	✓	—	—	—	✓	—	—	✓
12	贾家沟	贾家沟	—	—	✓	—	—	✓	—	—	✓	—	—	✓
13	秃尾河	高家堡	—	—	✓	—	✓	—	—	—	✓	—	—	✓
14	秃尾河	高家川	✓	✓	—	—	✓	—	—	✓	—	—	✓	—
15	佳芦河	申家湾	✓	✓	—	—	✓	—	—	✓	—	—	✓	—
16	清凉寺沟	杨家坡	—	—	✓	—	✓	—	—	✓	—	—	✓	—
17	湫水河	林家坪	✓	✓	—	—	✓	—	—	✓	—	—	✓	—
18	三川河	后大成	✓	✓	—	—	✓	—	—	✓	—	—	✓	—
19	屈产河	裴沟	✓	✓	—	—	✓	—	—	—	✓	—	—	✓
20	无定河	金鸡沙	—	✓	—	—	✓	—	—	✓	—	—	—	—
21	无定河	河口	—	✓	—	✓	—	—	—	✓	—	—	—	—
22	无定河	丁家沟	✓	—	—	✓	—	—	—	✓	—	—	✓	—
23	无定河	白家川	✓	✓	—	✓	—	—	✓	—	—	✓	—	—
24	海流兔河	韩家峁	✓	✓	—	—	✓	—	—	—	✓	—	—	✓
25	芦 河	横山	—	—	✓	—	✓	—	—	✓	—	—	—	✓
26	黑木头川	殿市	—	—	✓	—	✓	—	—	✓	—	—	—	✓

序号	河　名	站名	国家重要站	省界断面站	一般站	大河控制站	区域代表站	小河站	流量精度站			泥沙精度站		
									一类	二类	三类	一类	二类	三类
27	马湖峪河	马湖峪	—	—	√	—	√	—	—	—	√	—	—	√
28	大理河	青阳岔	—	—	√	—	√	—	—	—	√	—	—	√
29	小理河	李家河	—	—	√	—	√	—	—	—	√	—	—	√
30	岔巴沟	曹坪	√	—	—	—	—	√	—	—	√	—	—	√
31	清涧河	子长	—	—	√	—	√	—	—	—	√	—	—	√
32	清涧河	延川	√	√	—	—	√	—	—	√	—	—	√	—
33	昕水河	大宁	√	√	—	—	√	—	—	√	—	—	—	√
34	延　水	延安	√	—	—	—	√	—	—	√	—	—	—	√
35	延　水	甘谷驿	√	√	—	√	—	—	√	—	—	—	√	—
36	汾川河	临镇	—	—	√	—	√	—	—	—	√	—	—	√
37	汾川河	新市河	√	√	—	—	√	—	—	—	√	—	—	√
38	仕望川	大村	√	√	—	—	√	—	—	—	√	—	—	√
39	州川河	吉县	—	—	√	—	√	—	—	—	√	—	—	√
合　计			25	24	11	8	30	1	5	14	20	2	9	26

第二章　基本水文测验

1935 年以来，水文测验设施经历了测船、吊船缆道、吊箱缆道、浮标缆道、铅鱼缆道和栈桥测验系统等发展历程。

新中国成立后，随着我国综合国力的不断增强，国家逐步重视对水文测验基础设施的投资。特别是从 1998 年开始，国家加大对水文基本设施的投资力度。重点项目包括 1998 年"一江一河"建设、国家重要水文站建设、"十五"期间黄河流域水文水资源工程、中央直属水文基础设施工程项目、黄河防洪非工程措施建设项目、黄委 2008 年度应急建设项目、"十一五"水文水资源工程、黄委基层水文站交通工程、黄委中小河流水文建设工程、黄委 2013 年至 2014 年度应急建设工程、黄委基层水文测站采暖设施建设、黄河流域省界断面水资源监测站网新建工程（一期）、大江大河水文监测系统建设工程（一期）等。通过一系列的投资建设，水文站的设施设备发生了根本的改观，全站仪、GPS、电波流速仪、雷达式自记水位计、ADCP、RG-30、雷达测速仪、自动蒸发站、同位素测沙仪、遥测自记雨量计和激光粒度分析仪等先进仪器设备全面引进；水文局研制的测深仪、非接触式超声波水位计和实时在线式振动测沙仪等先后配置到各水文站。大规模的现代化建设和技术改造，使水文测验逐步向自动化、数字化、信息化、智能化的方向迈进。

20 世纪 70 年代末至 80 年代初开展非汛期简化测验分析和水文巡测分析研究工作。经分析研究，大多数支流水文站开始实施固定日测流，部分站开始实施固定日测沙，为 20 世纪 80 年代末 90 年代初开展水文测验站队结合奠定了基础。1993 年延安勘测队、1997 年榆林勘测局相继开展流量、泥沙巡测试点。因黄河中游区洪水暴涨暴落，购置的巡测设备不能适应这种水流特性，巡测未取得预期效果。

2000 年开始，为适应黄河治理开发和水资源调度管理的需要，水文测报业务相应扩展，增加了多项水文专项测验任务。如黄河干流水量统一调度试验、黄河调水调沙试验、黄河小北干流放淤试验和利用桃汛洪水冲刷降低潼关高程试验等专项水文测报工作。

2010年至2018年，先后3次开展水文监测优化分析研究。截至2019年，共有16个支流水文站实施了优化监测。

第一节　测验方式

一、测验项目

（一）水位观测

中游局各站各个时期的水位观测方式经历了由驻测、驻测遥测结合到遥测的发展过程。观测方法有直接观测（各类水尺）和间接观测（各类自记水位计）两种。断面条件具备、水位观测任务较大的站陆续安装并采用了自记水位计，其他测站采用人工水尺观测水位。因流量采用固定日巡测，20世纪70年代以来，非汛期中小河流水文站水位大部分停测。

截至2019年，中游局45个水文（位）站（39个水文站、6个水位站）全部安装了雷达式水位计，实现了水位自记、遥测和水位数据远程传输。吴堡和高家堡水文站安装了智能水位图像识别系统，水尺图像可自动转换为水位数据。

（二）流量测验

流量测验工具主要有流速仪和浮标两种，一般以常测法为主，干流站和较大支流站每年要求施测一定数量的精测，抢测洪水可用简测法。

其他中小支流站汛期以驻测为主，部分站在非汛期实施固定日巡测。测流工具主要有流速仪和浮标两种。平水流量测验一般用流速仪，洪水流量测验以浮标为主。1993年以来逐步引进了电波流速仪、微波流速仪、ADCP、RG-30和侧扫雷达测流系统等一批新仪器新设备；20世纪80年代开始，一些条件较好的小站陆续修建了人工低水测流槽，实现了水位流量关系的单值化。

截至2019年，在全局39个水文站中，吴堡等3个干流站配备了

ADCP；白家川等 8 个站安装了 RG-30 在线测流系统；府谷、吴堡站建设了新型自动测流平台，该平台可搭载固定雷达测速仪、ADCP、测深仪、在线测试仪等设备，具有一键操作、自动测流、测沙远程操控等功能；吴堡站新建了铅鱼缆道测流系统，实现了自动化测验和远程操控；吴堡站进行了吊箱搭载雷达测速仪试验研究，以取代传统的浮标测验方法，已批复投产；与浙江大学合作，在吴堡、后大成站开展了"粒子图像测速遥感系统"研究，初步完成了数字建模自记要求；横山等 18 个站（至 2020 年底已有 19 个站）修建了低水测流槽，其中 6 个站（至 2020 年底已有 14 个站）已率定完成水位流量关系线，实现了水位流量关系的单值化。

（三）泥沙测验

输沙率（断颗）测验方法主要有选点（积点）法、垂线混合（定比混合）法和全断面混合法等。

单沙（单颗）测验方法干流站和主要支流站一般用横式采样器主流边一线 0.6 一点法，其他支流站用横式采样器水边一线 0.6（或水面）一点法。

输沙率（断颗）采用吊箱缆道施测，单沙（单颗）干流站和主要支流站采用吊箱施测，其他站采用吊箱缆道或水边施测。

1976 年，白家川站使用同位素测沙仪测沙。1988 年因放射剂量较大，考虑放射性对接触人员身体的危害，后停止使用。2017 年水文局科技公司研制成功新型低剂量放射源同位素测沙仪，2019 年吴堡、白家川、丁家沟 3 个站完成同位素测沙平台建设，并安装同位素测沙仪，下一步即可实现在线测沙。

2005 年，泥沙颗粒级配分析全部采用英国马尔文 MS2000MU 激光粒度分析仪。

（四）降水观测

降水量观测在 20 世纪 60 年代之前为驻测，20 世纪 70 年代汛期主要使用虹吸式自记雨量计，20 世纪 80 年代汛期主要使用双翻斗自记雨量计，使用期间需要结合人工观测进行必要的订正；20 世纪 90 年代开始逐步使用 JDZ-1 型固态存贮雨量计，汛期自动测记，定期采集存贮器内数据，无须人工观测订正；2018 年开始，陆续对降水观测场进行标准化改造，同时 263 个雨量站汛期全部开始使用自动测报遥测雨量计。

2018 年以前，除水文站有降水观测任务外，其余降水量观测均委托当地群众观测，付给一定的报酬。2018 年起，委托雨量站先后全部采取自动测报，实行"委托看管"，仍付给受托人一定的报酬。

非汛期一直以来均采用人工观测。2019 年在吴堡等 6 个站安装了 YRCC.JCZ-1000 型称重式雨雪量计，这 6 个站非汛期也结束了人工观测的历史。

（五）蒸发观测

2018 年之前，水面蒸发量均为驻站观测，即 5 月至 10 月用 E-601 型蒸发器（1960 年之前用 80 厘米套筒蒸发器）观测，1 月至 4 月、11 月至 12 月用 20 厘米口径蒸发皿称重观测。

2018 年、2019 年，白家川等 6 个水文站安装了与 E-601 型水面蒸发器同一口径的 CQS.FFH-2 型水面蒸发量遥测自动监测系统，经对比观测，已陆续投产运行。截至 2019 年底，除新庙站外，其余 6 站 5 月至 10 月蒸发量采用 CQS.FFH-2 型水面蒸发量遥测自动监测系统测记。1 月至 4 月、11 月至 12 月，用 20 厘米口径蒸发皿称重法观测。

（六）水温观测

水温采用驻站观测方式。新中国成立前多数站水温观测用气温表代替，新中国成立后观测仪器一般用刻度不大于 0.2℃ 的框式水温表。2019 年在吴堡、白家川、丁家沟水文站安装同位素测沙仪后，该仪器附带有水温观测功能，可实现水温在线自动观测。

（七）冰凌观测

冰凌用驻站方式观测。观测内容主要包括冰情目测、固定点冰厚测量及冰流量测验。

（八）普通测量

水准采用驻站或驻巡方式测量。水准测量在 2015 年之前采用驻测方式按照规定要求进行测量；2015 年开始多数测站大断面由所在勘测局统一巡回测量；2019 年开始，优化监测站水尺零点高程由所在勘测局在流量巡测时测量。

2017 年之前，中游局所属水文站水准测量仪器均为普通光学水准仪，

2018 年至 2019 年，中游局陆续购置电子水准仪 20 台，并配置到各勘测局或水文站。2018 年开始，陆续引进无人机 2 架、无人遥控船 1 艘，在黄河天桥与龙口水利枢纽区间进行了冰情巡测，在黄河采沙河道断面测量、工程测绘及水环境监测等方面得到了应用。

二、技术管理

（一）测站任务书

《测站任务书》是上级下达给水文站水文业务工作的指令性文件。内容包括测站的基本任务、观测项目、测次及观测时间和单次测验质量要求，各种测验报表递送要求、水文情报、水文资料在站整理要求和时限、资料档案管理等。《测站任务书》根据贯彻新规范的需要和适应测验方式方法、测验设备仪器等方面的变化等实际情况进行修订，保证水文测报任务顺利实施，使各测站水文资料成果符合新的技术标准。一般每 2 年至 3 年修订一次。

1951 年黄委制定了一个简单的测验规定，1956 年为贯彻水利部颁发的《水文测站暂行规范》对测验方法进行了改进。泥沙测验方面，1956年按测验规范的规定明确了输沙率测验方法。1960 年，水文处下发《关于贯彻新规范的计划》。

在逐步摸索的基础上，1961 年全面制定了《测站任务书》，1962 年执行。1963 年对输沙率测验、单沙水样的混合处理、单沙的停测、比降水尺断面测量、水深小于 0.3 米的采样等内容进行了修改。1965 年对 1962 年的任务书进行了修订；1975 年《水文测验试行规范》颁布执行后，对 1965年的任务书进行了修订；1987 年对 1975 年的任务书进行了修订。

为了吸收 1987 年以来的各种试验分析成果，适应基本设施更新改造、各种仪器设备引进投产后新的水文测验报汛条件，贯彻执行 1987 年以来颁发的各种新规范，使测站的水文资料成果符合新的技术标准，中游局于 2001 年对《测站任务书》进行了一次较大的修订，主要是对任务书的格式进行了调整，增加了水情报汛和预报方面的技术管理内容，充实了整编技术和管理方面的内容，2002 年起执行。

由于优化监测分析研究的大力推进，新仪器新设备的不断引进，测验方式方法也需要随之调整。因此，从 2014 年起任务书的修订比较频繁。2014 年对《测站任务书》进行了修订，2015 年执行。2017 年对任务书进行了修订，2018 年 1 月执行。2019 年初又进行了修订，2020 年 4 月执行。

（二）测验质量

1980 年，水文局制定《测验质量检查评定办法》。该《办法》规定了主要测验项目的质量指标，并以百分制计分、评定等级，单站质量评定分为优、良、差三个等级。

根据《测验质量检查评定办法》，吴堡总站结合往年汛前准备检查较粗、站与站之间的测验质量较难掌握等实际情况，1984 年对汛前准备检查办法进行了较大的改革，制定了汛前检查质量评分制度。1994 年又对汛前准备检查办法作了一次大的修改。通过对测验质量检查与评定办法的不断修订完善，对测验质量的提高起到了一定的促进作用。

2000 年，中游局制定了《水文站测报整质量评定办法》，比较客观地把工作的量和质同时考虑，并且将水文站测报整质量评定结果和外勤补助挂钩，将一部分外勤补助提出来浮动发放，有力地促进了水文工作质量的进一步提高。

2015 年，为加强水文测验质量管理，促进水文测验质量管理工作规范化，进一步提高水文测验质量，按照《水文局水文测验质量管理办法及测验质量检查计分标准的通知》（黄水测〔2015〕24 号），结合水文测验质量管理实际情况，中游局制定了《水文测验质量管理办法》及《测验质量检查计分标准》，从 2016 年起实施。这两个文件将测验质量与外勤补助及站长考核挂钩，职工工作积极性和测验质量有了新的提升。

2017 年，水文局对《测验质量检查计分标准》又进行了修订，2018 年，中游局也修订了《水文测验质量管理办法》《水文测验质量检查计分标准》，进一步加强了对测验质量的管理。

（三）测报方案

水文站测洪及报汛方案是测报洪水技术准备的重要组成部分，也是防汛指挥的重要依据。

2000 年之前，各站每年在汛期前一般均自行编制测洪及报汛预案，没有统一的格式和严格的技术要求，各站因设施设备条件、技术水平和理解能力不同，编制的方案在技术水平、内容详略和表现形式等方面均有不同，差别很大。

1998 年长江大洪水之后，从水利部水文局到黄委水文局均对洪水测报高度重视，水利部水文局提出了全国按照统一格式编制测报方案的要求。从 2000 年开始，按照水利部水文局和黄委水文局的要求，中游局按照统一格式开始了比较规范的年度水文站洪水测报方案的编制，并按要求每年上报黄委水文局，同时下发勘测局和水文站实施。根据形势的变化，不同时期上报黄委水文局的站数有较大的变化。2000 年以来上报黄委水文局测报方案的情况如下：

2000 年至 2002 年，上报了府谷、吴堡、白家川、甘谷驿和温家川 5 个重点水文站的洪水测报方案。

2003 年至 2012 年，上报了府谷、吴堡、白家川、甘谷驿、温家川、河曲、丁家沟、皇甫、王道恒塔和延川 10 个重点水文站的洪水测报方案。

2013 年至 2019 年，上报了府谷、吴堡、白家川、甘谷驿、温家川、河曲、丁家沟、皇甫、王道恒塔、延川、高石崖、新庙、高家川、申家湾、林家坪、后大成、大宁、延安、裴沟、旧县、桥头、曹坪、新市河、大村和韩家峁 25 个水文站的洪水测报方案。

2006 年对全部基本水文站的测洪及报汛方案进行了编制，同时在方案中增加了异常洪水的应急测报方案。

从 2012 年开始，黄委水文局每年对测洪及报汛方案进行审查。2015 年，黄委水文局印发《水文站测洪及报汛方案编制细则》，将异常洪水、超标洪水及特殊情况时的洪水测报方案纳入测洪及报汛方案中。

（四）贯彻各项规章制度

1951 年黄委制定了一个简单的测验规定，1956 年在认真贯彻水利部颁发的《水文测站暂行规范》的同时制定了相应的补充要求，泥沙测验方面，1956 年按测验规范的规定明确了输沙率测验方法。

1960 年，水文处下发《关于贯彻新规范的计划》，1966 年提出《水文测验暂行规范》改革意见；1975 年水电部颁发《水文测验试行规范》，并有一套 3 册《水文测验手册》配合使用；1985 年黄委水文局印发《水文测验补充规定》和《资料整编补充规定》。

1984 年《水文缆道测验规范》（SD121—84）、1985 年《比降—面积法测流规范》（SD174—85）、1988 年《水面蒸发观测规范》（SD265—88）、1990 年《水位观测标准》（GBJ138—90）等相继颁发实施。

1992 年至 2002 年期间，先后制定或修订了一系列国家和行业技术规范、规程和标准。其中国家标准有《河流流量测验规范》（GB50179—93）和《河流悬移质泥沙测验规范》（GB50159—92）等；水利部行业标准有《河流冰情观测规范》（SL59—93）、《水文普通测量规范》（SL58—93）、《河流泥沙颗粒分析规程》（SL42—92）和《水文巡测规范》（SL195—97）等。

1993 年 7 月 1 日起，黄委水文局全面开展了贯彻执行《河流悬移质泥沙测验规范》（GB50159—92）工作。其间，编印了《河流悬移质泥沙测验原理》讲义，举办了学习班。1998 年 5 月，黄委水文局举办了测验规范研讨班，各基层局主要技术骨干参加，对贯彻执行新的测验规范进行了深入讨论，会后下发了《关于印发〈水文测验规范补充规定〉的通知》（黄水技〔1998〕9 号文），要求 1998 年 6 月 1 日起全面贯彻执行新版测验规范（其中《河流泥沙颗粒分析规程》（SL42—92）于 1999 年 1 月 1 日起执行）。为推动新规范的贯彻执行，黄委水文局 1999 年举办了新规范研习班，中游局也举办了多期培训班。

2003 年至 2019 年，又陆续颁布了一系列修订后的新版国家和行业规范、规程和标准。修订后的国家标准有《水位观测标准》（GB/T50138—2010）、《河流流量测验规范》（GB50179—2015）和《河流悬移质泥沙测验规范》（GB/T50159—2015）等；水利部行业标准有《河流冰情观测规范》（SL59—2015）、《水文测量规范》（SL58—2014）、《河流泥沙颗粒分析规程》（SL42—2010）、《水文巡测规范》（SL195—2015）、《降水量观测规范》（SL21—2015）、《水面蒸发观测规范》（SL630—2013）、《水文资料整编规范》（SL247—2012）、《水文年鉴汇编刊印规范》（SL460—2009）、《水文测站考证技术规范》（SL742—2017）、《水文调查规范》（SL196—2015）、《水文缆道设计规范》（SL622—2014）、《水文基础设施及技术装备管理规范》（SL/T415—2019）、《水文站网规划技术导则》（SL34—2013）、《水文基本术语和符号标准》（GB/T50095—2014）、《堰槽测流规范》（SL24—91）等。为推动新版规范的贯彻执行，黄委水文局、中游局相应举办了多期培训班。

中游局于2017年编写了《测验指导意见》和《整编制图指导意见》，为进一步提升测站的测验和整编质量起到了一定的促进作用。

三、优化测验

（一）含沙量停测

经对多年实测资料的分析，枯季黄河流域支流含沙量较少，多数河流的河水清澈见底。为此，1966年全国水文测验规范改革意见对单样含沙量的停测标准为：枯水期，当连续3个月以上时段的输沙量（多年平均值）小于年输沙量的0.5%至3%时，可以停测单样水样含沙量和输沙率。当时因受"文化大革命"的影响，改革工作未能实施。到1973年，黄委水文处重申按上述标准执行，要求各水文总站对各支流测站的输沙量进行分析和计算。经对黄委管辖的支流测站枯季（当年的11月至次年的4月）连续3至6个月的输沙量分析计算，大部分符合上述标准。经黄委批准，吴堡总站非汛期（1月、2月、12月）停测含沙量的站有皇甫、高石崖、王道恒塔、温家川、后会村、申家湾、裴家川、碧村、杨家坡、林家坪、后大成、裴沟、靖边、横山；其他非汛期（1月、2月、11月、12月）停测含沙量的站有殿市、李家河、青阳岔、马湖峪、阎家滩、丁家沟、川口、子长、延川、延安、甘谷驿、大宁、临镇、大村和吉县，共29个水文站。除窟野河温家川站、无定河丁家沟和川口3个水文站外，其余批复的26个水文站从1973年开始停测了枯水期的单沙、输沙率和泥沙颗粒级配分析。随后新庙、曹坪和新市河3个水文站（1月、2月、12月）也停测了枯水期单沙和泥沙颗粒级配分析。

（二）固定日测流取沙

测区河流冬季往往会出现程度不同的冰情，有的出现岸冰、流冰，有的出现封冻、冰塞、冰坝，也有的出现连底冻。河流一旦发生严重的冰情，往往给水位、流量和含沙量测验带来较大困难，特别是冰情对冰期水位流量关系的影响更加复杂。鉴于支流站在非汛期测验方面存在的困难和安全隐患，流量、含沙量、水量和沙量变化相对较小，且占年水量的比例相对较小，对其进行测验的简化分析研究就显得尤为必要。为此，1973 年在 26 个支流站枯水期含沙量停测后，又对其余支流站开展了非汛期简化测验试验研究工作。

非汛期简化测验试验研究工作的主要内容是，在非汛期开展一日数次流量、含沙量测验，在积累大量测验成果的基础上进行分析研究，以寻求能代表月平均流量的固定若干日的最佳组合。即使得固定最佳组合 2 日、3 日或若干日日平均流量的均值与月平均流量相差最小。

20 世纪 70 年代中后期，按照试验方案，各个支流站在非汛期进行了大量的流量、含沙量测验，积累了丰富的试验成果。随后，在各站试验成果的基础上，开展了规模较大的分析研究。分析研究成果报水文处批复后开始在支流水文站实施固定日简化测验。

1. 固定日测流

1981 年至 1988 年，高石崖、申家湾、林家坪、曹坪、马湖峪、大宁、延安和甘谷驿等 8 个水文站实施非汛期部分月份固定日测验。

1988 年，皇甫、清水、兴县、王道恒塔、新庙、高家川、杨家坡、后大成、韩家峁、横山、殿市、青阳岔、李家河、子长、延川、大村和吉县等 17 个水文站实施非汛期部分月份固定日测验。

1989 年，下流碛和高家堡两个水文站开始实施非汛期固定日测验；裴沟水文站开始实施非汛期部分月份固定日测验。下流碛水文站 6 月 1 日撤销，上迁新设桥头水文站，并改为汛期站；大村水文站 1989 起取消了固定日测流。

从 1989 年开始，皇甫站 1 月至 2 月、12 月实施固定日测流，王道恒塔站 1 月至 3 月、12 月实施固定日测流，高家堡、韩家峁站 1 月至 5 月、10 月至 12 月实施固定日测流；清水、高石崖、兴县、新庙、高家川、申家湾、杨家坡、林家坪、后大成、横山、殿市、马湖峪、青阳岔、李家河、曹坪、子长、延川、大宁、延安、甘谷驿和吉县等 21 个水文站 1 月至 4 月、11 月至 12 月实施固定日测流。

从 1990 年开始，裴沟站 1 月至 4 月、11 月至 12 月实施固定日测流。

2. 固定日取沙

1988 年，新庙、王道恒塔、高家堡、高家川、韩家峁、横山、青阳岔和延川等 8 个水文站在非汛期部分月份固定日测流时取沙。

从 1989 年开始，非汛期（1 月至 5 月、10 月至 12 月）含沙量固定日取沙的站有高家堡，非汛期（1 月至 4 月、11 月至 12 月）含沙量固定日取沙的站有高家川、韩家峁；新庙、王道恒塔、横山站 3 月、4 月、11 月固定日取沙；青阳岔、延川站 3 月、4 月固定日取沙。

2018 年韩家峁站 1 月至 5 月、10 月至 12 月固定日取沙。

2020 年延川站非汛期单沙停测。

3. 固定日测流期间的整编

1988 年至 1990 年，固定测流日实测流量作为该日的日平均流量刊印实测值，其余各日任其空白。1991 年开始全面实行电算整编，为适应电算整编程序，采用代表日法整编方法。即固定测流日所测流量代表相邻各日的日平均流量（某月固定测流两日，则第 1 个固定日实测流量代表前半月各日日平均流量；第 2 个固定日实测流量代表后半月各日日平均流量。某月固定测流 3 日，则第 1 个固定日实测流量代表本月上旬各日日平均流量；第 2 个固定日实测流量代表本月中旬各日日平均流量；第 3 个固定日实测流量代表本月下旬各日日平均流量。某月有若干个固定日实测流量的以此类推）。这样，各日均有了日平均流量，不再空白。

固定日测流方法的实施，有效解决了冰情测验困难和整编定线复杂多变的问题，在基本能保证月平均流量资料精度的前提下，大大减轻了基层一线职工的劳动强度，且消除了冰期测验的安全隐患。

（三）优化监测

1. 起步与发展

2009 年，时任水利部部长陈雷就在全国水文工作会议上提出要"推进水文测验方式改革，建设水文巡测信息中心和遥感中心，强化巡测、自动监测和遥感监测，加强水文巡测基地建设，提升水文巡测能力"。

2010 年，时任水利部副部长刘宁也在全国水文工作会议上提出要"结合水文监测技术，积极推进水文测验生产与管理方式改革，实现驻测、巡测、间测和水文调查相结合的多种测站管理模式，争取在五年内使符合《水文巡测规范》要求的测站全部实行巡测"。

按照《水文巡测规范》和上级领导关于水文测验方式改革的精神，为积极推进测验方式优化改革，改进测验方式，改善职工生产生活条件，提高管理水平，实现又好又快发展，中游局根据测区实际情况，于2010年率先对高家川、马湖峪、临镇、新市河和裴沟5个水文站开展了水文监测优化分析，并编制完成5站水文监测优化实施方案。2011年实施方案报水文局，水文局组织专家对上报方案进行了深入细致的核对审查。经审查研究，批复了高家川、马湖峪、新市河和裴沟4站。从2012年1月起，高家川等4站开始实施水文优化监测，即汛期流量、输沙率每停测4年，检测1年。

2012年，中游局又对申家湾、桥头、李家河、曹坪和杨家坡等5个水文站进行了水文监测优化分析，同时对上一年未批复的临镇水文站进行了补充分析，并编制了申家湾等6站水文监测优化实施方案报水文局。2013年4月，水文局谷源泽副局长一行4人就上述6站优化监测事宜进行了实地考察，并就相关问题进行了现场质询。考察结束后，在吉县水文站召开了座谈会。在座谈会上，谷局长充分肯定了中游局开展优化分析研究工作的意义，高度评价了其分析研究成果，认为6个水文站实施优化监测条件比较好，分析研究成果比较可靠，可着手准备，批文将随即下达。同时决定，该项工作要在6个基层局全面推广，并作为一项任务安排布置。同年4月，水文局批复了申家湾等6站水文监测优化实施方案。5月，这6个水文站开始实施水文优化监测。

2018年，中游局对白家川、旧县和吉县3个水文站进行了水文监测优化分析，并编制了3站水文监测优化实施方案。2019年实施方案报水文局，水文局批复了白家川等3站水文监测优化实施方案。2020年1月开始，白家川等3站开始实施水文优化监测。

2. 深入与完善

2019年，水文局局长谷源泽在黄河水文工作会议上提出要"以'有人看管、无人值守'测验模式为引领，全力推进水文监测全要素自动化进程，实现在线测验、实时传输、即时整编，解放和发展生产力，提高工作效能"。中游局局长卢寿德在中游水文工作会议上也提出要"优化测验模式，积极探索'有人看管、无人值守、巡测驻巡结合'等多种测验模式，推进水文监测全要素自动化进程"。

通过 2010 年至 2018 年以来的优化监测分析研究，中游局先后对高家川、申家湾、白家川、旧县、桥头、杨家坡、裴沟、马湖峪、李家河、曹坪、临镇、新市河和吉县等 13 个水文站进行了水文监测优化分析，水文监测优化方案报水文局，经批复后实施。

以上 13 个水文站的水文监测优化主要针对的是汛期的流量和输沙率，非汛期的流量和含沙量仍然维持原有的测验模式，即有的站流量固定日测验，有单值化测流槽的站简化测验；含沙量有的停测，有的固定日取沙，还有的部分时间停测部分时间固定日取沙。按照上级积极探索多种水文测验模式的指示精神，在流量（输沙率）测验优化分析的基础上，2019 年，中游局开展了对桥头、旧县、高家川、韩家峁、申家湾、马湖峪、李家河、曹坪、白家川、临镇、新市河、杨家坡、裴沟和吉县等 14 个水文站汛期含沙量测验的优化分析研究，主要内容是分析建立水沙关系。经分析，建立了 14 站的洪水水沙关系。总体来说，14 个站的水沙关系点带趋势明显，密集程度尚可，在中小河流对含沙量精度要求不太高的情况下，含沙量可以考虑少测或停测，由水沙关系推算。与此同时，对 11 个支流站进行了非汛期停测含沙量分析，经分析并结合实际情况，6 个站可以按规定停测。

在上述分析研究的基础上，编制了申家湾等 14 个站的水文监测（包括含沙量）优化实施方案。方案报水文局，经批复从 2020 年开始实施。

2019 年的水文监测优化实施方案与之前有所不同，主要是将优化站原来每停测 4 年检测 1 年的间测方式修改为每年都进行检测的简测方式。在安排申家湾等 14 站水文优化监测的同时，也将河口和金鸡沙两个省界断面水文站一并纳入进去。

申家湾等 16 站水文优化监测模式，为下一步推动"有人看管，无人值守，巡测驻巡结合"等多种测验模式的实施奠定了良好基础。

3.优化监测分析的技术标准

2013 年，在《水文巡测规范》的基础上，由中游局起草，经水文局修改审定，共同编制完成了《水文站优化测报方案编制与实施技术导则》，由水文局下发贯彻实施。

四、站队结合

站队结合是水文体制改革的一项重要成果。站队结合后，以水文勘测队（包括水文勘测队、水文水资源勘测队、水文水资源勘测大队）为基地，所辖水文站汛期驻测，非汛期除留守人员外其他职工全部归队集中，由勘测队统一组织到所辖水文站进行定期测验或巡测。

到1991年，河曲、府谷、吴堡、温家川、白家川和丁家沟6个水文站实行全年驻测方式，其余33个水文站全部实行站队结合。榆次总站各勘测队所辖测站统计表见表3.2.1—1。

表 3.2.1—1　榆次总站各勘测队所辖测站统计表

名　称	站队结合时间（年）	实行站队结合测站			未实行站队结合水文站
		水文站	水位站	独立水面蒸发站	
延安勘测队	1989	子长、延川、延安、甘谷驿、临镇、新市河、大村	延水关		白家川
榆次勘测队	1990	兴县、杨家坡、林家坪、后大成、裴沟、大宁、吉县	裴家川		
府谷勘测队	1991	皇甫、高石崖、旧县、桥头、王道恒塔、新庙			河曲、府谷
榆林勘测队	1991	贾家沟、高家堡、高家川、申家湾、河口、金鸡沙、韩家峁、青阳岔、横山、殿市、李家河、曹坪、马湖峪	罗峪口、万镇、佳县、赵家塔	靖边	温家川、丁家沟
直属榆次总站					吴堡
站数合计		33	6	1	6

（一）延安勘测队

延安勘测队从1989年开始实行站队结合，所辖水文站有白家川、子长、延川、延安、甘谷驿、临镇、新市河和大村8个，水位站有延水关1个（汛期站）。经分析，从2020年开始，白家川水文站全年测验频次适当减少，在全年驻测的前提下实行优化监测。

（二）榆次勘测队

榆次勘测队从1990年开始实行站队结合，所辖水文站有兴县、杨家坡、林家坪、后大成、裴沟、大宁和吉县7个，水位站有裴家川1个（汛期站）。各站全部实行站队结合。

（三）府谷勘测队

府谷勘测队从 1991 年开始实行站队结合，所辖水文站有河曲、府谷、皇甫、高石崖、旧县、桥头、王道恒塔和新庙 8 个。除河曲和府谷水文站全年驻测外，其余站全部实行站队结合。

（四）榆林勘测队

榆林勘测队从 1991 年开始实行站队结合，所辖水文站有温家川、贾家沟、高家堡、高家川、申家湾、丁家沟、韩家峁、青阳岔、横山、殿市、李家河、曹坪和马湖峪 13 个（2017 年增加金鸡沙站，2018 年增加河口站），有罗峪口、万镇、佳县、赵家塔 4 个汛期水位站和靖边站（技术上是蒸发站，行政上是水文站）。除温家川和丁家沟水文站全年驻测外，其余站全部实行站队结合。

五、应急监测

2016 年之前，按照中游局《防汛工作安排意见》，成立防汛预备队。预备队成员在主汛期时刻待命，随时准备到发生大洪水和特大洪水的水文站支援洪水测报，并应急处理洪水毁坏的水文测报设施，以确保洪水测报工作的正常运行。

从 2016 年开始，中游局按照《防汛工作安排意见》，成立 4 个应急监测队，分别负责府谷、榆林、延安和榆次 4 个勘测局汛期的洪水应急监测工作。根据人员变动和工作需要，每年调整一次，专文明确。4 个应急监测队队长均由局领导担任，副队长由精通业务的科级领导担任，队员由各部门抽调的业务技术骨干组成。一旦水文站发生大洪水，即根据《防汛工作安排意见》启动应急监测机制。应急监测队内部各负其责，各司其职，有章可循，规范运行，效果良好。

第二节　测验设施

水文测验设施在黄河中游主要包括高程和平面控制设施、吊船缆道、吊箱缆道、铅鱼缆道和浮标缆道等，这些设施是进行水文测验工作的物质基础。

新中国成立前，国家对水文工作的重视程度不够，财力和技术手段不足，测验设施十分简陋，致使较大洪水、大洪水测验非常困难，洪水发生在夜间时，基本上无法进行测验，即使能测到洪水，测验质量也很难保证。

新中国成立后，水文测验设施的发展取得了巨大的进步。特别是1998年以来的一批重点建设工程项目，如1998年"一江一河"建设、国家重要水文站建设、"十五"期间黄河流域片水文水资源工程、中央直属水文基础设施工程项目、黄河防洪非工程措施建设项目、黄委2008年度应急建设项目、"十一五"水文水资源工程等，对黄河缆道设施主索、副索，缆道支架、锚碇，吊箱水平驱动设备和控制设备，以及吊箱自动化等方面进行了全面的升级改造，测区水文测验设施正在逐步实现自动化。

一、控制设施

（一）高程控制

1. 水准基面

测区使用的水准基面有假定基面和绝对基面两种。

（1）黄河中游支流的多数水文（位）站因地处偏僻，附近没有国家水准网覆盖，以前受经济和技术条件限制，引测绝对高程很难完成。因此，在设站时就假定一个水准面，作为该站水位和高程的起算基面，即该站的假定基面。中游局使用假定基面的有32个水文站。见表3.2.2—1。

（2）中游局使用的绝对基面有大沽基面和黄海基面两种。吴堡、绥德（无定河）和大宁水文站使用大沽基面，河曲、府谷、皇甫、旧县和曹坪水文站使用黄海基面。见表3.2.2—1。

（3）王道恒塔、温家川、新窑台、韩家峁、横山、殿市、靖边、青阳岔、马湖峪、高家川、申家湾、李家河、曹坪、丁家沟、川口、子长、临镇和延水关18个水文站1965年引测了黄海基面高程，但为了水位资料的一致性，仍使用原假定基面（冻结基面）。

（4）根据水文局要求，中游局2019年完成了所属各水文测站的"1985国家高程基准"引测工作。按照《水文局关于黄河干流及重要支流水文站启用 1985 国家高程基准的通知》安排，从 2019 年 7 月 1 日开始，具备启用条件的水文站在水情报汛中启用"1985 国家高程基准"，并按照《水文局关于第二批水文水位站启用 1985 国家高程基准的通知》的进一步要求，从 2020 年 1 月 1 日零时起，40 个水文站（含万家寨水文站）、6 个水位站在测验、整编和报汛等工作中，全面启用"1985 国家高程基准"。见表 3.2.2—1。

表 3.2.2-1　各站使用水准基面情况统计表

序号	基面类型		测站数量	测站名称	备注
1	假定基面		32	高石崖、桥头、兴县、王道恒塔、温家川、新庙、贾家沟、高家堡、高家川、申家湾、韩家峁、横山、殿市、马湖峪、青阳岔、李家河、河口、金鸡沙、丁家沟、白家川、子长、延川、延安、甘谷驿、临镇、新市河、大村、杨家坡、林家坪、后大成、裴沟、吉县	2019 年 7 月前使用
2	绝对基面				
2.1	大沽基面		2	吴堡、绥德（无定河）、大宁	2019 年 7 月前使用
2.2	黄海基面	1956黄海基面	5	河曲、府谷、皇甫、旧县和曹坪	2019 年 7 月前使用
		1985国家高程基准	45	河曲、府谷、吴堡、皇甫、高石崖、新庙、王道恒塔、旧县、桥头、温家川、贾家沟、高家堡、高家川、申家湾、河口、金鸡沙、韩家峁、横山、殿市、青阳岔、马湖峪、李家河、曹坪、丁家沟、白家川、子长、延川、延安、甘谷驿、临镇、新市河、大村、兴县、杨家坡、林家坪、后大成、裴沟、大宁、吉县 39 个水文站（另有万家寨）；罗峪口、万镇、佳县、延水关、裴家川、赵家塔 6 个水位站	2019 年 7 月开始在报汛中使用，2020 年 1 月 1 日起在测验、整编、报汛中全面使用

2. 水准点

中游局各水文站、水位站的水准点，由基本水准点（或参证点）和校核水准点组成。每个水文站设置的基本水准点（或参证点）一般均在 3 个或 3 个以上。

新中国成立前，水准点的类型和设置很不正规，多数测站就地取材，利用测站附近的建筑物或地物作为水准基点。由于水准点的设置没有统一的标准和技术要求，致使水准点被毁坏或高程发生变动的情况经常发生。

1956 年开始全面执行《水文测站暂行规范》，各测站根据规范的规定进行整顿和更新。经整顿后，水准点除断面附近有基岩或牢固的建筑物可以利用外，均统一采用水泥桩、钢管或钢轨设置。水准点上部顶端设置铜制圆盘，圆盘中央为突出的半球形，以便于高程的测定或校测。圆盘的周围刻制水准点编号、设置单位名称和设置日期。水准点下部为基座，并埋设在地面冻土层以下。1963、1984 年，黄委两次在检查整顿测站基本设施时，对水准点按照规范要求进行了全面检查和整顿。数量不足的进行补充，埋设不符合要求和高程有变动的进行整改。每年汛前检查时，都要求对水准点进行认真检查校测。截至 2019 年，中游局共有基本水准点（参证点）147 个。另外各站根据水尺校测和断面测量的实际需要，还设置有若干个校核水准点。

（二）平面控制

平面控制包括断面布置、基线设置和测量标志设立。各水文站设置的断面有基本水尺断面、测流断面（一般与基本水尺断面重合）、上下浮标断面和上下比降断面。

1. 断面

水文测站布设的断面有基本水尺断面（简称基本断面）、测流断面（新中国成立前称标准断面）、上下浮标和上下比降断面四类。

上下浮标断面设置的间距，在新中国成立前和新中国成立初期，多数测站为 100 米（上下距基本断面各 50 米）。部分测站上下浮标断面的间距有的大于 100 米，有的小于 100 米。

1956 年，贯彻执行《水文测站暂行规范》后，水文站上下浮标断面的间距以断面流速为主要依据确定，采用最大断面平均流速的 50 倍至 80 倍并取整数。同时，又考虑记时和信号联系所需的时间误差及操作（测角）时间等因素，各站根据上述因素自行确定。按照 1960 年的新规范，考虑部分站测验河段受地形条件限制，断面间距允许缩短，但最短一般不短于最大断面平均流速的 20 倍。在洪水暴涨暴落的水文站，有的因测洪设备的限制，为了抢测洪峰，允许利用测流断面的吊箱投放浮标，这种特殊方法称为"半距浮标法"。

以断面流速为主要依据确定水文站上下浮标断面间距的规定一直延续了下来。

2. 基线

在民国初期，水文站的基线端点多数在标准断面的零点桩处，并和标准断面垂直，基线长度和上下浮标断面的间距一致。新中国成立后，随着测验河段和测验设施以及测验质量的要求不同，基线的长度和设置的位置也各不相同。如 1956 年贯彻《水文测站暂行规范》后，用经纬仪或平板仪交会定位的测站，基线的长度都不小于河宽的 6/10（即断面上最远一点的仪器视线与断面线的夹角不小于 30°）；用六分仪（包括辐射线法）交会定位的测站，基线长度都要满足六分仪两视线的夹角大于 30°小于 120°。

3. 测量标志

在测验河段埋设的各类标、牌、桩统称为测量标志。新中国成立前，因经费、材料和技术条件的限制，测量标志都比较简陋，没有统一的标准，一般就地取材用木桩或石桩等涂上红、白漆作为标记。断面上很少设固定的杆（牌），一般测量时临时插上标杆（花杆）作为瞄准的目标，测验结束后收回。

新中国成立后，随着水文经费的增多，材料设备的改善和技术的提高，测量标志面貌逐步改观。1960 年前的标牌，多数采用木质，高度一般为 5 米至 10 米。1960 年后，由木质逐步更换为钢质和钢筋砼，1970 年以后按中、高水位架设自立式钢塔。

支流发生洪水时常常伴随着风雨，有时甚至在夜晚。在漆黑的风雨交加的夜晚抢测洪水是十分困难和危险的，在河面较宽的测站夜间测洪更加困难和危险，条件十分恶劣。1960 年前用点篝火、马灯、打手电等办法照明，效果很不理想。1960 年后，测验河段距电源较近的站开始架设照明线路，安装探照灯（聚光灯），有的在断面索的标志牌上安装彩灯，以便夜间垂线定位时找到目标。1975 年后，吴堡总站先后给 28 个山区没有电源的测站配发了发电机组，夜间测洪水时，测站可以自行发电。

进入 21 世纪以来，随着国家现代化建设的高速发展，各站的平面控制设施也相应进行了不同程度的调整、改造和升级。到 2019 年底，各水文站断面和基线布设情况见表 3.2.2—1。

表 3.2.2—1　各水文站断面和基线布设情况统计表

站　名	基本断面至浮标断面距离（米）		基本断面至比降断面距离（米）		基线长度（米）	基线与基本断面夹角（度）
	上断面	下断面	上比降	下比降		
河　曲	160	160	160	160	160	90
府　谷	150	150	150	150	177.3	90
吴　堡	150	150	150	150	150	90
皇　甫	100	100	100	100	100.2	90
旧　县	60	60	60	60	60	90
高石崖	103	103	103	103	102.8	90
桥　头	0	70	0	70	70	90
兴　县	60	60	60	60	60	90
王道恒塔	130	130	130	130	130	90
温家川	150	150	150	150	151.2	81°03′39″
新　庙	80	70	80	70	80	90
高家堡	100	100	100	100	100	90
高家川	100	100	100	100	100	90
申家湾	0	80	0	80	80	90
杨家坡	0	70	70	70	70	90
林家坪	100	100	100	100	102.9	85°40′30″
后大成	100	90	100	100	101.5	94°19′13″
裴　沟	75	75	75	75	75	90
丁家沟	100	100	100	100	100	90
白家川	100	100	100	100	100.7	85°44′
韩家峁	60	60	60	60	59.2	85°5′48″
横　山	0	100	100	100	100	90
殿　市	60	60	60	60	60.6	90
马湖峪	0	100	100	100	100	90
青阳岔	0	80	0	80	80	90
李家河	60	60	60	60	62	90
曹　坪	0	50	50	50	无	—

站　名	基本断面至浮标断面距离（米）		基本断面至比降断面距离（米）		基线长度（米）	基线与基本断面夹角（度）
	上断面	下断面	上比降	下比降		
子　长	60	60	60	60	高水100，低水60	90 90
延　川	100	100	100	100	100.5	96°02´19″
大　宁	100	100	100	100	107.7	68°02´04″
延　安	100	100	100	100	99	90
甘谷驿	100	100	100	100	高水125，低水100	90 90
临　镇	0	60	60	60	60	90
新市河	0	110	80	80	80	90
大　村	100	0	200	0	100	90
吉　县	0	80	80	80	80	90
贾家沟	80	0	80	0	无	—

二、缆道设施

（一）吊船缆道

吊船缆道一般由主索（承载索）、塔架、拉线、锚碇、行车、工作索（吊船索）、水文测船和防雷系统等组成。

新中国成立前，测流多用测船。这些测船在测流时需要依次固定在断面上选定的各条垂线上，当时固定测船的唯一办法就是抛锚。因锚小、缆短，测船下滑偏离断面线等问题经常影响测验精度。新中国成立初期，测站陆续自造较大的测船，并配备重锚长缆，但测船下滑问题未能完全解决，尤其是在卵石河床上抛锚更是非常困难。于是有的站就开始探索早期的吊船测流方式。1951年，无定河绥德水文站在测验河段两岸设立人字形木架，架设了一条跨度近100米的简易吊船过河缆道，可以在中低水时施测流量。1951年12月，吴堡站购置测船一艘（长9.7米、宽3.7米）。1957年起，义门、吴堡站先后架设了吊船双舟过河缆道，由黄委统一委托南京水工仪器厂加工了一批起重200千克的转盘式人力铁质水文绞车，配发测站使用。1959年后，希望架设吊船过河缆道的测站很多，但由于经费不足，不少测站只好自己动手，"土法先上马，然后科学化"。所以多数测站未经正规设计，因陋就简，就地取材，自行架设了一批吊船过河缆道进行测流取沙。但这些吊船缆道只能施测一般洪水。到 1960 年底，吴堡总站有义门、吴堡和后大成等站架设了吊船过河缆道，在汛期测洪中发挥了较大作用。

1963 年 8 月，海河特大洪水冲毁了很多水文测验设施，使水文测报工作无法正常进行。为了吸取这一严重教训，水电部水文局提出对水文测站的基本设施进行一次全面的检查整顿。水文处组织各水文总站（队）对所有测站的基本设施分片进行了全面检查。检查发现，多数吊船缆道存在不安全因素，有的未经正规设计，测洪标准低，施工质量较差，维修养护不够，安全无保障；有的测站木支架已腐朽，不能满足测洪要求，亟须整顿。据此，同年 11 月，黄委在郑州专门召开基本设施整顿会议。会上明确了"以测洪设备为重点，全面整顿，以加固维修为主，重点充实更新"的整顿原则；"因地制宜，就地取材，自力更生，经济适用，以钢、石、砼支架（杆）代替木支架（杆）"。建设程序要做到"查勘、设计、施工、验收"四步手续。

为了适应新建和更新缆道的任务，1964 年水文处抽调有关水文总站的技术人员，组成缆道设计小组，对水文站过河缆道进行规划设计。吴堡总站相应成立了缆道施工领导小组负责施工。缆道的设计施工实行领导、专业技术人员和群众三结合的组织形式，从而较好地调动了职工群众的积极性、主动性和创新性。在勤俭办站和勤俭办一切事业的指导精神下，在缆道建设过程中，人人献计献策，站站提合理化建议，使测站的基本设施建设蓬勃发展。吴堡总站所属 30 多个水文站多数位于山陕黄土高原深山峡谷之中，钢材水泥等建筑材料十分匮乏，交通运输条件又差。水文站职工群策群力，集思广益，利用当地的石料，将缆道支架砌成石墩。这种石墩承压能力强，施工又方便，维护也简单。据 1964 年统计，当时 30 多个水文站中，用石墩作为缆道支架的，石墩高 2 米以上的有 17 个站，其中 6 米以上的有 8 个站，最高的丁家沟站，石墩高出地面达到 8 米。在砌石墩支架的施工中，职工自己动手背石块、挖基坑、砌石灌浆，手碰伤、肩磨破也不叫苦。

在洪水暴涨暴落、水面漂浮物多的河道上，使用吊船测洪存在一定的问题。支流洪水一般在几十分钟内水位变幅可达 5 米至 10 米，浪高 0.5 米至 2 米，流速 5 米每秒至 10 米每秒，洪水水面漂浮物又多，给吊船测洪带来较大的困难和安全威胁。为此，从 1957 年 4 月开始，在支流测站和河道相对较窄的干流测站逐步试验架设吊箱缆道测流设施。到 1963 年 8 月，吴堡总站所属水文站除韩家峁站使用吊桥外，其余各站都建起了吊箱缆道，不再使用吊船缆道。

（二）吊箱缆道

吊箱缆道一般由主索（承载索、塔架、基础和锚碇等）、工作索（循环索）、滑轮、驱动控制系统、缆道操作房、副索（承载索、塔架和锚碇等）、拉偏行车、拉偏索、运载行车、吊索、水文吊箱和防雷系统等组成。

在河道坡降大、洪水暴涨暴落、水面漂浮物多和冰凌严重的河道上，水文吊箱是较为理想的水文测验设施。吊箱缆道适用于河宽几十米的小河到六七百米的大河。吊箱由 20 世纪 50 年代的固定高度手拉式测验，发展到可以电动过河、自由升降调节高度；从人工操作定位、升降、测速、记载、计算，发展到自动定位、升降、测速、记载、计算，并输出和存储测验成果。由于吊箱缆道比吊船缆道节省人力，操作简便、灵活，测流历时短，而且是一种有一定测洪能力，能保证测验精度的测流设施，所以受到测站职工的普遍欢迎。

1956 年，推广吊箱的测流技术很快在测站展开，特别是在山溪性河流洪水暴涨暴落的测站上进行大胆的尝试。简易吊箱的出现，对山溪性河流扩大流速仪法施测流量的范围，以及为提高测洪能力和测验质量提供了物质条件，同时也推动了测站测流设施的改进和发展。吊箱在缆道上的运行方式一开始是人在吊箱内直接用手拉动过河缆移动吊箱。这种方法不仅费力，而且还容易使滑轮轧伤手指。

1957 年 5 月，后大成站通过技术革新，采用长约 1 米的木杆，一端挖成开口的圆洞，套在缆道主索上，另一端握在手中，用力扳动木杆，吊箱即可向前移动，不仅安全可靠，而且省力、速度快。此法称为吊箱操作杆法。同年 7 月在高家川站推广使用。不久，吊箱操作杆法开始广泛使用。

为了解决吊箱与水面距离大、操作不便的问题，工作人员尝试在吊箱的行车架和悬索之间加了一组复式滑轮组，人在吊箱内直接拉动滑轮组的绳，使吊箱作垂直升降运动。这个尝试成功后，为吊箱由固定式向升降式发展提供了经验。

1957 年 8 月，在总结吊箱横向移动和复式滑轮组作垂直升降运动的基础上，由黄委水文处陈鸿钧负责设计和施工，黄河上第一座人力手动升降式吊箱在佳芦河申家湾水文站建成。该吊箱设计总荷重 660 千克，其中吊箱自身重 100 千克，铅鱼重 100 千克，仪器重 30 千克，绞车、行车架、升降索等重 260 千克，设计两人体重 130 千克，设计风荷载和水流冲击荷重 40 千克。吊箱内设有两用绞车。当操作人员绞动升降索时，可以调整吊箱底部与水面之间的距离；绞动起重索时，可以使铅鱼（仪器）任意出入水面。吊箱由岸上绞车通过循环索作横向移动，行车速度为每分钟 6 米。升降式吊箱的试制成功不仅解决了吊箱在高空作业的困难，同时也有效地减小了流速仪等悬索的偏角。该吊箱的缺点是荷重太重，人力操作很费力，升降速度缓慢。1958 年 7 月 13 日，申家湾站发生特大洪水，40 分钟内水位上涨 12.3 米。因水位上涨太快，该吊箱停在水边无法抢救而被洪水冲走。

1959 年至 1963 年，吴堡总站所属干流的吴堡和义门两个水文站由吊船缆道改为吊箱缆道；支流的偏关、皇甫、高石崖、后会村、裴家川、碧村、温家川、高家川、申家湾、杨家坡、林家坪、圪洞、后大成、陈家湾、裴沟、丁家沟、川口、闫家滩、殿市、马湖峪、青阳岔、李家河、子长、延川、大宁、杨家湾、甘谷驿、临镇和大村等 29 个水文站先后建成吊箱缆道。建设吊箱缆道的测站占当时总测站数的 81.5%，其中有升降式吊箱的测站 11 个。这批吊箱在兴建时因经费和技术力量不足，均未经正规设计和计算。是靠自己动手、土洋结合、就地取材建起来的，大小、类型、规格都不统一，设备也不配套。因此，基本都存在测洪标准低和不安全因素。1963 年在测站基本设施大检查中发现，吴堡总站管辖的水文站有 58% 的吊箱测洪标准低于本站设站以来发生的最高洪水水位。如：干流义门和吴堡两站的吊箱只能实测 2000 立方米每秒至 3000 立方米每秒（两站 1963 年前发生的最大洪水义门站是 7020 立方米每秒，吴堡站是 16100 立方米每秒）；支流甘谷驿站只能实测 1300 立方米每秒至 2000 立方米每秒；一般站只能测到 100 立方米每秒至 800 立方米每秒。基本上都不能满足汛期实测较大洪水的需要。

川口站双吊箱测流（芮君和提供）

1963 年 11 月，水文处在郑州召开基本设施整顿会议。会议明确提出吊箱缆道支架高度不能达到测洪标准要求的站，要逐年进行更换；吊箱缆道承载力不够和设备不配套的站要进行改进。1974 年 7 月，水文处在郑州举办升降吊箱初步定型设计研讨会，提出对吊箱定型设计的要求：一是吊箱运行速度要快，操作要轻便，吊箱的横向移动和垂直升降速度要快于洪水的涨落率，以满足抢测暴涨暴落洪水的需要，吊箱的总荷重要限制在80 千克至 100 千克；二是吊箱的材料要结实，各部件要有足够的强度，经得起碰撞和摔打，保证测验人员在吊箱中的安全；三是操作设备要简便，吊箱升降、仪器提放操作要简单；四是吊箱的安全措施要可靠。会上提出吊箱的初步设计要求：框架长 1.5 米至 1.7 米，宽和高均为 0.8 米至 0.9 米，框架由钢管焊成。吊箱的升降可由手扳绞车和涡轮蜗杆组成，为便于操作，应安装在吊箱的中上部。吊箱的横向移动，由岸上绞车带动循环索牵引。

为了减轻操作人员在测洪中的劳动强度，并进一步提高吊箱的横向移动和垂直升降的运行速度，1965 年吴堡站以柴油机为动力，将吊箱的横向移动由人力手动改为机械动力。1971 年，由黄委吴堡总站负责研制的垂直升降和横向移动用双筒卷扬机牵引的电动吊箱在吴堡、延安两站试制成功并投产。1973 年，府谷、高石崖、王道恒塔和温家川建成电动吊箱。到 1975 年，电动吊箱推广到陕西省 20 余站。截止到 1981 年，河曲、皇甫、高家堡、殿市、申家湾、丁家沟、白家川、延川、子长、甘谷驿、新市河、林家坪、后大成、大宁和吉县等站先后建成电动吊箱。

吊箱在水文测验中虽然发挥了积极作用，扩大了流速仪的施测范围，提高了测验质量，但因受客观条件的限制，在较大洪水的测验中，仍有流速和水深不能全部施测的问题。

截至 2019 年底，中游局 39 个水文站中有 33 个水文站建设有吊箱缆道（含副缆）。吊箱、主缆和副缆基本情况统计表，分别见表 3.2.2—2、表 3.2.2—3 和表 3.2.2—4。

表 3.2.2-2　各水文站吊箱基本情况统计表

序号	站　名	吊箱尺寸（长×宽×高）（米）	驱动方式		吊箱缆道投资（元）	建设项目名称	建设年份
			升降	水平			
1	吴　堡	1.6×1.2×1.0	直流电动	电动绞车	—	大江大河	2019
2	河　曲	1.6×1.2×1.0	直流电动	电动绞车	640000	中央直属	2011
3	府　谷	1.6×1.2×1.0	直流电动	电动绞车	640000	中央直属	2011
4	皇　甫	1.7×1.3×1.2	直流电动	电动绞车	640000	中央直属	1999
5	旧　县	1.7×1.3×1.2	直流电动	电动绞车	311680	中央直属	2008
6	高石崖	1.7×1.3×1.2	直流电动	电动绞车	640000	中央直属	2008
7	新　庙	1.7×1.3×1.2	直流电动	电动绞车	773893	中央直属	2007
8	王道恒塔	1.7×1.3×1.2	直流电动	电动绞车	562702	中央直属	2004
9	温家川	1.7×1.3×1.2	直流电动	电动绞车	598807	中央直属	2004
10	高家堡	1.7×1.3×1.2	直流电动	电动绞车	411415	中央直属	1999
11	高家川	1.7×1.3×1.2	直流电动	电动绞车	254395	中央直属	2000
12	申家湾	1.7×1.3×1.2	直流电动	电动绞车	—	中央直属	2000
13	横　山	1.7×1.3×1.2	直流电动	电动绞车	320737	中央直属	2008
14	殿　市	1.7×1.3×1.2	直流电动	电动绞车	380375	中央直属	2015
15	马湖峪	1.7×1.3×1.2	直流电动	电动绞车	418896	中央直属	2009
16	丁家沟	1.7×1.3×1.2	直流电动	电动绞车	583913	中央直属	2008
17	青阳岔	1.7×1.3×1.2	直流电动	电动绞车	—	中央直属	2010
18	李家河	1.7×1.3×1.2	直流电动	电动绞车	286405	中央直属	2009
19	曹　坪	1.7×1.3×1.2	直流电动	电动绞车	271838	中央直属	2009

序号	站　名	吊箱尺寸（长×宽×高）（米）	驱动方式		吊箱缆道投资（元）	建设项目名称	建设年份
			升降	水平			
20	白家川	1.7×1.3×1.2	直流电动	电动绞车	640000	中央直属	1999
21	子　长	1.7×1.3×1.2	直流电动	电动绞车	45000	中央直属	2000
22	延　川	1.7×1.3×1.2	直流电动	电动绞车	289368	中央直属	2004
23	延　安	1.7×1.3×1.2	直流电动	电动绞车	128000	中央直属	2000
24	甘谷驿	1.7×1.3×1.2	直流电动	电动绞车	576544	中央直属	2004
25	新市河	1.7×1.3×1.2	直流电动	电动绞车	392590	中央直属	2011
26	大　村	1.7×1.3×1.2	直流电动	电动绞车	—	中央直属	2008
27	兴　县	1.7×1.3×1.2	直流电动	电动绞车	423825	中央直属	2011
28	杨家坡	1.7×1.3×1.2	直流电动	电动绞车	384487	中央直属	2008
29	林家坪	1.7×1.3×1.2	直流电动	电动绞车	254395	中央直属	2009
30	后大成	1.7×1.3×1.2	直流电动	电动绞车	152967	中央直属	2000
31	裴　沟	1.7×1.3×1.2	直流电动	电动绞车	388462	中央直属	2011
32	大　宁	1.7×1.3×1.2	直流电动	电动绞车	628357	中央直属	2008
33	吉　县	1.7×1.3×1.2	直流电动	电动绞车	292134	中央直属	2001

表 3.2.2—3　各水文站吊箱主缆基本情况统计表

序号	站　名	跨度（米）	主缆直径（毫米）	支架类型	支架高度（米）		锚碇类型		建设时间（年/月/日）
					左岸	右岸	左岸	右岸	
1	吴　堡	433	28	砼	24.3	25.0	无边框	无边框	2019/05/20
2	河　曲	585	32	钢支架	15.5	32.5	砼重力锚	砼重力锚	1999/04/01
3	府　谷	553	32	钢支架	32.0	无	砼重力锚	圆钢锚桩	1999/05/01
4	皇　甫	410	32	钢支架	22.0	10.0	砼重力锚	圆钢锚桩	1999/05/01
5	旧　县	80	22	钢支架	8.0	5.0	砼重力锚	砼重力锚	2008/03/01
6	高石崖	155	22	钢支架	12.1	12.2	砼重力锚	砼重力锚	2008/05/01
7	新　庙	200	30	钢支架	4.0	直接锚	砼重力锚	—	2007/05/01
8	王道恒塔	326	24	钢支架	21.0	21.0	砼重力锚	砼重力锚	2004/04/12

序号	站　名	跨度（米）	主缆直径（毫米）	支架类型	支架高度（米）		锚碇类型		建设时间（年／月／日）
					左岸	右岸	左岸	右岸	
9	温家川	270	32	钢支架	16.0	21.0	砼重力锚	砼重力锚	2004/04/01
10	高家堡	290	21.5	钢支架	18.0	6.0	砼重力锚	砼重力锚	1999/04/01
11	高家川	187	21.5	钢支架	直接锚	6.9	圆钢锚桩	砼重力锚	2000/05/01
12	申家湾	159	21.5	钢支架	直接锚	直接锚	砼重力锚	砼重力锚	2000/06/01
13	横　山	78	20	钢支架	2.0	6.0	无边跨	无边跨	2008/11/01
14	殿　市	48	21	钢支架	5.0	7.0	砼重力锚	砼重力锚	2015/05/01
15	马湖峪	129	21.5	钢支架	12.0	8.0	砼重力锚	砼重力锚	2009/05/01
16	丁家沟	220	21.5	钢支架	13.6	13.3	砼重力锚	砼重力锚	2008/04/01
17	青阳岔	110	21.5	钢支架	10.4	10.4	砼重力锚	砼重力锚	2010/01/01
18	李家河	124	21.5	钢支架	4.5	5.0	无边跨	砼重力锚	2009/05/01
19	曹　坪	120	21.5	钢支架	无	3.0	圆钢锚桩	砼重力锚	2009/06/01
20	白家川	180	22	钢支架	1.0	12.0	砼重力锚	砼重力锚	1999/06/03
21	子　长	129	22	钢支架	7.0	3.0	砼重力锚	砼重力锚	2000/06/01
22	延　川	167	20	钢支架	13.0	13.0	砼重力锚	砼重力锚	2004/05/01
23	延　安	280	22	钢支架	12.0	18.0	砼重力锚	砼重力锚	2000/06/01
24	甘谷驿	237	22	钢支架	19.0	21.0	砼重力锚	砼重力锚	2004/04/10
25	新市河	80	22	钢支架	7.0	无	砼重力锚	圆钢锚桩	2011/06/15
26	大　村	88	20	钢支架	4.5	3.4	砼重力锚	砼重力锚	2008/11/11
27	兴　县	70	22	钢支架	8.0	5.0	砼重力锚	砼重力锚	2011/06/01
28	杨家坡	95	22	钢支架	6.0	无	无边跨	圆钢锚桩	2008/09/01
29	林家坪	150	22	钢支架	8.0	13.0	砼重力锚	砼重力锚	2009/04/01
30	后大成	193	22	钢支架	直接锚	16.0	圆钢锚桩	砼重力锚	2000/04/01
31	裴　沟	130	22	钢支架	直接锚	9.0	圆钢锚桩	砼重力锚	2011/06/01
32	大　宁	135	22	钢支架	7.8（石墩）	7.2	砼重力锚	无边跨	2008/01/01
33	吉　县	100	22	钢支架	7.0	10.0	砼重力锚	砼重力锚	2001/05/01

表 3.2.2—4 各水文站吊箱副缆基本情况统计表

序号	站名	跨度（米）	副缆直径（毫米）	支架类型	支架高度（米）		锚碇类型		建设时间（年/月/日）
					左岸	右岸	左岸	右岸	
1	吴堡	437	22	砼	20.5	18.5	预埋锚桩	预埋锚桩	2019/05/20
2	河曲	580	24	钢支架	无	16.0	砼重力锚	砼重力锚	1999/04/01
3	府谷	535	24	钢支架	12.0	无	砼重力锚	圆钢锚桩	1999/05/01
4	皇甫	254	24	钢支架	5.0	4.0	砼重力锚	砼重力锚	1999/05/01
5	旧县	70	14	钢支架	1.5	无	砼重力锚	圆钢锚桩	2008/03/01
6	高石崖	150	20	钢支架	7.0	7.0	砼重力锚	砼重力锚	2008/05/01
7	新庙	170	14	钢支架	无	无	砼重力锚	砼重力锚	2007/05/01
8	王道恒塔	304	16	钢支架	10.0	10.0	砼重力锚	砼重力锚	2004/04/12
9	温家川	270	22	钢支架	5.0	10.0	砼重力锚	砼重力锚	2004/04/01
10	高家堡	280	14	钢支架	12.0	石墩	砼重力锚	砼重力锚	1999/04/01
11	高家川	160	16	—	直接锚	直接锚	砼重力锚	砼重力锚	2000/05/01
12	申家湾	140	14	—	直接锚	直接锚	砼重力锚	砼重力锚	2000/06/01
13	横山	78	14	钢支架	直接锚	2.0	砼重力锚	无边跨	2008/11/01
14	殿市	48	14	石墩	3.0（石墩）	3.0（石墩）	无	无	2015/05/01
15	马湖峪	128	16	钢支架	9.0	5.0	砼重力锚	砼重力锚	2009/05/01
16	丁家沟	180	18.5	钢支架	8.0	8.8	砼重力锚	砼重力锚	2008/04/01
17	青阳岔	100	14	钢支架	5.4	5.4	砼重力锚	砼重力锚	2010/01/01
18	李家河	124	14	钢支架	1.0	3.0	砼重力锚	砼重力锚	2009/05/01
19	曹坪	120	14	钢支架	无	3.4	圆钢锚桩	砼重力锚	2009/06/01
20	白家川	192	16	钢支架	0.8	8.0	砼重力锚	砼重力锚	1999/06/03
21	子长	102	16	钢支架	4.0	1.8	砼重力锚	砼重力锚	2000/06/01
22	延川	106	16	—	无	无	圆钢锚桩	圆钢锚桩	2004/05/01
23	延安	220	16	钢支架	3.0	7.0	砼重力锚	砼重力锚	2000/06/01
24	甘谷驿	201	14	钢支架	6.0	10.0	砼重力锚	砼重力锚	2004/04/10
25	新市河	70	14	钢支架	4.0	无	砼重力锚	圆钢锚桩	2011/06/15
26	大村	84	12	—	直接锚	直接锚	砼重力锚	砼重力锚	2008/11/11

序号	站　名	跨度（米）	副缆直径（毫米）	支架类型	支架高度（米）		锚碇类型		建设时间（年/月/日）
					左岸	右岸	左岸	右岸	
27	兴　县	75	14	—	直接锚	2.0砼墩	砼重力锚	砼重力锚	2011/06/01
28	杨家坡	99	14	—	直接锚	无	砼重力锚	圆钢锚桩	2008/09/01
29	林家坪	170	14	—	砼墩	无	砼重力锚	砼重力锚	2009/04/01
30	后大成	164	16	钢支架	直接锚	5.0	圆钢锚桩	砼重力锚	2000/04/01
31	裴　沟	120	14	—	直接锚	直接锚	圆钢锚桩	砼重力锚	2011/06/01
32	大　宁	109	14	钢支架	5.2（石墩）	3.0	砼重力锚	无边跨	2008/01/01
33	吉　县	55	12	钢支架	3.0	3.0	无边跨	无边跨	2001/05/01

（三）铅鱼缆道

铅鱼缆道一般由主索（承载索、塔架、基础和锚碇等）、工作索（循环索、起重索、拉偏索）、滑轮、驱动控制系统、信号传输系统、缆道操作房、副索（承载索、塔架、基础和锚碇等）、拉偏行车、运载行车、水文铅鱼和防雷系统等组成。

1954年，吴堡水文分站在三川河贺水水文站建成黄委系统第一条简易铅鱼缆道。在黄河干流和支流水流相对平稳、断面条件较好的测站，铅鱼缆道是比较理想的水文测验设施。

三川河贺水站在冬季不能行船，涉水测验又不安全。1954年冬，测站自己动手，用8号铅丝、木滑轮和绞关等建成黄河上第一条铅鱼缆道（当时称流速仪过河），成功解决了冬季测流问题。1957年8月，水文处在三川河支流小南川的陈家湾站建成跨度50米的铅鱼缆道，并获得测洪试验的成功。用铅鱼缆道测流，操作人员全部在岸上工作，与吊箱缆道测流相比，避开了水上高空作业，操作更为安全省力，仪器借助缆道移动和提放，更加轻便灵活。缺点是悬索偏角大，仪器缠草后处理困难，水深测量时铅鱼接触河底不易判断。至1960年，三川河两站的铅鱼缆道相继停用。

1972年，水电部水文局吸取水文测船翻船造成人身伤亡事故的教训，提出测验操作要做到离开水面和避免空中作业，以保证测验人员的人身安全。同时在全国部署推广铅鱼缆道测流设施，要求向操作自动化或半自动化发展，实现水文测验设施的现代化。黄委水文处根据水电部水文局的安排，部署开展铅鱼缆道的建设。

1973年，吴堡水文站架设了铅鱼缆道，由于该站洪水期间水流很急，故配置了1000千克的铅鱼，为黄河重量最大的铅鱼。20世纪80年代至90年代，吴堡站的铅鱼缆道主要承担洪水期间的断面测量，并更换为750千克的铅鱼。由于洪水期间河水的含沙量较大，铅鱼的信号往往会出现问题，影响正常测验。

白家川水文站位于陕西省清涧县，是无定河的把口站。该站从1977年开始缆道的技术革新。当时全站有13名职工，多数是年轻人，文化程度最高的是中专生。全站职工心往一处想，劲往一处使，努力学习电子知识和缆道技术，苦干实干，工程设计、备料（锯钢材、电焊、打石子、运沙子）和施工浇铸都是自己干。1977年，该站将人力手动升降吊箱改为电动升降吊箱；1978年，将吊箱行车运行由电机直接驱动改为可控硅无极调速；1979年，将电动升降吊箱改为半自动铅鱼缆道。期间还进行了数项革新改造：将平衡升降改为滑轮组升降；自行重新设计导向门架以减少导向轮，从而减小摩擦力；改用磁抱闸和能耗闸制动装置，防止卷扬机打滑；改进铅鱼水面和河底信号装置，加重铅鱼托板，以有效减小主索的弹跳，并使水面和河底信号既灵敏又准确可靠。该站洪水期间水流很急，先期配发的120千克铅鱼浮在水面无法入水，后改用270千克铅鱼入水仍很困难。为此，该站自行设计浇铸了一个重470千克的铅鱼，该铅鱼形状细长，垂直尾翼舵高，水平尾翼窄。经实践运用，该铅鱼能较好地适应白家川水文站所在的无定河洪水期间水流急、水草多等情况。如：在含沙量900千克每立方米、流速4.47米每秒、水深4.1米的洪水中，铅鱼入水平稳，水面和河底信号准确可靠，说明更新改造后的铅鱼缆道增强了测洪的适应能力，提高了铅鱼缆道的测验精度。

2019年5月，对吴堡站的铅鱼缆道进行了改造，铅鱼重量为500千克，改造后的铅鱼缆道基本情况见表3.2.2—5。

表 3.2.2—5　吴堡站铅鱼缆道基本情况表

缆道	跨度（米）	直径（毫米）	支架类型	支架高度（米）		锚碇类型		建设时间
				左岸	右岸	左岸	右岸	
主缆	433	28	砼	24.3	25	无边跨钢筋砼挂塔		黄委大江大河水文监测系统建设（一期）
副缆	437	22	砼	20.5	18.5			

新中国成立前，多数水文站测验设施简陋，汛期洪水测验以浮标法为主，特大洪水往往用比降面积法推算洪峰流量。这两种方法都无法实测水深，对洪水流量测验的精度影响较大。吊船、吊箱和铅鱼缆道设施因地制宜地在测站普及后，为测站提高流量测验精度提供了物质条件。

（四）浮标缆道

浮标缆道一般由浮标投掷绞车、绞车基座、电力人力两用驱动装置、缆道操作房、循环索、导向滑轮、塔架（柱）和基础等组成。

1950 年，黄河上游多站开始摸索试验用浮标法施测洪水流量。通过学习、借鉴，1955 年 6 月，延川站建成能连续投放浮标的刀割式浮标投掷器（浮标缆道）；1955 年 8 月，吴堡站建成黄河上跨度最大的抽线式浮标投掷器，跨度为 610 米。

刀割式和抽线式浮标投掷器操作方便，绞车灵活省力，又能使浮标连续均匀地在断面上投放。于是，1956 年黄委要求这两种浮标投掷器由各水文总站统一加工，配发各水文站推广使用。从此，黄委所属各水文站结束了徒手和用皮筏投放浮标的历史。白家川等水文站根据测洪的需要，分别架设了中、高水两套浮标投掷设施。

刀割式浮标投掷器因绞车轮小，常因上下循环索相互缠绕致使浮标投放失败，影响洪水测验。于是，大家群策群力，又摸索出了手拍式浮标投掷法。手拍式浮标投掷法就是利用架子车轮做绞车轮，在循环索上直接挂浮标，待所挂浮标输送到预定位置时，用手拍打循环索使其弹动，从而使浮标很容易就能落入河中。

1975 年以后，大部分站的人力手动浮标投掷器逐步被电动浮标投掷器所取代。

截至 2019 年，中游局 39 个水文站中共有 27 个建设有浮标投放设施。

其中 26 个水文站为浮标投掷器；吴堡站为专用浮标投放吊箱缆道，采用吊箱投放浮标。各水文站浮标投放设施基本情况见表 3.2.2—6。

表 3.2.2—6　各水文站浮标投放设施基本情况统计表

序号	站　名	驱动类型	跨度（米）	直径（毫米）	支架类型	支架高度（米）		新建时间（年/月/日）	备　注
						左岸	右岸		
1	吴　堡	电动	650	32	山锚	—	—	1968	专用吊箱投放缆道
2	河　曲	电动	460	6.2	钢支架	—	15.0	1999/04/01	
3	府　谷	电动	540	6.2	钢支架	25.0	—	1999/05/01	
4	皇　甫	电动	245	6.2	钢支架	6.0	—	1999/05/01	
5	旧　县	电动	80	6.2	钢支架	1.2	—	2008/03/01	
6	高石崖	电动	127	6.2	钢支架	4.0	—	2008/05/01	
7	桥　头	电动	70	6.2	钢支架	1.0	—	2008/05/01	
8	新　庙	电动	160	6.2	钢支架	—	1.2	2007/05/01	
9	王道恒塔	电动	310	6.2	钢支架	10.0	—	2004/04/12	
10	温家川	电动	240	6.2	钢支架	10.0	—	2004/04/01	
11	高家堡	电动	240	6.2	钢支架	—	3.0	1999/04/01	
12	高家川	电动	125	6.2	钢支架	1.0		2000/05/01	
13	丁家沟	电动	130	6.2	钢支架	—	10.0	2008/04/01	
14	李家河	电动	100	6.2	钢支架	—	4.0	2009/05/01	
15	申家湾	—	—	—	—	—	—	—	吊箱兼浮标投放
16	曹　坪	—	—	—	—	—	—	—	吊箱兼浮标投放
17	殿　市	—	—	—	—	—	—	—	吊箱兼浮标投放
18	马湖峪	—	—	—	—	—	—	—	吊箱兼浮标投放
19	青阳岔	—	—	—	—	—	—	—	吊箱兼浮标投放
20	横　山	—	—	—	—	—	—	—	吊箱兼浮标投放
21	白家川	电动	115	6.2	钢支架	—	4.0	1999/06/03	
22	子　长	电动	95	6.2	钢支架	—	3.0	2000/06/01	
23	延　川	电动	106	6.2	钢支架	—	3.5	2004/05/01	
24	延　安	电动	220	6.2	钢支架	—	7.0	2000/06/01	
25	甘谷驿	电动	130	6.2	钢支架	—	4.0	2004/04/10	
26	临　镇	电动	110	6.2	钢支架	—	1.0	2008/10/09	

序号	站　名	驱动类型	跨度（米）	直径（毫米）	支架类型	支架高度（米）		新建时间（年/月/日）	备　注
						左岸	右岸		
27	新市河	电动	66	6.2	钢支架	—	0.6	2011/06/15	
28	大　村	电动	70	6.2	钢支架	—	3.0	2008/11/11	
29	兴　县	电动	60	6.2	钢支架	—	1.0	2011/06/01	
30	杨家坡	—	—	—	—	—	—	—	吊箱兼浮标投放
31	林家坪	电动	115	6.2	钢支架	—	3.0	2009/04/01	
32	后大成	电动	180	6.2	钢支架	3.0	—	2000/04/01	
33	裴　沟	电动	95	6.2	钢支架	1.0	—	2011/06/01	
34	大　宁	电动	120	6.2	石墩	3.0	—	2008/01/01	
35	吉　县	—	—	—	—	—	—	—	吊箱兼浮标投放
36	韩家岇	—	—	—	—	—	—	—	专用测桥
37	贾家沟	—	—	—	—	—	—	—	岸边人力投放
38	金鸡沙	—	—	—	—	—	—	—	专用测桥
39	河　口	—	—	—	—	—	—	—	专用测桥

三、单值化测流槽

中游局测区不少支流枯水季节流量很小，水流分散，水深很浅。这一类型的水文站用流速仪法测流时往往由于水深达不到规定要求，致使流速仪旋桨无法淹没到水中；用浮标（小浮标）法测流时则需要整治测流河段使之顺直且水流集中。对于这样一些小站，采用修建测流槽的办法解决测流问题比较合适。这样既可以解决流量测验困难，又可以使水位流量关系单值化，并大大减少流量测验次数。

测流槽一般建成矩形、梯形或"V"字型。测流槽建成后，槽壁设置钢质水尺，并均配置有自记水位计。

1977年，临镇站修建了测流槽，1980年后，子长、新市河、大村（1987年）和裴沟（1989年）等水文站陆续修建了测流槽（裴沟是采用断面下游附近天然河道冲刷形成的石槽），2000年韩家岇站修建了测流槽，各站测流槽运行良好。由于时间较长，测流槽局部破损，2013年对临镇站测流槽进行了翻新改建，2015年裴沟站原天然测流槽废弃，在其基本断面重新修建了测流槽，2019年对新市河站和大村站的测流槽进行了改建。

2015年，高石崖站在府谷县城孤山川河河道硬化改造时一并修建了测流槽；韩家峁站因王圪堵水库修建，迁建该站时一并修建了测流槽；横山站因横山县城修建橡胶坝影响水文站测验，在该站上游修建了测流槽；吉县站因吉县县城河道改造影响该站测验修建了测流槽。

2018年，河口和金鸡沙站新设时一并修建了测流槽。

2019年，旧县、桥头、曹坪、李家河、殿市、青阳岔、兴县和子长站修建了测流槽。

2020年，大宁站修建了测流槽。

测流槽的修建，通过束窄河道过流断面使水流运行集中、过流断面规整和无冲淤变化，从而为水位流量关系的单值化创造了条件。

截至2020年底，中游局共有19个水文站修建了测流槽。各水文站测流槽基本情况见表3.2.2—7。

表3.2.2—7　各水文站测流槽基本情况统计表

序号	站名	断面形状	尺寸（米）	过流能力（立方米每秒）	建成时间（年）	位置	备注
1	临镇	矩形	9.5×2.8×0.8	3.92	1984	基上124米	2013年改建
2	新市河	矩形	10×2.0×1.0	8.00	1984	基下320米	2019年8月改建
3	大村	矩形	15×3.5×1.0	5.40	1987	基上500米	2019年改建
4	高石崖	矩形、测桥	7.8×3.4×1.0	5.96	2015	基上175米	新建
5	韩家峁	矩形、测桥	12×8.0×1.5	25.6	2015	基	2000年基下建成，2015年迁站新建。
6	横山	矩形、测桥	12×8.0×1.5	31.5	2015	基上3400米	新建
7	裴沟	矩形	大槽:30×28×2.05 小槽:30×1.6×0.5	380, 1.35	2015	基	2019年改建
8	吉县	矩形	15×2.5×1.1	10.1	2015	基	2019年改建
9	金鸡沙	梯形+三角形、测桥	长90，底宽3.2，上宽5.2，梯形深1.24，三角形深0.51	4.00	2018	基	新建 测桥长6米，宽1.5米，下弦高程1287.55米

续　表

序号	站　名	断面形状	尺寸（米）	过流能力（立方米每秒）	建成时间（年）	位　置	备　注
10	河　口	矩形、测桥	长10，底宽11.5，上宽18.8，深3.72	60.0	2018	基	新建测桥长20米，宽1.5米，下弦高程14.44米
11	旧　县	矩形、测桥	10×3.0×1.0	10.8	2019	基上41米	新建
12	桥　头	梯形	长20，底宽1.0，上宽18，深1.0	31.2	2019	基	新建
13	曹　坪	梯形＋三角形	长15，底宽3.0，上宽3.0，梯形深0.52，三角形深0.44	5.32	2019	基上70米	新建
14	李家河	梯形＋三角形	长15，底宽3.0，上宽3.0，梯形深0.53，三角形深0.48	5.32	2019	基下120米	新建
15	殿　市	矩形	15×3.0×0.8	5.32	2019	基下60米	新建
16	青阳岔	矩形	15×3.0×0.8	5.32	2019	基	新建
17	兴　县	矩形、测桥	15×3.0×0.75	3.50	2019	基下8米	新建
18	子　长	矩形	15×3.0×0.8	0.95	2019	基上约80米	新建，暂未用。平时水浅不好测，塌坝出槽无法测
19	大　宁	矩形	20×15×1.5	47.0	2020	基	新建

第三节　水位观测

河流水位是指相对于某一基面的河流自由水面的高程，一般以米为单位。水位是反映河道水流变化的重要标志，是最基本的水文要素，也是水文站水文测验最基本的观测项目。

水位观测资料可以直接应用于河道堤防、水库、堰闸、灌溉、排涝、航道、桥梁和沿河、临河工程的规划、设计、施工和运行等过程中。水位不但是沿河城镇、村庄、工矿企业、桥梁、堤防、水库和分洪等防汛的主要依据，也是农业灌溉和工矿企业等用水单位抗旱的重要依据，同时也是推算其他水文要素的基本依据。

中游局各站各个时期的水位观测一般以直立式水尺人工观测和自记水

位计自动测记两种方式为主。

一、基本水尺断面

（一）观测设备

新中国成立以前，河流的水位观测设备主要是水尺。新中国成立后，水位观测设备有了很大的发展。有直接观测设备（各类水尺）和间接观测设备（各类自记水位计）。

1. 水尺

多数水文站的水位观测设备以直立式水尺为主，冬季发生流凌和封冻的水文站有的改用矮桩水尺。直立式水尺包括永久性水尺和临时性水尺。永久性水尺一般由砼基础、钢质（圆钢、槽钢和不锈钢等）水尺桩、水尺板构成，基础有深基和浅基两种。临时性水尺靠桩材质多为木质。水尺板大多为搪瓷材质，部分站用特制的不锈钢水尺板。

新中国成立初期到1960年，水尺板以木板为主，由水文站职工自己动手刻划，河床冲淤变化剧烈的水文站，每年要划几十支到上百支。1960年起，木质水尺板逐渐被搪瓷水尺板代替。水尺板的靠桩，1960年前都为木桩，到1960年起逐步更换为钢管、钢轨、槽钢或水泥柱。钢质水尺靠桩具有坚固耐用、阻水小和稳定等优点。

中游测区的河流在洪水期间漂浮物和水草较多。漂浮物容易撞坏水尺，水草容易缠绕水尺，影响水位观读。为此，职工们研究发明了活动式水尺。即将两块槽钢的一块牢固地浇筑在地下，另一块通过螺丝与其相连接并直立于地面之上，组成活动式水尺。平水时为一支整体直立的水尺，当洪水把上面的槽钢冲倒时，洪水过后可以扶起来继续使用。因活动式水尺的基座和河床是浇筑成一体的，所以活动式水尺的零点高程不易变动。吴堡、白家川和杨家坡等水文站推广使用了活动式水尺。

2. 自记水位计

自记水位计不但可以完整地测记河流水位的变化过程，消除人工观测的人为误差，减轻水位观测的劳动强度，而且是水位观测实现自动化的必由之路。但中游测区多数水文站，特别是支流站因河流含沙量大、河床冲淤变化剧烈、河岸不稳定、水位暴涨暴落等因素影响，使得早期浮子式自记水位计的推广使用遇到了很多问题。

1976 年，无定河白家川站利用石质河岸的有利条件，建成两级传动（岛）式自记水位计台，安装重庆水文仪器厂生产的 Sy-2 型电传（有线远传）水位计，将水位涨落转换成脉冲信号，通过电路实时传入安装在室内的自记仪上，在室内可随时观读到水位，十分方便。有两个静水井分别用两个传感器，共用一个接收器，成功地解决了河水暴涨暴落和高含沙量引起的静水井内外水位差问题。冬季结冰，浮子在静水筒内被冻结，影响自记水位计的正常使用，白家川站在浮子井筒内加机油和安装 100 瓦至 300 瓦的灯泡解决井筒被冻问题。在浮子水位计井筒上下游每隔 10 厘米错开打对流孔，孔径 10 毫米到 20 毫米，解决了水位涨落率和泥沙订正问题。

到 1994 年，超声波非接触式自记水位计在中游局测区开始推广使用，白家川站的浮子式自记水位计随之停用。新型自记水位计具有非接触式的优点，避免了浮子式水位计人工查读水位带来的误差，提高了人工观测的工作效率。

1994 年至 2009 年，中游局先后配发安装超声波非接触式自记水位计共计 33 个水文（位）站。具体如下：

1994 年，府谷站试验安装 HW-1000C 型。

1998 年，温家川站安装 HW-1000C 型；横山、殿市、马湖峪、李家河、曹坪和延安等 6 个水文站安装 HW-1000 型。

1999 年，甘谷驿站安装 HW-1000 型。

2000 年，吴堡、皇甫、高石崖、桥头、新庙、王道恒塔、高家川、林家坪等 8 个水文站安装 HW-1000C 型；旧县、申家湾、兴县、杨家坡和裴沟等 5 个水文站安装 HW-1000 型；后大成水文站安装 HW-1000UY-B 型；万镇和佳县两个水位站安装 HW-1000 型。

2001 年，河曲和丁家沟两个水文站安装 HW-1000C 型。

2002 年，白家川站安装 HW-1000 型。

2003 年，韩家峁站安装 HW-1000C 型。

2009 年，罗峪口和裴家川两个水位站安装 HW-1000UY-B 型；赵家塔水位站安装 HW-1000C 型；延水关水位站安装 HW-1000 型。

非接触式自记水位计的测量传感器及电路、软硬件均为水文局研究所自行研制。鉴于超声波在空气中传播的速度与气温有关，部分器件受气温影响明显，稳定性较差，故障率较高，影响了水位测量精度和正常运行。从 2012 年起，雷达式自记水位计逐步取代了非接触式自记水位计。

2012 年至 2019 年，陆续在河曲、府谷、吴堡、温家川等 37 个水文站以及万镇、佳县等 5 个水位站安装了 YMWG-70M（水位变幅较小的安装 YMWG-50M）型雷达式非接触式自记水位计，共计 42 台。延川站和延安站设施改造建设完成后即安装雷达式水位计（已购置）；延水关水位站雷达式水位计 2020 年完成安装。除延川和延安站外，其余中游局所属水文（位）站均已安装了雷达式自记水位计。

雷达式自记水位计的水位信息可遥测和远传，测量精度高，运行可靠。

各水文（位）站自记水位计基本情况见表 3.2.3—1。

表 3.2.3—1 各水文（位）站自记水位计基本情况表

序号	站 名	站别	水位计型号	配置年份	现状	水位计型号	配置年份	现状
1	吴 堡	水文	HW-1000C	2000	报废	YMWG-70M	2012	正常
2	河 曲	··	HW-1000C	2001	··	YMWG-70M	2012	··
3	府 谷	··	HW-1000C	1994	··	YMWG-70M	2012	··
4	皇 甫	··	HW-1000C	2000	··	YMWG-70M	2019	··
5	旧 县	··	HW-1000	2000	··	YMWG-50M	2019	··
6	高石崖	··	HW-1000C	2000	··	YMWG-70M	2017	··
7	桥 头	··	HW-1000C	2000	··	YMWG-50M	2019	··
8	新 庙	··	HW-1000C	2000	··	YMWG-70M	2019	··
9	王道恒塔	··	HW-1000C	2000	··	YMWG-70M	2019	··
10	温家川	··	HW-1000C	1998	··	YMWG-70M	2012	··
11	贾家沟	··	—	—	—	YMWG-50M	2014	··
12	高家堡	··	—	—	—	YMWG-50M	2019	··
13	高家川	··	HW-1000C	2000	报废	YMWG-70M	2012	··
14	申家湾	··	HW-1000	2000	··	YMWG-70M	2013	··
15	金鸡沙	··	—	—	—	YMWG-50M	2017	··
16	河 口	··	—	—	—	YMWG-50M	2017	··
17	丁家沟	··	HW-1000C	2001	报废	YMWG-70M	2012	··

序号	站　名	站别	水位计型号	配置年份	现状	水位计型号	配置年份	现状
18	横　山	··	HW-1000	1998	··	YMWG-50M	2014	··
19	殿　市	··	HW-1000	1998	··	YMWG-50M	2019	··
20	青阳岔	··	—	—	—	YMWG-50M	2019	··
21	韩家峁	··	HW-1000C	2003	报废	YMWG-50M	2015	··
22	李家河	··	HW-1000	1998	··	YMWG-50M	2019	··
23	曹　坪	··	HW-1000	1998	··	YMWG-50M	2019	··
24	马湖峪	··	HW-1000	1998	··	YMWG-50M	2019	··
25	罗峪口	水位	HW-1000UY-B	2009	··	YMWG-70M	2012	··
26	万　镇	··	HW-1000C	2000	··	YMWG-70M	2012	··
27	佳　县	··	HW-1000	2000	··	YMWG-70M	2012	··
28	赵家塔	··	HW-1000C	2009	··	YMWG-50M	2012	··
29	白家川	水文	HW-1000	2002	··	YMWG-70M	2012	··
30	子　长	··	—	—	—	YMWG-50M	2017	··
31	延　川	··	—	—	—	YMWG-70M		待安装
32	延　安	··	HW-1000	1998	报废	YMWG-70M		··
33	甘谷驿	··	HW-1000	1999	··	YMWG-70M	2019	正常
34	临　镇	··	—	—	—	YMWG-50M	2019	··
35	新市河	··	—	—	—	YMWG-50M	2017	··
36	大　村	··	—	—	—	YMWG-50M	2019	··
37	延水关	水位	HW-1000	2009	正常	YMWG-70M	2020	··
38	兴　县	水文	HW-1000	2000	报废	YMWG-50M	2019	··
39	杨家坡	··	HW-1000	2000	··	YMWG-50M	2019	··
40	林家坪	··	HW-1000C	2000	··	YMWG-50M	2018	··
41	后大成	··	HW-1000UY-B	2000	··	YMWG-70M	2012	··
42	裴　沟	··	HW-1000	2000	··	YMWG-50M	2017	··
43	大　宁	··	—	—	—	YMWG-70M	2018	··
44	吉　县	··	—	—	—	YMWG-50M	2015	··
45	裴家川	水位	HW-1000UY-B	2009	报废	YMWG-50M	2012	··

（二）观测要求

1. 观测时制

新中国成立前，水位观测的时制采用地方标准时。1955 年 1 月 1 日起一律采用北京时间（即东经 120°的地方标准时）。

2. 测次布置

新中国成立后，黄委在《1951 年黄河水文测验工作改进意见》中规定了汛期和非汛期水位观测次数。即：汛期每日 5 时至 20 时，水位逐时观测；当遇降水量超过 20 毫米或预计将发生洪水时，须昼夜逐时观测，并注意观测洪峰的起止时间和过程。非汛期除 1 月、2 月、12 月每日 7 时至 17 时，每 5 小时观测水位 1 次；其他各月每日 6 时至 18 时，每 2 小时观测水位 1 次，当遇涨水时，应适当增加观测次数或昼夜观测。黄委《1953 年水文测验工作的要求和规定》对水位观测测次的要求，汛期仍按 1951 年的规定执行，非汛期的测次作了适当的放宽，1 月、2 月、12 月每日 6 时至 18 时，每 6 小时观测水位 1 次，其他各月每 3 小时观测水位 1 次。若遇桃汛、凌汛或其他时间涨水时，须增加观测次数。

1955 年 1 月，黄委颁发《水文测站工作手册》，对水位测次除按测站的不同等级（重要性）有不同的要求外，对水位平稳期和洪峰涨落过程的测次有一定的灵活性。在汛期，二等四级以上测站，洪峰时水位除了昼夜逐时观测外，还要精确地观测到洪峰的转折变化过程，峰后水位平稳时，可 2 小时至 3 小时观测 1 次；二等五级和六级测站，除发生洪峰时须昼夜观测外，一般夜间不观测，5 时至 21 时逐时观测，水位平稳时可每 2 小时至 3 小时观测 1 次，洪峰过程应按 5 分钟、10 分钟、15 分钟、30 分钟各观测 1 次。非汛期 1 月、2 月、12 月每日 7 时、12 时、17 时观测水位 3 次；其他各月每日 6 时、9 时、12 时、15 时、18 时观测水位 5 次。

1956 年，全国统一的《水文测站暂行规范》颁发执行后，除了每日 8 时、20 时定时观测外，其他测次原则上以掌握水位变化过程安排观测，一般依据测站的水文特性和生产部门的需要确定测次，并在《测站任务书》中明确。

1956 年以来，水位观测测次布置和精度要求均在各站《测站任务书》中予以明确。

平水期：根据水位变化情况分别采用不同段制观测水位。施测流量、单样含沙量、输沙率、大断面时也要观测水位。

洪水期：洪峰的起涨、峰顶、峰谷及转折点须观测水位。洪峰过程观测的间隔时间、观测次数在《测站任务书》中也有明确规定。

特殊水情和专项测验任务期间：部分测站遇到测验河段出现干枯、断流、封冻、开河等特殊现象时，按《测站任务书》的要求增加观测次数。在"调水调沙""水量调度"等专项测验时，按专项工作要求观测水位。

截至 2019 年，各水文（位）站基本都已实现水位自动采集、传输、存储，实现了自动报汛、整编。为保证自记水位计测记无误，《测站任务书》要求定期用人工水尺观测水位对自记水位计进行检测。

3. 资料质量

新中国成立前，由于观测设备简陋，又缺乏自记仪器，测次安排为定时观测，有的夜间不观测。再加上有的观测人员受生活条件所迫外出兼职，有的工作态度不认真等原因，使水位资料时有缺测、漏测和伪造等现象。

新中国成立后，随着治黄事业的发展和防洪灌溉对水位资料要求的提高，并不断采取有效措施改进和充实水位观测设备与仪器，如：水尺桩由木质更换为钢管后，使水尺牢固耐用，高程稳定；配发测量精度较高、性能较好的水准仪，使水尺零点高程的测量准确可靠；自记水位计的推广使用使得完整记录水位涨落变化过程得以实施。制定和完善水位观测技术规定，使测次布置基本合理。测站一次洪峰水位的测次，多者观测 20 次至 30 次，少者也在 10 次以上。

一般平水期的水位观测根据水位变幅的大小，按照规范的要求，采用段制观测（或自记摘录）；洪水期以记录水位变化过程为原则，一般以每 6 分钟或 6 分钟的倍数观测（或自记摘录）。

截至 2019 年，水位人工观测的具体要求是：

平水期：根据水位日变幅，《测站任务书》对各站采用几段制进行了明确规定；在按照段制观测的同时，水位变化的峰、谷转折点必须观测。

洪水期：涨落缓慢的洪峰过程，每 1 小时至 2 小时观测 1 次；暴涨暴落的洪峰过程，每 6 分钟或 6 分钟的倍数观测 1 次；起涨水位与相邻前一次水位比较，水位差应小于等于 0.1 米或时差小于等于 2 小时；峰顶水位与相邻前后水位比较，水位差应小于等于 0.2 米或时差小于等于 12 分钟；洪水过程各次水位与前一相邻水位比较，水位差应小于等于 0.2 米或时差小于等于 0.5 小时；洪水过程出现持续时间较长的平头水位时，平头期间的整点应观测水位。

自记水位资料按照上述人工观测要求进行摘录。

二、比降断面

比降面积法是当常规流量测验设施设备损毁，或洪水水位超出设施设备测洪能力，无法用流速仪、浮标法等方法测流时，采用的一种根据河流水面比降及河段特性推算流量的测流方法。观测比降断面水位，一是为了推算流量；二是通过观测计算测验河段的水面比降，分析河床糙率。

比降断面的水尺一般也采用直立式木板（搪瓷）水尺。

（一）比降断面间距

新中国成立前，比降断面间距各站往往不统一，即使是同一测站，历年间距变化也很大。1956 年执行《水文测站暂行规范》后，从考虑比降水位观测的误差、河道落差、水准测量的偶然误差以及比降观测的允许误差等因素入手，综合出经验公式，以经验公式来确定比降断面的间距。

（二）比降水位观测

比降断面水位观测的测次，曾有过多次变动。新中国成立前和新中国成立初期（1953 年以前），用比降面积法作为汛期估算较大洪水流量的方法时，比降断面水位观测的次数根据测洪的需要随时进行观测。1953 年起，比降面积法不再作为测洪的方法后，比降断面水位观测规定每日 12 时观测 1 次。当发生洪水时，二等以上（包括二等）测站，在洪峰过程中 1 小时至 6 小时观测比降断面水位 1 次；三等站只在洪水出现最高水位时观测 1 次。1955 年，黄委在《水文测站工作手册》中明确规定，为研究河床特性（糙率）及泥沙运动规律，比降断面水位必须以最精密的方法观测，分别在涨、落水及各级不同水位时观测。除了每日 12 时定时观测 1 次外，在施测流量和输沙率的同时，必须观测比降断面水位。当发生洪水时，洪峰过程二等四级以上的测站，应 2 小时或 3 小时观测比降水位 1 次；二等五级、六级测站只在洪水出现最高水位时观测比降断面水位 1

次。1956 年，执行全国统一的《水位测站暂行规范》，黄委所辖测站的比降观测规定为每日 8 时和施测流量及输沙率时必须观测，其他时间可根据需要进行安排。"文化大革命"期间，各测站的比降观测项目先后停测。1980 年开始，比降水位观测陆续恢复，但开始执行新的规定。即：当流量达到和超过某个标准（各站任务书中有明确规定）时，在施测流量或输沙率时观测比降水位；采用比降面积法推算流量的水文站，按要求观测比降水位；其他时间不观测比降水位。

比降水尺零点高程记至 0.001 米。当比降水位差≥0.2 米时，水尺零点高程先四舍六入取至 0.01 米，再加水尺读数得水位；当比降水位差＜0.2米时，水尺零点高程先加水尺读数（记至 0.005 米）得水位，记至 0.001 米。

三、地下水

（一）自然状态下的观测

黄委水文系统开展自然状态下地下水水位的观测是从 1956 年开始的。当时观测的目的是为了了解河水和地下水之间的补给关系，因此只限于利用民用水井在部分水文站进行地下水位和水温观测。吴堡总站在自然状态下进行的地下水水位观测是从 1960 年开始的。

1. 观测井布置

从 1960 年起，中游局测区干流的沙窝铺、吴堡和支流的高石崖、后会村、后大成、丁家沟、靖边、青阳岔、子洲、新窑台、李家河、子长、杨家湾、招安和吉县等 15 个水文站利用民用水井开展地下水水位观测。1962 年起测井逐渐减少，1967 年以后除靖边站外全部停止观测；1977 年靖边站停止观测，至此，地下水水位观测全部停止。

2. 观测项目和测次

自然状态下的地下水水位观测由水文站兼测。观测项目主要是地下水水位，少数测井增加水温观测。观测次数多数测井为 5 日观测 1 次，少数测井每日观测 1 次。观测时间在 1963 年及其以前为每月的 5、10、15、20、25 日和月末观测共 6 次，1964 年开始为每月的 1、6、11、16、21、26 日观测共 6 次。

（二）为其他需求的观测

1. 1960 年以来，由于城市供水、工业和农田灌溉用水而大量开采地下水，破坏了地下水的自然动态平衡。为了了解地下水位的变化规律和水质状况，需要在地下水大量开采的地区开展地下水位和水质观测。

2. 随着国民经济的发展，工农业需水量、工业废水排放量、农药与化肥的残存量日益增大。为此，从全面发展的观点，要求对区域内整个水资源做出准确的评价。为满足开展水资源评价的需要，地下水的观测必须按流域系统与地表水、水质监测等进行综合考虑，配套观测。

第四节　流量测验

黄河中游地区由于洪水期间河流洪水暴涨暴落，流速和含沙量大，漂浮物多，河床冲淤变化剧烈等特点，使流量测验相比其他河流存在着很大的难度。南方河流比较成功的测深测速方法和经验，在黄河中游的河流中往往较难适应。因此，黄河中游水文职工只能引进或创造适应本地区河流的测验设备和方法。比如非接触式雷达水位计，各类浮标投放设备、夜明浮标、RG-30，电动升降吊箱，重铅鱼缆道，人工测流槽（避免冲淤变化影响）等。中游局广大职工紧跟时代步伐，为解决洪水期测验问题进行了不懈的探索和努力。

中游局测区各站流量测验常用的方法主要有：流速仪法、水面浮标法等。

一、流速仪法

（一）断面测量

中游局测区职工为了能实测到洪水期间的断面（水深）并提高其测验精度，摸索和创造了不少适合本测区河流特点的水深测量工具、仪器和方法。

1. 水深测量

（1）测深杆

用测深杆施测水深，操作方便，测量误差小，是中游局测区中小洪水测深的常用工具。新中国成立前测深杆以木质为主，杆长一般 5 米，杆上直接刻划尺度，杆的下端安装直径 20 厘米的铁圆盘。新中国成立初期，测深杆仍以木质为主。1955 年后，随着测量船的增大，测深杆的长度由 5

米逐渐增长到 8 米至 10 米。因长木杆直径较粗，达到 6 厘米至 7 厘米，入水浮力大，测量时比较费力，在较大洪水测深时操作很困难。1960 年，干流站采用直径 3 厘米的钢管做测深杆。钢管的优点是杆径细，入水阻力小，随后逐渐推广到支流测站。钢管的缺点是长度大于 10 米时，入水后在急流的冲击下易发生弯曲，影响测验精度。之后通过更换壁厚较大的铝合金管解决了易发生弯曲的问题。

1983 年，水文局组织加工了一批玻璃钢杆做测深杆。玻璃钢杆比钢管重量轻、弹性好，遇水冲击不易折断、弯曲，刻度醒目，且不易脱落。玻璃钢测深杆是一种比较实用的测深杆。

（2）测深锤

因测深杆的长度有限，在测量较大水深时用测深锤较为合适。常用的测深锤为铅铸圆筒形。测深锤的重量最轻的为 12 磅（合 5.442 千克），最重的为 15 千克。测深锤使用弹性较小的麻绳等连接，刻度一般使用红蓝或红白颜色的布条区分整米和半米位置。

新中国成立初期，测深锤仍是洪水测深的主要工具。1955 年后，随着测船的增大和吊船缆道的建设，测船上配备绞车，加大了测深锤的重量，测深锤由手动提放改为绞车提放，提高了测深精度。截至 2019 年，测深锤在测量水库水深时仍然使用，水文站已基本不用。

（3）铅鱼

1973 年，吴堡站架设铅鱼缆道，铅鱼重 1000 千克。1976 年，白家川站架设铅鱼缆道，铅鱼重 470 千克至 750 千克。重铅鱼测深能有效提高洪水测验质量。

吴堡站利用铅鱼缆道测水深的方法，是在垂直升降铅鱼的悬吊索上绑扎布条，布条间距为 0.5 米和 1 米，用不同颜色区分整米和半米。1999 年白家川站通过设施改造，在水文绞车机房内安装了水深电子测量装置，即光电旋转编码器，感应并测量带动铅鱼垂直运行的升降索的长度，然后自动换算为水深数据。

目前，各水文站测量水深的方法有测深杆测深、铅鱼测深、测深仪测深等。

2.测深垂线布置

1955 年 1 月，黄委颁发《水文测站工作手册》，对断面测量水下部分测线的布置规定如下：河宽在 50 米以下的布置 5 条至 10 条垂线；50 米至 100 米的布置 10 条至 15 条垂线；100 米至 300 米的布置 15 条至 20 条垂线；300 米至 1000 米的布置 25 条至 35 条垂线；1000 米以上的布置 35 条至 50 条垂线。同时要求测深垂线均匀布设。河岸为陡坎和水流有变化处应酌情增加测深垂线。

1956 年后，断面测量的测深垂线布置按照《水文测站暂行规范》《水文测验暂行规范》《水文测验试行规范》和《河流流量测验规范》（GB50179—2015）等执行，现行规范规定：新设水文站或增设大断面时，应在水位平稳时期沿河宽进行水深连续探测。当水面宽大于 25 米时，垂线数目不得小于 50 条；当水面宽大于或等于 25 米时，可按最小间距为 0.5 米布设测深垂线。探测的测深垂线数应能满足掌握水道断面形状的要求；测深垂线宜均匀布设，并能控制河床变化的转折点，使部分水道断面面积无大补大割的情况。当河道有明显的边滩时，主槽部分的测深垂线应较滩地密集。

3. 起点距测量

断面上某一点距离断面起点桩的水平距离称为断面上该点的起点距。断面面积通过施测垂线水深和垂线之间间距推算，垂线之间的间距一般通过测量垂线起点距推算。

测量垂线起点距的方法比较多，主要有直接量距法、断面索法、视距法、交会法、坐标测量法和卫星定位测量法等。在中游局各站使用的方法主要有直接量距法、断面索法、交会法和计数器法等。

（1）直接量距法

中游地区小河流平水期的流量很小，水面较窄，起点距通过测绳、带刻度的钢索、皮尺或水准尺等直接量距求得。使用测桥的水文站在桥面上直接量距求得起点距。平水期，直接量距法在中游局的小站上使用比较普遍。

（2）断面索法

新中国成立前，断面索一般架设在河宽 100 米至 200 米的测站，由多股铅丝合成，每隔 5 米或 10 米悬挂红、白布条（或木板条）等作为标志。用断面索测量起点距十分方便快捷。当测船或吊箱到达某一条垂线时，可以直接从断面索标志牌上标示的数值读取起点距。新中国成立后，随着物质条件的改善，20世纪60年代断面索改用5毫米至10毫米的钢丝绳，断面索架设扩大到河面宽在400米以上的测站。20世纪80年代，除干流和较大的支流水文站外，较大洪水以下的流量测验均采用断面索法测量起点距。

（3）视距法

新中国成立前，视距法是河宽大于200米的测站常用的起点距测量方法。该法在每次测量起点距时均需在断面垂线处架设仪器，很不方便。新中国成立后一般不再使用视距法。

（4）交会法

河面宽300米至500米的测站一般使用交会法。交会法主要使用经纬仪、六分仪或平板仪测角（包括辐射线法），通过三角函数计算起点距。1960年后，较大洪水以上的流量测验，干流和较大的水文站使用经纬仪，其他中小水文站一般都使用平板仪测角，并逐步发展为固定测角平台。2015年以后，各站的测角仪器逐步更换为电子经纬仪。

（5）计数器法

1980年，白家川等站铅鱼缆道开始使用计数器。1999年开始，有吊箱缆道的水文站逐步在绞车机房内安装起点距电子测量装置，即光电旋转编码器，感应并测量带动吊箱水平运行的循环索长度，进而计算出起点距。由于缆道垂度的影响，计数器换算的起点距往往有一定的误差。2010年开始，又采用具有循环索垂度矫正功能的计数器，起点距自动换算，效果较好。

（二）流速测验

流速仪法是以流速仪测定水流速度，并通过流速与断面面积来推求流量的流量测验方法。中游局各站在河流处于中低水位时普遍使用流速仪法施测流量。国际国内的技术标准都明确指出，其他流量测验新方法（新仪器）在投入使用前，都应和流速仪法进行比测，并以流速仪法测验成果为标准对其他测验成果进行分析检验。

1. 流速仪

（1）流速仪型号

新中国成立初期，流速仪为 51 型旋杯式，生产数量也不多。1952 年，黄委系统的水文站除每站一架外，对黄河干流站和支流重点站开始配发备用流速仪，供检修时调换使用。1955 年，测站全部配发了具有一定防沙功能的国产水工 55 型旋杯式流速仪。1960 年，干流义门和吴堡两站配发试用有防沙防草功能和测速范围较大的 LS25-1 型旋桨流速仪。1965 年后，各站都配发了 LS25-1 型旋桨流速仪。为了解决部分测站测量高速和低速的需要，1978 年后购置了一部分能测高速的 LS25-3 型旋桨流速仪和能测低速的 LS68-2 型（LS10 型）旋杯流速仪。到 1990 年，每站平均配发流速仪达 10 余架，干流站一般有 15 架至 20 架，支流站有 8 架至 12 架，充分满足了测洪和检修的需要。

（2）流速仪检定

新中国成立前因无流速仪检定（修）设备，测站又无备用流速仪，所以流速仪的检修和比测检定工作未能进行。新中国成立后，逐步开展了流速仪比测和检定工作。1954 年黄委规定，黄河干流龙门站以上及支流各测站，每架仪器使用 15 次至 25 次后比测一次；河宽小于 100 米，或含沙量较小的测站，可延长到 30 次至 40 次后进行比测。经比测，其平均误差超过 ±5% 时，应送有关部门检定。

到 2017 年，按照水文局的有关规定，结合中游局测区实际情况，具体规定为，干流水文站使用 40 次，温家川、高家堡、高家川、丁家沟和白家川水文站使用 60 次，其余水文站使用 80 次的流速仪应送鉴定中心检定；当洪水实测流速超出流速仪使用上限时，也应送鉴定中心检定；出厂或检定后 2 年以上的流速仪，虽未使用，但使用前应重新检定。

2001 年前，各水文站的流速仪送水文局流速仪仪检站检定，2001 年流速仪仪检站拆除后，分别送重庆华正水文仪器有限公司、西北水文仪器检测中心等具有检定资质的单位检定。

2. 测速垂线布置

新中国成立前测速垂线一般按固定间距布置。这种不考虑断面转折变化和水位高低布置测速垂线的方法对测流成果有较大影响。1952 年，随着水文测验有关技术规定的颁布，测速垂线的布置逐步趋向合理。特别是1956 年执行《水文测站暂行规范》后，测速垂线的布置发生了根本变化。一是实现了规范规定的测速垂线位置的稳定；二是能根据水流的变化随时增加或调整测速垂线的位置，使测得的各垂线流速能较好地反映断面流速变化的实际情况。断面测速垂线数根据河道断面的河宽、水深变化和不同的测流方法以及断面流速的横向分布来确定。历次规定见表3.2.4—1 至表3.2.4—4。

1975 年以来一直执行水电部颁发的《水文测验试行规范》规定的最少测速垂线数，干流站和较大的支流站一般适当增加测速垂线数。

表 3.2.4—1   1954 年测速垂线数或投放浮标数

水面宽（米）	< 100	100—300	300—500	500—1000	> 1000
垂线数（条）或浮标数（个）	5—10	10—15	15—20	20—25	25—30

表 3.2.4—2   1956 年测速垂线数

水面宽（米）	< 5	5—50	50—100	100—300	300—1000	> 1000
垂线数（条）	5	6—10	10—15	15—20	20—30	30—40

表 3.2.4—3   1960 年测速垂线数

水面宽（米）		< 5	5	50	100	300	1000	> 1000
最少垂线数（条）	窄深河道	5	6	10	12	15	20	20 以上
	宽浅河道	5	6	10	15	20	25	25 以上

表 3.2.4—4   1975 年测速垂线数

水面宽（米）		< 5	5	50	100	300	1000	> 1000
精测法最少垂线数（条）	窄深河道	5	6	10	12	15	20	15
	宽浅河道			10	15	20	25	> 25
常测法最少垂线数（条）	窄深河道	3—5	5	6	7	8	8	8
	宽浅河道			8	9	11	13	> 13

2015 年以来，在执行表 3.2.4—4 的同时，布置的垂线数还应使测速垂线间部分流量不超过断面总流量的 20%，部分水面宽不超过总水面宽的 20%，靠近水边的一条垂线到水边的水面宽不超过总水面宽的 10%，或不超过与邻近垂线水面宽的一半。

3. 流速测点布置

民国初期，测速垂线上测点的布置有的为两点法（即相对水深 0.2 米、0.8 米处），有的为一点法（即相对水深 0.6 米处）。在较大洪水无法用两点法或一点法时，用水面一点法（即水面以下 0.2 米处）。用水面一点法时乘以水面流速系数 0.9 即可得出垂线平均流速。

新中国成立初期，测速垂线上测点的布置一般仍用一点法或两点法。1955 年开始，流速测点按有关水文测验规范的要求布置，即按精、常、简等不同的测验方法布置垂线测点。平水期一般用精测法（即多点法）或常测法（即两点法：在相对水深 0.2 米、0.8 米处布点；或三点法：在相对水深 0.2 米、0.6 米、0.8 米处布点）。当洪水涨落较快时采用简测法（即一点法：在相对水深 0.6 米处布点），支流站采用水面一点法。

精测法、常测法垂线上的流速测点分别按照表 3.2.4—5 和表 3.2.4—6 布置。

1980 年，白家川站结合抢测洪峰的需要，进行单位流速法试验分析。即以某 1 条或两条垂线作为代表垂线（单位流速垂线），选取其平均流速与断面平均流速最接近的代表垂线，建立代表垂线平均流速与断面平均流速相关关系式。这样，在施测流量时只要测得代表垂线上的测速，算得其平均流速，即可通过建立的相关关系式推得断面平均流速，进而求得断面流量，大大缩短了流量测验历时。

表 3.2.4-5　精测法垂线流速测点分布表（Ls25-1 型流速仪）

水深或有效水深（米）	垂线上测点数目和位置	
	畅流期	封冻期
≥1.00	5 点（水面、0.2、0.6、0.8、河底）	6 点（水面、0.2、0.4、0.6、0.8、河底）
0.60—0.99	3 点（0.2、0.6、0.8）	3 点（0.15、0.5、0.85）
0.40—0.59	2 点（0.2、0.8）	2 点（0.2、0.8）

续　表

水深或有效水深（米）	垂线上测点数目和位置	
	畅流期	封冻期
0.20—0.39	1 点（0.6）	1 点（0.5）
0.16—0.19	1 点（0.5）	
＜0.16	改用小浮标或其他方法	
说　明	1. 测点位置的计算，畅流期用实测水深，封冻期用有效水深； 2. 封冻期 6 点法最上面一个测点，垂线上没有水浸冰层时在水面，有水浸冰层没有冰花时在冰底，有水浸冰层又有冰花时在冰花底。	

表 3.2.4-6　常测法垂线流速测点分布表

水深或有效水深（米）	垂线上测点数目和位置	
	畅流期	封冻期
≥0.60	2 点（0.2、0.8）	3 点（0.15、0.5、0.85）
0.40—0.59	2 点（0.2、0.8）	2 点（0.2、0.8）
0.20—0.39	1 点（0.6）	1 点（0.5）
0.16—0.19	1 点（0.5）	
＜0.16	改用小浮标或其他方法	
说　明	测点位置的计算，畅流期用实测水深，封冻期用有效水深。	

4. 测速历时

新中国成立前，测速历时一般为 60 秒至 100 秒。经过试验分析，黄委在《1954 年水文测验工作的要求和规定》中规定，测速历时一般在 60 秒以上，在相对水深 0.6 米以下的测点，测速历时应在 90 秒以上。1955 年 6 月以前，在试行《水文测站暂行规范》时，规定测速历时不得少于 90 秒，1955 年 7 月以后改为不少于 120 秒。1960 年执行《水文测验暂行规范》时，测速历时又改为 100 秒，特殊情况下应不少于 60 秒。1975 年执行水电部颁发的《水文测验试行规范》，又将特殊情况下的测速历时改为不少于 50 秒，在洪水暴涨暴落或水草、漂浮物、流冰严重时，测速历时可再缩短，但不应短于 20 秒，正常水流的测速历时仍为 100 秒。1993 年《河流流量测验规范》（GB50179—93）颁布以来，测速历时一般不少于 100 秒。水位变化较快时，可酌情缩短，但不应少于 60 秒。在遇到洪水期水位涨落急剧、漂浮物较多或冰期等特殊情况时，测速历时可以采用 30 秒至 60 秒。

二、水面浮标法

浮标法测流是通过测定水面或水中的人工浮标或天然漂浮物随水流运动的速度来推求流量的一种测流方法。此法在流速仪法作业有困难，或超出流速仪测速范围和条件的情况下使用。浮标法主要有水面浮标法、深水浮标法、浮杆法和小浮标法等。

中游局测区干流和支流，汛期较大洪水均为暴涨暴落，水草和漂浮物较多，用流速仪测流常因仪器缠草或被漂浮物撞坏而延误测流时机。因此，浮标法仍是中游局水文站汛期抢测较大洪峰流量的有效方法。新中国成立后，广大水文职工针对水流特性，对浮标的类型、投放的方法和设备以及浮标系数的选用等进行了大量的试验和改进，促进了浮标测流技术的发展和测验成果质量的提高。

（一）浮标类型

浮标主要分为普通浮标和夜明浮标两种。

1. 普通浮标

普通浮标所用的材料有麦秸、高粱秆和麻秆等。为使浮标保持平稳，在浮标的底盘下系砖石等重物。此种浮标经常用于风浪较小、水流平稳的时候。在水流湍急风浪较大时，用长 1.2 米左右的高粱秆扎成三角体，这种浮标不仅目标大，而且任凭狂风大浪吹打，总有一个明显的三角浮在水面上。2000 年以来，浮标的材料逐渐多样化。除上述一些材料外，还有谷草、蓖麻秆以及用木材加工的比较规范的新型三角体浮标等。

2. 夜明浮标

黄河中游地区的暴雨和洪水经常发生在夜间。在夜间用浮标法测流，投放在河中的浮标由于光线不足往往难以观测到。1953 年起，各站开始研制夜明浮标。当时多数站用棉花做成棉团，捆扎在 8 号铁丝上，测洪时蘸上煤油或植物油点燃后，插在浮标的十字形底盘上投放。这种夜明浮标燃烧时间短，同时油捻经不起风吹雨淋，火光容易熄灭。1954 年，清涧河延川站用一节电池和小灯泡焊接后，捆在浮标的顶端，组成电光夜明浮标。该浮标的优点是不怕风吹雨淋，但经不起巨浪的冲击，往往被巨浪打翻失去作用。1955 年，干流义门站将电池和灯泡焊接后装入晒干的猪膀胱内，充气密封，制成猪膀胱夜明浮标。1960 年以来，以气球和塑料袋代替猪膀胱，此类夜明浮标被广泛采用。

制作一定数量的浮标是水文站汛前准备的重要工作，洪水陡涨陡落的支流站，每年均要制作数百个浮标（包括夜明浮标），这样才能满足汛期测洪的需要。

（二）浮标投放

新中国成立前，浮标的投放主要靠徒手投掷，或利用桥梁、渡船投放。河道较宽无上述可利用条件时，用羊皮筏投放。用上述方法投放的浮标，其运行路线随水流和风向而定，浮标通过断面时很难到达预定位置，因此对测验成果质量有一定的影响。

新中国成立初期，1954 年温家川站汛期用人浮水放浮标，既无测船，又无胶裤，冬季测流创造了骑牛放浮标法。

骑牛放浮标（马倩画）

1955 年延水关站炮打浮标试制成功。之后，随着浮标投掷器的产生和普遍推广使用，以均匀浮标法为主全断面均匀投放。支流测站在抢测特殊洪水时，采用中泓浮标法只在中泓附近投放；有的利用吊箱在中断面采用半距浮标法投放半距浮标；也有的在测桥上投放浮标。

（三）浮标定位

1960 年以前，观测浮标起点距使用小平板仪定位。20 世纪 60 年代后期开始，各站陆续使用"固定平板台"，即将平板仪的平板按规定要求事前固定在木桩上（平板开始为木板，之后改为钢板、水泥板或有机玻璃板），观测浮标时，将照准仪安放在固定平板台上，就可直接交会出浮标起点距。"固定平板台"是常年设在河段上的，测洪时不再进行对点，观测浮标也比较方便。1990年开始，各站又陆续将不同角度对应的起点距直接刻划到平板台上，测洪时，当平板仪对准断面上的浮标时，可直接在平板台上读取该浮标的起点距数值。2015年开始，各站又将测角仪器更换为电子经纬仪。

（四）断面面积

新中国成立前和新中国成立初期，浮标法测流时的断面面积均采用上下浮标断面相应部分面积之平均值作为计算面积进行流量计算。1956年执行《水文测站暂行规范》后，断面面积直接采用浮标中断面的面积作为计算面积进行流量计算。有相当数量的站发生较大洪水时无法实测（或来不及实测）断面，断面往往采取借用的方法解决。即借用邻近流量测次的实测断面。因此，这样的流量测验总是因借用断面使精度受到一定的影响。为了减少误差，要求测流期间要尽可能布置一些测深垂线，以使借用断面更加接近实际断面。

（五）浮标系数

新中国成立前，因无法进行浮标系数试验，在计算流量时只能采用经验系数。如：当风向和水流方向相同而风力较大时，浮标系数采用0.8；当风向和水流方向相反而风力较大时，浮标系数采用0.9；无风或风力较小时，浮标系数采用0.85。

新中国成立后，为了准确地确定各站的水面浮标系数，从1953年起在部分测站开展了水面浮标系数的试验。

从1953年开始虽然年年要求测站进行浮标系数试验，但取得的成果不多，特别是大水、大沙条件下试验成果很少。主要原因是，多数支流站的流速仪测洪标准较低，不能满足施测大洪水的需要；在较大洪水中漂浮物和水草较多，流速仪无法施测；进行浮标系数试验需要流速仪法和浮标法测流同时进行，测站因人力不足，试验工作往往落空。水文处吸取这个教训，将过去要求每站试验改为重点站试验，并要求领导机关派人协助测站共同进行。如：1964 年，水文处和吴堡总站共同派人，由赵伯良主持在甘谷驿和丁家沟等站进行浮标系数试验，并取得了较好的成果。通过试验分别求得影响水面浮标系数 K_f 的各种因素，即水面流速系数 K_1 和断面平均空气阻力（风向风力）参数 K_v，浮标形状阻力系数 A，以及含沙量对浮标系数的影响等。将各站试验所得 K_1、K_v、A 等因素代入公式 $K_f=K_1(1+AK_v)$，可获得各站的水面浮标系数。

浮标形状阻力系数 A 的试验：据甘谷驿站用长 0.5 米的谷草扎成的十字形浮标，重 0.3 千克；另用长 0.7 米的高粱秆扎成的十字形浮标，重 0.5 千克，下系 0.4 千克的石块，总重 0.9 千克，入水深 0.15 米。两种浮标同时在平均水深为 0.59 米至 2.06 米、平均流速为 1.12 米每秒至 2.53 米每秒的条件下进行比测。用上述两种浮标测得的断面平均流速的差值小于平均流速的 1%。这一试验证实了浮标的形状对浮标系数影响很小。浮标形状阻力系数一般在 0.01 至 0.03 之间，测站使用固定的浮标形状和材料时，浮标形状阻力系数 A 可视为常数，采用 0.02。

据甘谷驿、川口、丁家沟等站的试验，浮标系数 K_f 和水面流速系数 K_1 与断面平均空气阻力参数 K_v 的相关系数分别为 0.791 和 0.632。水面流速系数 K_1、空气阻力参数 K_v 对水面浮标系数 K_f 的影响见表 3.2.4—7。据分析，水面流速系数 K_1 是影响水面浮标系数的主要因素。

表 3.2.4-7　K_1、K_v 变化对 K_f 影响的比较表

河　名	站　名	K_1 的变化影响			K_v 的变化影响		
		K_1（最大）	K_1（最小）	K_1（平均）	对 K_f 的影响（%）	K_f 变化范围	对 K_f 的影响（%）
延　水	甘谷驿	0.92	0.73	0.82	12.2	-1.14—1.96	4.3
无定河	丁家沟	0.87	0.72	0.79	10.1	-0.05—1.00	2.1
	川　口	0.88	0.77	0.82	7.2	-1.78—4.30	6.6
佳芦河	申家湾	0.87	0.61	0.74	17.6	—	—
三川河	后大成	0.85	0.68	0.76	11.1	—	—

注：1. K_1 对 K_f 的影响，系把 K_1 作为常数（用均值）可能产生的误差
　　2. K_v 对 K_f 的影响，系按 K_v=1.0 做无风处理，并当 A=0.02 时，可能产生的误差

据分析，水面流速系数 K_1 和河流含沙量的大小有关，含沙量较高的河流 K_1 为 0.813，含沙量较少的河流 K_1 为 0.893。水面流速系数因含沙量的不同最大相差可达 10% 左右。根据甘谷驿、丁家沟、川口等站的试验资料分析，经含沙量改正后的水面流速系数 K_1 和谢才系数 C 的关系如下：

K_1（甘谷驿）$=C/（C+11）$，K_1（丁家沟）$=C/（C+20）$，K_1（川口）$=C/（C+17）$。

断面平均空气阻力参数 K_v 和风速大小有关，在浮标系数试验中，由有效风速和垂线浮标流速计算而得。

三、比降面积法

比降面积法是通过观测测验河段的水位计算水面比降，施测断面求得断面面积，再借用糙率等资料，用水力学公式计算河道流量的一种比较简易的测流方法。多数水文站作为备用手段在应急监测时使用。

（一）使用情况

新中国成立前，施测大洪水洪峰流量只能靠观测水面比降和借用断面资料用水力学公式来估算流量，当时称为比降法测流。

新中国成立初期，比降法仍是施测较大洪水的主要方法之一，但在流量计算上有所简化。如断面面积以基本（测流）断面的面积代替上下比降断面的平均值，水力半径也用基本断面的平均水深代替上下比降断面的水力半径等。因比降法估算的流量误差较大，1951 年黄委在有关规定中明确取消该法作为施测洪水的常规方法，而只能当作因故造成洪水漏测的一种补救方法。如：1975 年汾川河的新市河站，1977 年延水的延安和甘谷驿站均发生特大暴雨洪水，洪峰又发生在雷雨交加的夜晚，测验设施全部被洪水冲走，只好采用比降法进行流量估算。

1990 年以来，随着测验规范的不断修订完善和设施设备的逐步更新换代，常规测验方法的测洪能力逐步提高，各站通过多年积累的糙率资料初步建立了与水位（或其他水力因素）的相关关系，比降面积法的使用条件和范围也基本趋于稳定。

（二）使用条件

测验河段基本顺直，无明显收缩或扩散，河床基本稳定，冲淤变化较小，水位等水力要素与糙率有较好的相关关系，且有 10 年以上的糙率实测资料。

（三）适用范围

比降面积法主要在洪水超出测站历史最高洪水位或超出常规测验设施测洪能力时使用，或者在需要施测较大洪水流量，却无常规流量测验设施设备的测站使用。在黄河中游地区，一般在下列情况下使用：

1. 流速仪法和水面浮标法测流设施设备毁坏或发生故障不能正常使用；

2. 发生超出测站历史最高洪水位洪水或超出常规测验设施测洪能力；

3. 漏测洪峰流量；

4. 在水文调查中需要估算河流的洪峰流量；

5. 发生地震、上游溃坝等特殊情况，只能采用比降面积法施测流量。

四、单值化测流槽

单值化测流槽主要用于小河流平水期的流量测验，需要进行一个时期的率定，待获得单值化水位流量关系或流量推算公式后，即可通过观测水位查算流量。使用期间要适当少量施测流量，以检测率定关系的稳定性。

韩家峁、横山、裴沟、吉县、高石崖和临镇 6 个水文站单值化测流槽水位流量关系均已完成率定并已批复，运行良好。大村、金鸡沙、河口、新市河、旧县、桥头、曹坪、李家河、殿市、青阳岔、兴县、子长和大宁13 个站单值化测流槽水位流量关系均在率定中。

五、新仪器新设备

（一）电波流速仪

1994 年至 1996 年先后购置 4 架 LD-15 型电波流速仪。由于性能不稳定、易发生故障，故使用率较低。其中 1 架在吴堡站应用效果较好，直至2010 年被微波流速仪取代。

（二）微波流速仪

2010 年以来，中游局先后引进了 29 台微波流速仪，配给了河曲、府谷、吴堡、温家川、白家川、丁家沟等 18 个水文站。该仪器稳定性也比较差，配给各水文的半数以上已经停用，一部分仍处在比测试验阶段，其中吴堡站 02 号微波流速仪 2018 年已批复使用，流量系数为 0.85。

（三）声学多普勒流速剖面仪

2016 年至 2018 年，中游局先后引进声学多普勒流速剖面仪 ADCP，并配发给吴堡、府谷、河曲、万家寨等水文站开展比测试验。经比测，该仪器在低水一定流量范围和一定含沙量条件下，流量测验成果和精度符合现行规范要求，已投产使用，运行情况较好。各水文站新仪器试验应用情况见表 3.2.4—8。

表 3.2.4—8　各水文站新仪器试验应用情况统计表

仪器名称	配置时间	站　名	试验情况	批复时间	现　状
ADCP	2018.05	河曲	含沙量＜5千克每立方米，流量＜2000立方米每秒时使用	2019.06	正常使用
	2017.05	府谷		2019.06	··
	2016.05	吴堡		2019.06	··
微波流速仪 YMCP-1	2010.07	吴堡	流量＜1640立方米每秒时使用，流量系数0.85	2018.04	停用
	2012.07	后大成	系数不稳定	—	··
	2012.07	温家川	··	—	··
	2012.07	丁家沟	··	—	··
	2012.07	殿市	··	—	··
	2011.06	白家川	··	—	··
	2011.06	大村	··	—	··
	2010.05	延安	··	—	··
	2011.07	延川	··	—	··
	2012.07	子长	··	—	··
	2015.07	新市河	··	—	··
	2010.07	府谷	次数未达要求	—	继续试验
	2010.07	河曲	··	—	··
	2010.07	万家寨	··	—	··
	2011.08	高石崖	··	—	··
	2011.08	新庙	··	—	··
	2010.08	王道恒塔	··	—	··
	2011.06	皇甫	··	—	··

续　表

仪器名称	配置时间	站　名	试验情况	批复时间	现　状
雷达测速仪	2019.10	吴堡	正在试验期间	—	吊箱下挂
	2019.10	府谷	..	—	..
RG-30	2019.10	高家川、丁家沟、白家川、申家湾、韩家峁、横山、青阳岔、后大成	..	—	未启用
自动蒸发站	2019.10	白家川、温家川、申家湾、大村、吉县、靖边	..	—	..
称重式雨雪量计	2019.10	吴堡、白家川、温家川、申家湾、丁家沟、靖边	..	—	..
气象六要素环境监测仪	2019.10	温家川、后大成、丁家沟	..	—	..
在线测沙仪	2019.10	吴堡、白家川、丁家沟	..	—	..
在线水温仪	2019.10	吴堡、白家川、丁家沟	..	—	..
浮子式水位计	2019.10	河曲	—	—	在建

（四）雷达测速仪

2019 年，中游局引进两台 ZW-Ⅰ雷达测速仪，配发在干流府谷和吴堡两个水文站，安装方式为吊箱下挂。目前正在试验期间。

（五）雷达在线测流系统

2019 年，中游局在高家川、丁家沟、白家川和申家湾等 8 个水文站配置安装 RG-30 雷达在线测流系统，正在进行比测试验。

六、流量施测次数

1954 年前受条件所限，水文站夜间不测流，流量测验次数较少。中游局各水文站 1960 年、1970 年、1980 年、1990 年、2000 年、2010 年、2019 年流量施测次数统计见表 3.2.4—9。从表中可以看出，1960 年流量测验次数相对较少，一般都在 90 次至 150 次之间，最少的 70 次，最多的 200 次，这与当时的测验设施设备条件较差和人员较少有关。1970 年和 1980 年，各站测验次数明显增多，一般都在 150 次至 250 次之间，最少的 91 次，最多的 336 次，这与设施设备的普遍改善和人员配备的增加有关。1990 年以来，流量测验次数明显减少，减少的原因主要是洪水发生次数显著减少。另外，测验简化分析和优化分析成果以及站队结合的实施也是测验次数减少的重要原因。到 2019 年底，除干流站和较大的支流站外，一般都在 100 次以内。

表 3.2.4-9　各站流量测次统计表

站　名	年　份						
	1960	1970	1980	1990	2000	2010	2019
河　曲	—	—	169	94	100	202	198
府　谷	—	—	182	139	96	201	236
吴　堡	97	190	221	148	107	133	114
皇　甫	142	215	198	90	38	16	37
旧　县	—	—	120	51	11	4	7
高石崖	163	123	201	91	57	65	72
桥　头	148	185	224	70	66	14	15
兴　县	88	200	189	47	32	23	55
王道恒塔	169	263	295	96	42	55	57
温家川	132	180	201	183	66	72	90
新　庙	—	250	305	95	44	38	60
贾家沟	—	—	—	—	6	6	4
高家堡	—	133	200	60	44	60	53
高家川	120	143	143	87	42	62	70
申家湾	121	167	253	61	39	46	40
杨家坡	89	291	208	50	50	44	27
林家坪	110	195	136	93	61	68	61
后大成	98	113	125	85	57	72	81
裴　沟	82	91	153	36	0	46	17
金鸡沙	—	—	—	—	—	—	14
河　口	—	—	—	—	—	—	13

站　名	年　份						
	1960	1970	1980	1990	2000	2010	2019
丁家沟	144	205	225	120	55	65	98
白家川	152（川口）	193（川口）	232	98	81	82	137
韩家峁	115	139	150	0	28	6	14
横　山	78	191	244	56	39	52	21
殿　市	132	213	216	85	47	46	77
马湖峪	—	217	182	71	42	56	47
青阳岔	—	201	202	47	23	22	69
李家河	70	198	229	66	43	71	53
曹　坪	—	91	160	71	31	44	44
子　长	98	241	251	114	66	63	99
延　川	91	275	229	0	47	65	77
大　宁	121	154	255	149	52	55	62
延　安	—	188	336	141	48	76	72
甘谷驿	200	260	156	130	69	67	92
临　镇	100	171	123	14	0	19	9
新市河	—	130	103	39	13	20	43
大　村	158	184	168	8	6	28	41
吉　县	132	128	184	63	50	46	30

第五节　泥沙测验

受气候和下垫面的共同影响，黄河中游地区水土流失严重，极易产生高含沙水流。而且河流高含沙出现的几率和程度及其普遍性堪称世界之最，每一条河流都会出现高含沙现象。这种高含沙水流给河床特别是黄河下游河床造成了较大的冲淤变化，给黄河的治理与开发带来了巨大困难。因此，黄河的治理与开发，泥沙是症结。历代黄河的水利工作者都十分重视泥沙问题。要解决黄河的泥沙问题，泥沙测验是基础。

黄河的泥沙测验分为悬移质、推移质、床沙质（20 世纪 50 年代称河床质）三种。黄河中游地区河流主要进行悬移质泥沙（含沙量）测验。

1949 年，由黄委水文科姚心域负责仿制了一架横式采样器。1952 年，开始泥沙颗粒分析工作。

通过泥沙测验和资料分析，不仅搜集了大量泥沙资料，揭示了泥沙的运行规律，同时也为黄河及其支流的治理和各类水利水电枢纽工程的规划和设计提供了可靠的资料。

一、悬移质单样含沙量

（一）采样仪器

新中国成立前，悬移质采样器有两种，一种为普通的瓶子（酒瓶），另一种为立式采样器。两种采样器的共同缺点是瓶子和圆筒内存有空气，采样时，瓶（筒）口一面进水，一面排气，使水流受到扰动而影响所取水样的代表性。

1949 年，由黄委水文科姚心域负责，试制了一架横式采样器（用拉线操作开关）。经试验发现活门有漏水等问题，随即进行了改造。1950 年 3 月改造完成后加工了 50 个，同年 6 月 1 日发往有关测站投入使用。1956 年后，各测站普遍采用由南京水工仪器厂生产的横式采样器，采样器容积一般为 1000 毫升或 2000 毫升。

1968 年，由黄河水利委员会水利科学研究所主持，研制以铯 137 为放射源、以盖革计数管等做探测器的 FH422 型 r-r 同位素含沙量计。该仪器主要由铅鱼、探头、交直流定标器三部分组成。1977 年开始，水文处又将 FH422 型 r-r 同位素含沙量计的放射源铯 137 改换为镅 241，使含沙量的测量下限由原来的 15 或 20 千克每立方米扩大到 7 千克每立方米。1976 年 FH422 型 r-r 同位素含沙量计在白家川站投入使用，1988 年因维修养护等技术问题没有解决而停用。

截至 2019 年，中游局测区各站泥沙测验取样仪器以横式采样器为主。

洪水期间取样困难或平水期间含沙量很小时，采用器皿取样。悬移质输沙率测验根据具体情况，采用选点法、垂线混合法和全断面混合法施测。

（二）取样方法

1. 垂线和测点布置

新中国成立前取样方法比较简单，在测流断面处用水桶、瓶子或立式取样器取一定数量的水样，经处理按重量百分数计算含沙量。取样方法各测站和同一测站不同年份各不相同。有的一线一点，有的一线两点，有的一线多点，有的多线多点。有的在河中取样，有的在水边取样。这一时期的含沙量测验，单样含沙量（以下简称单沙）是代表断面平均含沙量（以下简称断沙）的。因此，单沙取样垂线的测点布置是否有代表性会直接影响断沙的测验精度。

新中国成立后，黄委在《1951 年黄河水文测验工作改进意见》中规定：单沙的取样垂线在断面内应平均分布，要掌握好主流处的含沙量，并使其有代表性。要求河口镇以下各测站至少取 12 个水样（指一个单沙，当时单沙代表断沙）。后经有关测站试验分析，有的站认为，水边一线的含沙量值一般偏小，为断沙的 85%（最小的为 54%）。有的站认为，水边一线的含沙量为断沙的 58%（最小的为 31%，最大的为 92%）。试验结果引起黄委水文业务部门的重视。1953 年修改规定为：水文分站、二等站及实验站，含沙量的取样垂线必须布设 5 条至 7 条，每条垂线取三个点的水样。汛期含沙量的取样点，在断面内一般不少于 11 个至 17 个测点。1954 年又修改为：单式河床的测站，含沙量取样垂线按水面宽度均匀分布；复式河床的测站按等流量值分布。二等以上的测站取样垂线一般设 5 条至 9 条，每条垂线分别在水面、半深、河底三处取样。三等站可以在主流边或水边取一条垂线。1975 年 11 月起，中游局测区单沙取样垂线和测点布置基本稳定下来。一般为一线一点或一线垂线混合（2:1:1、1:1:1、1:1 等）；垂线位置有的在主流边，有的为固定垂线。干流站和主要支流站一般为主流边（或固定垂线）一线 0.6 一点（或垂线混合）法取样，其余支流站一般为主流边（或水边）一线 0.6 一点法取样。

1992 年 12 月 1 日起，执行《河流悬移质泥沙测验规范》（GB50159—92）。断面比较稳定和主流摆动不大的站，采用固定取样垂线位置；断面不稳定且主流摆动的一类、二类站，根据测站条件，按全断面混合法的规定，布设3—5条取样垂线，进行单样含沙量测验。

截至2019年，泥沙一类站吴堡和白家川站用"固定一线两点混合法"取样，即0.2、0.8两点等容积取样，混合后作为单沙水样；河曲、府谷、温家川、高家堡、丁家沟、甘谷驿和后大成站采用"主流边一线0.6一点法"取样；其余站在主流边或水边一线0.6一点法取样。

2.测次布置和取样时间

新中国成立前，含沙量的测次较少，一般日测1次；部分站有时日测2次。非汛期多数站隔2日至4日取样1次。取样时间为日测1次者，一般在11时至14时取样，日测2次者在9时和18时左右取样。

新中国成立初期，黄委规定含沙量测次：汛期每日9时、18时各取1次，非汛期每日12时取1次。当含沙量小于0.05%时（重量百分比），允许三日取样1次。1956年后，随着不同规定的陆续颁布，测次布置和取样时间也逐步走向规范化。一般平水期以段制观测为主，根据水位和含沙量日变幅调整观测段制；洪水期以记录沙峰过程为主，峰顶附近和转折变化处增加测次。

（三）单沙

治理黄河的关键问题之一是处理好泥沙问题。为此需要了解和掌握黄河泥沙的来源和运行规律。而测站已开展的普通含沙量测验，由于测次、测线及测点的不足等问题，不能满足治黄需要。于是从1950年8月起，除了继续进行普通含沙量测验外，部分站增加洪水前后的含沙量测验，目的是掌握洪水与含沙量的关系及变化过程。1952年，洪峰前后的含沙量测验取样垂线由水边改为主流边（经试验主流边垂线含沙量近似断沙），同时将这种取样方法扩大到全部水文站。1955年，规定取样的次数每1小时至3小时1次；当洪水涨落较快时，每半小时取样1次。

1956年，执行《水文测站暂行规范》后，断沙平均含沙量的取样由单沙代替。同年，含沙量的计算及单位由重量百分数改为千克每立方米或克每立方米。为了准确地推求断沙，单沙的取样垂线是由输沙率测验中挑选垂线含沙量和断沙相接近的一条或几条垂线作为单沙的取样测线。取样垂线确定后在一般情况下固定不变。

中游局测区各支流站，洪水期由于水流较急，断面内的泥沙得到充分混合，经 20 世纪 60 年代初多线多点取沙试验，含沙量的横向分布比较均匀，这类站的单沙取样垂线从 20 世纪 60 年代中期开始采取主流边一线法。

单沙的取样垂线为一条垂线时，用 2:1:1 定比混合法；干流站和较大的支流站用多条垂线时，取 0.6 或 0.5 水深处一点，用多线混合法。

1956 年执行《水文测站暂行规范》后，单沙的测次要做到准确地记录含沙量的变化过程和推求断沙。不同测站和同一测站的不同时期，含沙量的测次不同。如：支流站，平水期含沙量很小，可 5 日至 10 日取样 1 次，或停测（达到规定标准）；汛期当沙峰涨落较快时，一般每 0.5 小时至 1 小时取样 1 次。

20 世纪 50 年代后期起，多数测站含沙量测次分布都比较合理。一般站发生洪水时，每日含沙量的测次一般在 10 次以上，一次沙峰过程的取样一般在 30 次至 40 次。测次的增加较好地记录了含沙量的变化过程。

据实测资料统计，中游局测区干流和支流悬移质泥沙实测最大含沙量为窟野河温家川站的 1700 千克每立方米（1958 年 7 月 10 日）；位列第二的是窟野河王道恒塔站的 1640 千克每立方米（1959 年）。

实测最大含沙量大于 1000 千克每立方米的站有 28 个。见表 3.2.5—1。

表 3.2.5—1 实测最大含沙量大于 1000 千克每立方米的站统计表

序号	河名	站名	含沙量（千克每立方米）	发生年份	序号	河名	站名	含沙量（千克每立方米）	发生年份
1	窟野河	温家川	1700	1958	15	朱家川	后会村（桥头）	1260	1964
2	窟野河	王道恒塔	1640	1959	16	大理河	青阳岔	1260	1968
3	皇甫川	皇甫	1570	1974	17	黑木头川	殿市	1230	1962
4	芦河	靖边	1540	1969	18	岔巴沟	曹坪	1220	1963
5	佳芦河	申家湾	1480	1963	19	延水	甘谷驿	1200	1963
6	无定河	丁家沟	1470	1966	20	清涧河	延川	1150	1964
7	秃尾河	高家川	1440	1971	21	小理河	李家河	1140	1966
8	县川河	旧县	1430	1977	22	清水川	清水	1120	1982

续　表

序号	河　名	站　名	含沙量（千克每立方米）	发生年份	序号	河　名	站　名	含沙量（千克每立方米）	发生年份
9	秃尾河	高家堡	1430	1981	23	清涧河	子　长	1120	1963
10	特牛川	新　庙	1410	1976	24	黄　河	府　谷	1110	1973
11	芦　河	横　山	1370	1964	25	蔚汾河	碧　村（兴县）	1110	1967
12	孤山川河	高石崖	1300	1976	26	马湖峪河	马湖峪	1100	1971
13	延　水	延　安	1300	1963	27	清凉寺沟	杨家坡	1050	1968
14	无定河	白家川	1290	2001	28	湫水河	林家坪	1010	1992

注：统计至 2019 年。

截至 2019 年，除靖边、金鸡沙和河口三个站以外，其余 36 个站均进行含沙量测验。

（四）水样处理

新中国成立前含沙量的处理以烘干法为主，烘干法用的滤纸是透水性较好的纸。滤得之泥沙连纸在日光中曝晒，或在炉旁烘烤。晒（烘）干后的泥沙，用秤或戥子称重。新中国成立后，水样处理设备不断得到改进。如：滤纸 1951 年用的是白麻纸和漳纸，以后改用专用滤纸。在沙样烘干方面，为了防止沙样在日光曝晒和炉旁烘烤时落入飞沙或尘土，制作了玻璃罩。1955 年制造了简易烘箱，一般由白铁皮做成，热源为煤，温度一般能保持在 100℃ 至 110℃ 之间，维持的时间可达 5 小时。简易烘箱因制作比较简单，使用方便，被广大测站采用。泥沙颗粒分析室一般配备电烘箱。

1955 年 1 月，黄委在《水文测站工作手册》中确定将置换法作为水样处理的一种方法进行试用，并规定称清水和浑水时，须用同一杆公分秤。1956 年执行《水文测站暂行规范》时，置换法正式作为水样处理的方法之一，和烘干法并用。因置换法处理水样有很多优点，可以减少水样处理程序，节约时间，在较短的时间就可求得含沙量。到 1956 年置换法就逐步代替了烘干法。

水样处理中的称重设备：新中国成立前有木杆秤（单位为公分故又称公分秤）和戥子，并沿用到 20 世纪 50 年代初期。为了满足黄河高含沙量水样称重的需要，1956年黄委在上海统一加工了一批称重3千克、感量为1/100克的专用天平配发各测站使用。1965年又专门生产了一批称重2千克的天平。1980年再次在上海购置称重2千克、感量1/100克的天平120台。到1987年，中游局有37个站配备了不同感量和称重的天平。1997年开始，各站陆续配备了不同感量的电子天平。PB3002型、PB2002型和ME2002型电子天平感量为1/100，ML503T型和ME1002型电子天平感量为1/1000。每年汛前要将所用电子天平送当地计量检定中心检定，检定合格并出具检定结果证明后方可使用。更换为电子天平后，泥沙称量的精度和速度均得到了提高。截至2019年，有泥沙测验的各测站均配发有电子天平；泥沙处理的方法以置换法为主，含沙量很小时采用烘干法；各站每年汛前按规定对比重瓶进行检定，使用期间按规定进行检查。

（五）单沙施测次数

中游局各站1960年、1970年、1980年、1990年、2000年、2010年、2019年单沙施测次数情况见表3.2.5—2。

表3.2.5—2 各站单沙施测次数统计表

站名	年份						
	1960	1970	1980	1990	2000	2010	2019
河曲	—	—	714	669	195	96	334
府谷	597（义门）	615（义门）	887	1011	554	104	330
吴堡	588	843	1109	844	902	825	633
皇甫	724	441	901	938	158	55	138
旧县	—	—	309	341	70	19	25
高石崖	764	212	254	377	206	49	152
桥头	601（后会村）	435（后会村）	418（下流碛）	521	21	68	92
兴县	418（碧村）	398（碧村）	438	136	122	13	43
王道恒塔	539	533	952	474	263	49	34
温家川	855	736	989	881	303	94	203
新庙	—	459	1213	502	192	4	66
贾家沟	—	—	0	0	7	0	7

站 名	年 份						
	1960	1970	1980	1990	2000	2010	2019
高家堡	—	300	919	229	199	184	171
高家川	582	631	1327	450	240	263	337
申家湾	738	381	599	302	119	30	124
杨家坡	549	486	274	183	174	58	46
林家坪	577	409	386	358	215	117	189
后大成	304	373	390	363	249	100	339
裴 沟	—	265	516	395	149	53	113
丁家沟	861	973	1029	672	309	121	461
白家川	1040（川口）	1110（川口）	431	840	584	242	240
韩家峁	613	803	810	206	52	55	211
横 山	603	750	1091	425	263	163	223
殿 市	642	311	409	244	115	8	108
马湖峪	174（1961）	416	397	249	124	79	70
青阳岔	610	577	713	375	213	307	107
李家河	528	437	485	321	114	165	107
曹 坪	453	295	504	189	36	29	43
子 长	506	360	570	410	259	130	168
延 川	529	564	481	767	330	218	270
大 宁	520	366	349	555	239	61	127
延 安	—	321	702	668	243	219	120
甘谷驿	702	435	480	761	308	194	245
临 镇	371	101	200	332	68	51	0
新市河	—	193	190	340	202	90	57
大 村	391	232	228	205	68	48	45
吉 县	475	255	260	236	168	13	40

1985 年，单沙施测次数较多，全年测次有很多站都超过了 1000 次。如：干流河曲站为 1080 次，吴堡站为 1703 次；支流皇甫站为 1125 次，

温家川站为 1187 次，高家川站为 1528 次，白家川站为 1498 次，甘谷驿站为 1042 次。1990 年以来含沙量测验次数显著减少。减少的原因主要是洪水发生次数明显减少。干流河曲站上游修建水库后，一年除了拉沙的十多天外，其余几乎全是清水；特别是支流站洪水越来越少，越来越小。因此，各站测验次数相应减少。另外，测验简化分析、优化分析成果和站队结合的实施，也是测验次数明显减少的重要原因。到 2019 年，除干流站和较大的支流站外，一般测次都在 200 次以内，不少站在 100 次以内。

二、悬移质输沙率

（一）精密泥沙测验

1950 年，黄河水文系统除了进行含沙量的变化过程测验外，还在洪水的涨落过程中进行断面含沙量纵（垂线）横（向）分布的测验（即精密泥沙测验），目的是了解含沙量与流速的关系，以及断面含沙量和粒径的分布状况与河床组成等。测验的项目有：每个断面内布设 5 条垂线，每条垂线上取 3 个水样与床沙质（以便绘制断面含沙量等值线）；在每个取样点上同时测流速（以便绘制断面流速等值线），并观测水面比降和计算断面流量等。1953 年，将精密泥沙测验的施测时间改为选择各站水流比较稳定（各项水文泥沙因素变化不大时）的涨水、落水和平水三个时段。汛期每月测 1 至 3 次，非汛期每月 1 次。测验的项目和 1950 年相同（此时的精密泥沙测验实为悬移质输沙率测验）。1954 年，对精密泥沙测验的测线和测点又做了新的规定：取样测线在断面内要均匀布设 7 至 10 条，含沙量在断面横向分布有明显转折处要增加测线；垂线上的测点水深小于 1 米时，只在 0.6 米水深处取一点；水深在 1 米至 2 米时，应分别在水面、半深和河底三处取样；水深超过 2 米时，需在水面和相对水深的 0.2 米、0.6 米、0.8 米、0.9 米及河底取 6 个水样。1956 年执行《水文测站暂行规范》后，精密泥沙测验被悬移质输沙率测验代替。

通过精密泥沙测验，揭示了黄河泥沙的运行规律，如：悬移质含沙量在垂线上的分布是由水面向下逐渐加大，在相对水深 0.5 米至 0.6 米处的含沙量接近垂线平均含沙量。据 1951 年各测站精密泥沙测验资料分析统计，主流一线的含沙量和断面平均含沙量相比偏小仅为 2%。含沙量的季节变化一般是汛期的 7 月和 8 月含沙量最大，其他时期含沙量相对较小。含沙量的大小和流量变化一致，洪水流量愈大其相应的关系愈好。含沙量的沙峰出现时间多在洪峰之后，仅少数站沙峰与洪峰同时出现。精密泥沙测验不仅为治理黄河提供了可靠的资料依据，同时也为制定黄河水文测验技术规定提供了依据。

（二）输沙率测次布置

悬移质输沙率的测验次数，以能满足建立单沙和断沙的关系，由单沙准确地推求河流全年的输沙量为原则。1956 年规定：在畅流期每 15 天至 30 天测 1 次。汛期洪水过程测 2 至 5 次，其中洪峰段 1 至 2 次，落水段 1 至 3 次。稳定封冻期 1—2 个月测 1 次。1960 年后对输沙率测次做了调整，单沙与断沙的关系不甚良好的站，每年输沙率测次为 30 至 40 次；关系良好的站，测次可减为 20 至 30 次；历年单沙和断沙关系一致的站，输沙率测次可控制在 12 至 15 次之间。1975 年，《水文测验试行规范》对输沙率的测次又做了调整，如：单沙和断沙关系较差，若有 75% 以上的测点偏离平均关系线的幅度在 ±15% 时，每年测 20 至 30 次。但实际上有些测站单沙和断沙关系较差，为了准确推求出全年输沙量，输沙率的测次远远超过规定的次数。

截至 2019 年，各施测输沙率的测站年输沙率测次一般为 12 至 15 次。

（三）取样垂线和方法

输沙率的取样垂线，1956 年，按测速垂线进行布置（测沙垂线数和测速垂线数相等），确立了单沙与断沙的关系后，要视其关系的好坏对垂线做适当的调整。1960 年以后输沙率取样垂线数改为流量测速垂线数的一半，取样方法，干流测站采用 2:1:1 定比混合法、积点（选点）法、全断面混合法 3 种。一般以定比混合法为主。当沙峰涨落较快时改用全断面混合法。

截至 2019 年，中游局测区悬移质输沙率的测验方法有选点法、垂线混合法和全断面混合法 3 种，均采用吊箱施测。

（四）输沙率的停测和间测

1965 年，多数支流测站都已积累了 10 多年的资料。经分析发现多数支流测站在洪水时因水流较快，悬移质泥沙在断面内混合比较均匀，测得的单沙和断沙的关系多数站呈 45 度线。而在非汛期，河道的水量主要为地下水补给，因此，流域坡面上的泥沙很少进入河道，河水清澈，含沙量接近于零。针对这个实际情况，1966 年水文处根据全国第一批水文规范改革精神制定了《关于泥沙测验的改革意见》。其中对输沙率测验的改革规定：实测输沙率的含沙量变幅占历年（包括丰、枯水）沙量的 70% 以上，水位变幅占历年水位的 80% 以上，且历年的单沙和断沙的关系线是单一线，各年的关系与历年综合的关系线最大误差小于 3% 至 5% 时，可实行输沙率的间测或停测。根据这个规定，支流除重要把口站外，多数站可停测输沙率。1968 年，停测输沙率的站有皇甫、高石崖、王道恒塔、新庙、高家堡、韩家峁、靖边、横山、殿市、马湖峪、青阳岔、李家河、川口、子长、延川、延安、阎家滩、临镇、新市河、大村、后会村、裴家川、碧村、杨家坡、林家坪、后大成、圪洞、裴沟、大宁和吉县等 30 个站，占测区站总数（38 个站）的 78.9%。

经优化分析，高家川站从 2012 年起输沙率实行间测，即每 5 年停测 4 年、检测 1 年。

截至 2019 年，中游局测区施测悬移质输沙率的有河曲、府谷、吴堡、高家川、温家川、丁家沟、白家川和甘谷驿共 8 个站。

（五）输沙率施测次数

中游局各站施测输沙率测次情况见表 3.2.5—3。

表 3.2.5—3　各站施测输沙率测次统计表

年份	施测次数（次）							
	河曲	府谷	吴堡	温家川	高家川	丁家沟	白家川	甘谷驿
1960	—	—	37	28	30	30	25（川口）	11
1970	—	—	20	14	20	16	—	10
1980	17	17	23	19	19	16	27	10
1990	12	14	12	17	10	10	7	9
2000	6	15	15	0	10	10	7	12
2010	12	10	11	9	9	8	5	9
2019	10	15	15	8	8	11	12	9

从表中可以看出，1960 年输沙率测验次数相对较多，平均每站为 27.2 次，最少的 11 次，最多的 37 次，这与当时为了充分积累资料，深入探索各站单沙与断沙关系有关。1970 年和 1980 年各站测验次数基本趋于合理，平均每站分别为 16 次和 18.5 次，最少的 10 次，最多的 23 次，这与当时执行新的测验规范，测次以满足确定年度单沙与断沙关系有关。1990 年以来，输沙率测验次数逐渐减少，1990 年平均每站为 11.4 次，最少的 7 次，最多的 17 次；2000 年平均每站为 10.7 次，最少的 6 次，最多的 15 次；2010 年平均每站为 9.1 次，最少的 5 次，最多的 12 次；2019 年平均每站为 11 次，最少的 8 次，最多的 15 次。

三、推移质和床沙质

（一）推移质

1. 推移质采样器

中游测区推移质的组成在干流以粗颗粒泥沙为主。1954 年黄委泥沙研究所仿制苏联波里亚柯夫式推移质采样器开展试验。在试验中，当河底流速超过 2 米每秒时，仪器出现摆动并远离垂线位置，同时仪器的绞链也容易损坏。1955 年，黄委测验处水文科选用苏联顿式推移质采样器为基型，根据黄河的特点，对其结构和尺寸做了较大的改动，于 1956 年制成"黄河 56 型推移质采样器"。该仪器的集沙槽长度（包括前嘴）为 100 厘米，前嘴跳板的坡度为 0.4/14，集沙屏向后倾斜 45 度，屏与屏之间等距为 2 厘米，集沙槽盖为能拆卸的敞口箱形外壳。集沙槽装在底盘上，底盘下有重铅板。仪器进、出口面积均为 225 平方厘米，仪器的后部有两个舵。仪器的总重为 54 千克。同年在黄委泥沙研究所的玻璃水槽内对仪器进口水流是否畅顺，以及仪器对水流扰动的影响等问题进行试验。同时在水文站测验河段内分两岸进行不同底速、取样历时和仪器性能及操作方法等野外试验。通过试验认为："黄河 56 型推移质采样器"的结构设计合理，仪器对水流无扰动影响，取样效率为 85%，优于苏联顿式采样器（顿式采样器的取样效率为 60%）。在取样的代表性方面，所取沙样的颗粒组成和床沙质颗粒的组成非常接近。只有对不同流速的取样历时试验没有得出满意的结果。取样历时一般掌握在 360 秒至 660 秒之间。通过上述试验完成仪器定型制造，于 1957 年在有关水文站试用。"黄河 56 型推移质采样器"经过两年的试用后，1959 年又做了改进，进口面积由原来的 225 平方厘米改为 100 平方厘米，出口面积不变。这一改进使水流进入仪器后流速逐渐减小，有利于沙子的沉淀。另外在仪器前口的跳板前加了一块橡皮板，以提高仪器和河床的吻合程度，有利于沙子进入仪器内。在仪器的尾部，将原来的单竖尾改为双竖尾并增加水平翼，使仪器入水和出水时较为平稳。改进后的仪器定名为"黄河 59 型推移质采样器"。黄河"56 型"和"59 型"推移质采样器不适宜在卵石河床上使用。

2. 推移质输沙率

黄河 56 型推移质采样器研制成功后，1957 年在黄河中下游测站进行试用。1958 年开展推移质测验的站是支流无定河的川口站，1959 年干流吴堡站也开展推移质测验。

1966 年 8 月黄委下文暂停推移质测验，至此黄委有关推移质采样器的研究和测验工作全部停止。

（二）床沙质

1. 床沙质采样器

1950 年 8 月，黄河水文系统开展悬移质精密泥沙测验时，要求各取样垂线必须同时采取床沙质沙样。在当时，因没有采样器，只能人工潜入河底挖取沙样。这个办法很不安全，同时也只能在水深小于 2 米和流速小于 2 米每秒的条件下取样，超过此标准的垂线取样就十分困难。为了解决床沙质采样问题，各站先后发明了各种类型的床沙质采样器，据统计有十余种之多。根据适用的条件大致分为两类：一类是适用于水深小于 4 米，流速在 2 米每秒以下，使用测杆操作的采样器；另一类是适用于水深和流速较大的情况下使用悬索的采样器。用测杆操作的采样器又分为适用于沙质河床（如：钻杆式和锥式）和卵石河床（如：锹式、嵌式）两种采样器。1951 年后，黄河上的床沙质采样器以采取沙质和满足一般水深与流速条件取样的仪器为主，适用于卵石河床和深水流急的仪器较少。

1957 年，水文处对黄河上创制的各类床沙质采样器的使用条件和优缺点进行了全面总结和比较。认为蚌式 N 型和钳式仪器能在深水和流速大的沙质硬底河床上采样，取样动作可靠，沙样无漏失现象，资料代表性高，稳定性好。而横管式仪器构造简单，操作方便，采取沙样有一定的代表性，可在水深小于 3 米的条件下使用。

经试验资料分析，在离床面下 5 厘米范围内，床沙质粒径变化较为显著，在此层以下则变化甚小。因此床沙质的采样深度不宜大于 5 厘米，过深则不仅会造成采样困难，还会使床沙质的粒径平均化，不能充分反映与水力泥沙因素密切相关的那部分床沙的组成。所以蚌式 N 型和钳式采样器的采样深度分别按 4 厘米和 3 厘米进行设计。

2. 床沙质测验

黄河水文系统全面开展床沙质测验主要是在 20 世纪 50 年代初期。20 世纪 50 年代中后期，先后在干流吴堡站和支流绥德、川口、甘谷驿等站开始进行床沙质测验。从所取床沙质的粒径来看，干流粒径小，支流粒径大。到 1961 年，中游局测区的床沙质测验先后停止。

四、泥沙颗粒级配

泥沙颗粒级配分析（简称颗分）指测定泥沙样品的沙粒粒径和各粒径组的沙量占样品总量的百分比。泥沙颗粒级配样品的采集按照国家标准《河流悬移质泥沙测验规范》和《测站任务书》的要求进行。

黄河上最早进行泥沙颗分的沙样是床沙质沙样，是 1932 年在德国汉诺佛水工试验所进行分析的。新中国成立后，1950 年 9 月在黄委泥沙研究所开展了泥沙颗分，当时设备简陋，只有一支比重计和一套 100 号规格的标准分析筛，技术力量也很薄弱。1952 年，黄委举办了颗分培训班，当年就有 13 个站开展了颗分工作。

（一）颗分站网

1950 年 9 月，黄委结合精密泥沙测验，在一些站开展悬移质和床沙质颗分工作。当时的颗分工作带有试验性质，资料未刊印。

1952 年，颗分工作开始在中游局测区的吴堡站进行。1954 年在支流上增加无定河绥德站；1956 年至 1960 年，在支流上增加皇甫川的皇甫、窟野河的王道恒塔和温家川、大理河的青阳岔、佳芦河的申家湾、无定河的川口、清涧河的延川和子长、延水的甘谷驿、岚漪河的裴家川、三川河的后大成、昕水河的大宁等 12 个站。

截至 2019 年，中游局测区颗分站网由河曲、府谷、吴堡、皇甫、高石崖、王道恒塔、新庙、温家川、高家川、申家湾、青阳岔、李家河、曹坪、丁家沟、白家川、子长、延川、甘谷驿、林家坪、后大成和大宁等 21 个水文站组成。从分布来看基本合理。

（二）颗粒分析室

1957 年以前，川口和温家川站设有泥沙颗分室（以下简称泥沙室），温家川站还承担神木站的颗分任务。中游局其他有颗分项目的站将输沙率单位水样寄给黄委进行颗分。1957 年 5 月，中游局成立了泥沙颗粒中心分析室，川口、后大成、甘谷驿和皇甫站开始寄送悬移质单位水样。1958 年至 1961 年，泥沙室设在绥德水土保持站，1962 年 5 月，迁回吴堡水文总站。1960 年 1 月，成立子洲径流实验站泥沙室，1970 年子洲泥沙室随子洲径流实验站撤销而撤销；1974 年撤销温家川泥沙室。1975 年 5 月，成立府谷泥沙室，1983 年 12 月府谷泥沙室撤销。此后，中游局只保留局机关一个泥沙室。

（三）颗分项目与测次

颗粒分析项目有悬移质、推移质和床沙质三种，1965 年以后颗粒分析项目只有悬移质一种。悬移质泥沙颗分中，又分单沙和输沙率两种。

悬移质泥沙颗分测次选择，单量颗分（简称单颗）枯水期每 10 天至 15 天选一个沙样分析，平水期一般每 5 天选一个沙样分析，一般洪水选 1 个至 3 个沙样，较大洪水过程选 3 个至 7 个沙样分析。

悬移质输沙率颗分的测次选择，以能满足单颗与断面平均颗粒级配（简称断颗）关系曲线的定线为原则。测次选择应主要分布于汛期较大含沙量时期。单颗与断颗关系曲线良好的测站每年分析 7 次至 10 次，单颗与断颗关系不太好的测站，每年分析 12 次至 15 次。

凡实测悬移质输沙率的站，均分析断颗及单颗两项；仅测单沙的站只送单沙水样做颗粒分析。

（四）分析方法

1.在 1950 年至 1959 年期间，泥沙颗粒大于 0.1 毫米的，用筛析法。小于 0.1

毫米的用比重计和底漏管法。1958 年，长江流域办公室（现长委）在学习苏联阿波洛夫粒径计的基础上，提出用粒径计法来分析泥沙颗粒级配。

2. 从 1960 年 8 月起，粒径计法在黄委系统各颗分室陆续推广使用。用此法分析，当时已发现泥沙颗粒呈异重沉速下沉，但未能深入研究。1965 年 4 月，水电部将粒径计颗分法列入《水文测验暂行规范》第四卷第四册《泥沙颗粒分析规范》。1975 年水电部水利司专门部署黄委水文处进行消光法泥沙颗分试验。1976 年，消光法颗分试验取得初步成果。1980 年 1 月 1 日起黄委系统的颗分室全部采用 GDY-1 型光电颗分仪进行泥沙颗分。1980 年后，黄委系统的颗分室采用的分析方法有两种，一是 GDY-1 型光电颗分仪；另一种是移液管法（又称吸管法）。1985 年，黄河水利委员会水利科学研究所用刘木林提供的粒径为参数的百分数相关法，对黄河部分测站粒径计法从 1960 年至 1979 年整 20 年的颗分资料进行了改正，并刊印成册，供生产部门使用。

3. 在 1980 年至 2004 年期间，基本使用粒径计法、消光法与筛析法相结合进行泥沙颗粒分析。较粗泥沙用筛析法，较细泥沙用消光法。消光仪的使用：1980 年至 1991 年，使用水文局、河海大学和西安工业大学联合研制的 GDY-1 型光电分析仪；1992 年至 1999 年，使用河海大学研制的 NSY-Ⅰ 和 NSY-Ⅱ 型光电分析仪；2000 年至 2004 年，使用西安工业大学研制的 DLY-95 和 DLY-95A 型光电分析仪。

4. 2004 年 6 月，黄委水文系统引进英国马尔文仪器公司生产的 MS2000MU 激光粒度分析仪 1 台，同年承担了黄河调水调沙泥沙样品现场测报分析任务。MS2000MU 激光粒度分析仪具有操作简单、分析速度快、重复性好、分析范围广等优点，能一次性完成河流沙样颗粒级配分析。2015 年 7 月，引进了第二代 MS2000MU 激光粒度分析仪，与第一代相比更加轻便好用，质量可靠，后在各泥沙室配置使用。

5. 自 1980 年以来中游局泥沙颗粒分析方法、仪器及适用范围情况见表 3.2.5—4。

表3.2.5—4　泥沙颗粒分析方法、仪器及适用范围一览表

分析方法		分析仪器	粒径范围（毫米）	颗粒级配描述
量测法	筛析法	分析筛	0.062以上	用沙量百分数来表达样品的粒度分布
沉降法	消光法	光电颗分仪	0.002—0.062	
	粒径计法	粒径计	0.062—2.0	
激光法		激光粒度仪	2×10^{-5}—2.0	用体积百分数来表达样品的粒度分布

在使用量测法和沉降法分析水样时，由于受各种分析方法适用粒径范围的限制，每个样品的颗粒分析大多需要两种方法的组合才能完成。常用的方法是：将一个样品过0.062毫米的筛，将筛上部分用粒径计或筛分法分析，筛下部分用光电颗分仪分析，然后对两种方法测得的结果进行全沙级配整合计算。

激光法测量的粒径范围为0.02微米至2000微米的颗粒直径，测试速度快、自动化程度高。

消光法分析出的成果为小于某粒径的沙重百分数，激光法分析出的成果为小于某粒径的体积百分数，两种成果自成体系。2009年4月，水文局建立了两种方法的互换关系，满足了资料成果一致性和连续性的需要。

6.从1999年1月1日起执行《河流泥沙颗粒分析规程》（SL42—92），河流泥沙颗粒分析粒径级采用Φ分级法划分。

7.水样处理一般采用置换法，含沙量较小时采用烘干法。样品的预处理按照《河流泥沙颗粒分析规程》（SL42—2010）中"试验制备"的有关要求执行。当D_{50}>15微米时，将试样瓶静置24小时，抽去上部的水，使样品呈糊状，用小钢勺搅拌均匀，缓慢注入分样漏斗；测次选择以《测站任务书》的要求为准。

（五）历年年平均中数粒径D_{50}

中游局各颗分站1970年、1980年、1990年、2000年、2010年、2019年泥沙颗粒级配年平均中数粒径D_{50}均值总体呈由粗变细趋势。年平均中数粒径D_{50}的均值1970年为0.06毫米，1980年为0.033毫米，1990年为0.032毫米，2000年为0.023毫米，2010年为0.025毫米，2019年为0.018毫米。1970年以来，测区洪水发生频次总体呈减少趋势，加上水土保持、

退耕还林的持续推进，以及各类水利工程的建设，河流的来水来沙量在明显减少。这是测区河流泥沙颗粒粒径越来越细的主要原因。

第六节　降水蒸发观测

中游局测区处于干旱、半干旱和半湿润气候区，降水量偏少且分布不均。年降水量从区域西北部的 300 毫米递增到西南部的 550 毫米。区域中北部是黄河流域的暴雨多发区和黄河洪水的主要来源区之一，同时也是干旱的易发地区。

中游测区地域广，降水分布又不均匀，因此需要设立很多雨量站方能比较准确地掌握流域内的雨情。新中国成立前的 1935 年开始设立雨量站。新中国成立后雨量站迅速发展起来，1960 年为 52 处，1970 年为 88 处，1980 年为 264 处，1990 年为 265 处，2000 年为 263 处，2010 年为 263 处，2019 年为 293 处。水面蒸发站 1960 年为 15 处，1980 年和 1990 年为 8 处，2000 年后为 7 处。

雨量站的观测设备由人工观测的雨量器发展为自记雨量计（日记型）和远传自记雨量计（电传遥测），并正向长期远传自记方向发展。

一、降水量观测

民国时期和新中国成立初期（1955 年以前），降水量的观测属于气象观测的范围。从 1956 年《水文测站暂行规范》颁发执行起，降水量、水面蒸发量的观测划入水文观测的范围。

（一）仪器设备

新中国成立前，降水量观测仪器称"雨量计"。这种"雨量计"是仿照美国气象局制造的直径为 8 英寸（20.32 厘米）的标准式雨量计，由承雨盖、量雨管、圆筒三部分组成。承雨盖口径为 8 英寸；量雨管（即储水瓶）为直径 6.43 厘米、高 50.8 厘米的圆筒，量雨管口面积是承雨盖面积的十分之一，圆筒（即雨量筒）直径亦为 20.32 厘米，高 65 厘米。观读雨量用特制的量雨尺，由长 60 厘米、宽 10 毫米、厚 4 毫米的硬木制成。将量雨尺插入量雨管内，水痕处的读数即为降雨量。1946 年，将量雨尺改为量杯，量杯上的最小读数为0.1毫米。

1950年后，雨量器的类型和新中国成立前的相似，所不同的就是雨量计的口径大小种类较多，有20.32厘米、20厘米、11.3厘米、11厘米、10厘米等。1958年雨量器的口径统一为20厘米，并定名为"标准雨量器"。

新中国成立初期，水文站使用自记雨量计的很少，1951年黄委系统只有龙门一个站使用自记雨量计。20世纪50年代中期到60年代逐步推广，主要类型为日记式，为南京水工仪器厂和上海气象仪器厂生产的虹吸式自记雨量计。因虹吸部分容易发生故障，雨量自记成果要进行改正，因此，自记雨量计的使用受到了一定的限制。之后，随着水文经费的增加和仪器质量与管理经验的提高，1965年至1977年，黄委系统自记雨量计的使用进一步发展。到1978年需要大量的自记雨量计，厂家却供不应求。为了解决仪器不足的问题，黄委开始自己动手，自力更生仿制自记雨量计。1980年自记雨量站获得较快发展。

1996年以前，中游测区降水量观测仪器主要有人工雨量筒、虹吸式自记雨量计和翻斗式自记雨量计3种。水文站以虹吸式自记雨量计或翻斗式自记雨量计为主，人工雨量筒为辅，后来虹吸式自记雨量计逐步被翻斗式自记雨量计取代；委托雨量站以人工雨量筒为主，并逐步配置翻斗式自记雨量计。1996年开始配置JDZ-1型固态存储雨量计，当年共配置20个站，分辨力为0.5毫米；1997年配置35个站，分辨力为0.5毫米；1998年配置9个站，分辨力为0.5毫米；1999年配置89个站，分辨力为0.2毫米与0.5毫米两种；2000年263个站全部配置JDZ-1型固态存储雨量计，除少数站外，分辨力均更换为0.2毫米；到2001年，全部更换为分辨力为0.2毫米的仪器。

2018年，293个站全部更换为RTU自动测报自记雨量计；从2018年开始，陆续对降水观测场进行标准化改造。

每年5月至10月采用RTU自动测报自记雨量计；1月至4月、11月至12月采用20厘米口径普通雨量筒人工观测，部分站开始试用称重式雨雪量计。

（二）器口高度

人工雨量筒和自记雨量计的器口安装高度不同。新中国成立前，规定器口高度离地面为 30 厘米。新中国成立初期器口高度不统一，多数站的器口离地面高度为 2 米，一部分新设雨量站的器口离地面高度为 70 厘米。1958 年 8 月，水电部颁发的《降水量观测暂行规范》，对黄河流域及以北地区规定：雨量器口的安装高度为 2 米，并附带防风圈，后来又统一改为 70 厘米。

1970 年后，因农村耕地紧张，有的雨量观测场地不同程度被侵占；有的在场内种植高秆作物，影响雨量观测资料的代表性和准确性。为了解决雨量站观测场的设置问题，1975 年根据水电部水利司的安排，水文站开展了地面（雨量器口高 70 厘米）和房顶降雨量的对比观测试验。当房顶风速在 3 米每秒时，降雨量平均偏小约 10%，当风速在 5 米每秒时，偏小约 20%，风速在 7.5 米每秒时，偏小约 30%。房顶风速越大，雨量值偏小越多。因此，房顶不适宜安设雨量器进行雨量观测。

截至 2019 年，各类降水观测仪器的安装高度基本都是 70 厘米，但部分委托雨量站的观测场及其仪器安装高度存在的问题仍未得到彻底解决。

（三）时制与段次

民国时期和新中国成立初期，降水量观测的时制采用地方太阳时。1956 年后改为北京标准时制。

降水量观测的段次与日分界，在新中国成立前规定每日 9 时定时观测一次，并以 9 时为降水量的日分界。遇有暴雨时应增加观测次数并记录暴雨的起迄时间。1951 年至 1956 年降水量观测段次和日分界情况见表 3.2.6—1。

表 3.2.6—1　1951 年至 1956 年降水量观测段次和日分界情况表

年	月	段次	日分界时间（时）	观测时间（时）	时制
1951	一	2	19:00	7、19	地方太阳时
1952	9	2	9:00	21、9	地方太阳时
1954	3	2	19:00	7、19	地方太阳时
1956	1	4（汛期） 2（非汛期）	8:00	14、20、2、8 20、8	北京标准时

1956 年执行《水文测站暂行规范》后，全国水文部门统一以北京标

准时 8 时为日分界时间。

（四）委托雨量站

委托雨量站即委托群众观测的雨量站。新中国成立后，雨量站的建设发展很快，黄委系统的雨量站由 1949 年的 45 个发展到 1980 年的 800 多个。如此多的雨量站全靠水文职工负责观测，队伍太过庞大。同时，雨量观测比较简单，具有初小文化程度即可胜任。因此，新中国成立以后，雨量站的观测就开始委托当地具有初小及以上文化程度的群众（农民、机关干部、教师等）观测，每月付给一定的报酬，即雨量站津贴。新中国成立初期，委托雨量站由就近的水文站分片负责技术指导和业务管理，进行资料校核、整编，每年汛前派专人到各雨量站进行检查和业务辅导，发现问题在现场进行纠正。到 1964 年成立水文中心站后，委托雨量站的管理有的就由水文中心站派专人负责。

历年来，委托雨量站的资料存在不少问题。1954 年前，岢岚站甚至没有钟表，观测时间靠估计。1970 年前，资料存在问题往往是因观测员文化程度不高、理解观测整理方法不到位引起的。

1978 年以来，随着国家经济建设的快速发展，观测员（一般为年轻人）外出打工甚至到外地定居的越来越多。有的雨量站就让他人代替观测，有的出现资料缺测、漏测，有的甚至出现伪造资料的现象。与此同时，仪器设备的故障甚至损坏也时有发生。这样就不断出现资料短缺问题。与水文站观测资料对照，多数委托雨量站年降水日数明显偏少，年降水量明显偏小。20 世纪 90 年代后期，委托雨量站开始陆续配置 JDZ-1 型固态存储自记雨量计，到 2000 年全部配置完成。加上雨量站津贴的提高，委托雨量站的资料质量才逐步得到根本改观。但 JDZ-1 型固态存储自记雨量计需要由直流电池供电，当山区出现长时间停电时，直流电池的电压就会不足，从而引起之前记录资料的全部缺失。这一问题随后通过增加配置直流电池逐步得到解决。

2018 年，中游局测区自记雨量计全部更换为 RTU 自动测报自记雨量计，由太阳能供电，各站雨量记录资料随测随发到中游局水情信息中心，委托雨量站资料方面存在的问题得到彻底解决。

二、水面蒸发量观测

（一）仪器设备

新中国成立前，采用的仪器有两种。一种为直径 80 厘米、高 20 厘米，由白铁皮制成的圆盆，称大型蒸发皿；另一种为直径 20 厘米、高 10 厘米，称小型蒸发皿。小型蒸发皿置于百叶箱内，观测蔽荫处的蒸发量。大型蒸发皿的安设，一种为在地上挖 16 厘米深的浅坑，将蒸发皿埋入土中；另一种是将蒸发皿置于地面，四周砌砖或用土围住，以减小四周对蒸发皿的影响。

新中国成立初期，仪器设备和新中国成立前基本相似。所不同的是大型蒸发皿外加有直径 100 厘米高 40 厘米的套盆，套盆中也注有水量以减小蒸发皿受外界的影响。而直径为 20 厘米的小型蒸发皿，由百叶箱内移至空旷处安在木桩上，蒸发皿器口的高度和雨量器口高度一致，为 70 厘米。为了防止鸟类站在蒸发皿边沿饮水，在蒸发皿边沿安装喇叭形铁丝栅。20 世纪 50 年代中期，学习苏联在部分试验站引进 ITN-3000 型蒸发器进行对比观测。20 世纪 60 年代由水电部水文局组织，以苏联 TTN-3000 型蒸发器为基础，吸取 80 厘米带套盆蒸发皿的优点，研制成定名为 E-601 型的蒸发器，作为全国水面蒸发观测的统一仪器。黄河水文系统从 20 世纪 60 年代初开始用 E-601 型蒸发器观测水面蒸发量，之后，E-601 型蒸发器逐渐代替了 80 厘米带套盆的蒸发皿。

E-601 蒸发器的器身大部分埋入地下，器口离地面为 7.5 厘米，因此器内水体温度接近自然水体的温度。器口的四周还设有水圈，起到了增大蒸发器器口面积的作用。经对比观测试验，E-601 型蒸发器测得的蒸发量代表性较好。

E-601 型蒸发器的器口接近地面，观测不太方便。当降水量较大时，雨水常溅入蒸发器内，使蒸发量出现负值。中游测区地处晋陕黄土高原，风沙较大，易将泥土及杂物吹进蒸发器内；夏季青蛙也经常跳入蒸发器内。这些都对蒸发量的观测值有一定的影响。1975 年对 E-601 蒸发器的埋设进行改进，提高器口距离地面的高度，由 7.5 厘米增加到 30 厘米，并将蒸发器周围用砖石等砌成墩台。经过以上改进，存在的问题基本上获得解决。

冬季（12 月至次年 3 月）气候寒冷，蒸发器（皿）易发生结冰，因此冬季大型蒸发器（皿）都停止观测，而改用口径为 20 厘米的小型蒸发皿用称重法进行观测。小型蒸发皿的蒸发量受外界因素的影响很大，观测值需经改正后才能代表蒸发量。

2018 年，白家川站安装了 CQS.FFH-2 型水面遥测蒸发器。经 2018 年汛期平行对比观测，自 2019 年 5 月 1 日起，5 月至 10 月蒸发量采用 CQS.FFH-2 型水面遥测蒸发器测记。

中游局测区各蒸发站 5 月至 10 月用 E-601 型蒸发器观测（白家川站采用 CQS.FFH-2 型水面遥测蒸发器自动测记），其他时期用 20 厘米口径蒸发皿观测。

（二）观测时制

水面蒸发量的观测时制，在新中国成立前和新中国成立初期，采用地方太阳时，1956 年改为北京标准时。蒸发量计算的日分界，在新中国成立前以 9 时为日分界，新中国成立后蒸发量的日分界与降水量相同，有 19 时和 9 时，1956 年以后改为 8 时。

第七节　冰凌水温观测

中游局测区地处黄土高原，冬季最低气温一般都在零度以下，各河流均有不同程度的冰凌现象发生。干流冰凌以天桥水库以上比较严重；支流普遍有封冻现象，流量较小的河流甚至还有连底冻现象。

中游局测区干流流经山陕峡谷，冬季冰凌现象以流凌为主，封冻只在局部河段的少数年份发生。义门一府谷一吴堡区间更是如此，历年冬季一般只发生流凌现象，极少出现封冻，部分年份也有发生特殊冰情的。如：1981 年冬至 1982 年春，河曲河段由于冰凌的大量堆积而发生严重的冰塞，使河曲县城东北约 10 千米处，素有"岛上人家"之称的娘娘滩岛被淹，两岸十几个村庄、三个厂矿也部分进水。据《河曲县志》记载该岛距今 2180 年前已有人定居，数百年来未曾有过如此严重的凌灾。该河段由北向南纬度跨越近 6°，南北河段的初冰日期相差不大，一般为 11 月下旬；

但终冰日期有一定差异，北部较晚，一般为 3 月下旬，南部较早，一般在 2 月下旬至 3 月上旬。

新中国成立前，冰凌观测项目比较少，只有结冰、流凌、封冻和解冻等。新中国成立后，因防凌的需要观测项目不断增加。如目测冰情就有 34 项之多，还有冰厚、流凌密度和冰流量的定量观测以及冰塞、冰坝等特殊冰情的观测。

1936 年黄河开展水温观测。当时因无专用水温表，常以普通气温表代替，资料不够准确。1954 年，黄河干流部分测站恢复水温观测；1956 年至 1958 年各水文站普遍开展水温观测；1968 年水温观测站大量减少；1970 年以来随着工农业建设和防凌的需要又逐步恢复观测。

一、冰凌观测

（一）仪器与测具

河道结冰后进行测验时常用的打孔工具为冰穿。1956 年前，冰穿一般由两部分组成，下部为长 40 厘米至 60 厘米、重 3 千克至 5 千克的铁锥；上部为 1 米至 1.5 米长的木杆。铁锥为三角形或方形锥体，锥尖部分非常锋利。这种冰穿的缺点是木杆在操作中容易震裂或震断，铁锥也易脱落，同时铁锥较笨重，使用起来很费力。1956 年，有的站改用直径为 3 厘米的螺纹钢，长 1.5 米，一端加工成三角或方形锥尖。此种冰穿的优点是螺纹钢直径比木杆细，手容易握紧，锥尖锋利，轻便耐用。

其他冰凌观测所用的量冰尺、冰花采样器、冰网等测具均按冰凌观测规范要求制作。

随着国家现代化建设的不断推进，主要的冰情观测仪器和测具也相应发展为铁镐、冰钎、冰笊篱、量冰尺、冰花采样器、照相机、摄像机。冰上作业安全用具主要有冰梯、冰杆及防冻、防滑、防落水等防护工具。近年来，超轻锂电池冰钻、新型可视化量冰花尺和无人机等新仪器、新设备陆续投入到冰情观测应用中。

1. 超轻锂电池冰钻

超轻锂电池冰钻具有体积小、重量轻、操作简便、钻冰速度快等特点。

超轻锂电池冰钻

2. 新型可视化量冰花尺

新型可视化量冰花尺用于观测冰下冰花。量冰花尺下放到水层，当图像中看到水层有冰花流动时，缓慢向上提测量杆，显示器中看到不流动的冰花时再观测伸缩测杆上的读数并做记录。可视化量冰花尺适用于封冻河段。

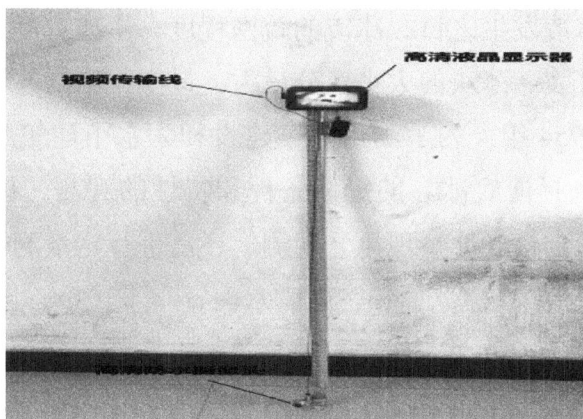

新型可视化量冰花尺

3. 无人机

用无人机实时监控冰情已成为一种新的现代化的冰情观测手段。在中游局测区主要应用于龙口水库至天桥水库河段冰情的观测。

无人机应用于冰情观测

（二）观测项目

新中国成立前，冰凌观测的项目较少，一般有结冰、流凌（当时称行凌）、封冻和解冻等。1953年以后，冰凌观测项目逐渐增多，其中冰凌记载一项就有冰凌发生之日、冰凌的疏密程度、岸冰宽度、封河、解冻、冰面的消融、开裂、冰块的大小（分最大、最小、平均）和厚度，以及流凌的速度等。1954年，为了满足国家建设和为水下建筑物服务的需要，新增水内冰（包括河底冰）的形成条件和特性的观测。1955年起，冰凌观测不仅要进行定性（冰情现象）观测，还需进行定量测量。如河面冰凌分布观测分稀疏流冰（流冰面积占敞露水面宽小于0.3），中等密度流冰（流冰面积占敞露水面宽在0.4至0.6之间），很密流冰（流冰面积占敞露水面宽在0.7以上）。冰厚的测量，封冻期要求在断面上打5个至10个小孔，分别量厚度后计算平均值。冰块大小的测量，要求在水边和河心处分别选3个至4个有代表性的冰块，估算其大小。1956年执行《水文测站暂行规范》后，观测项目又进一步增多：一是目测冰情状况的观测，即在测验河段冰情发生之日起，就开展各种冰情现象的观测，有岸冰、冰凇、棉冰、水内冰、流冰（冰花）、封冻、冰上有水、冰层浮起、冰色变黑、岸边融冰、河心融冰、冰滑动、冰缝、冰凌堆积、冰塞和冰坝等项目。二是冰情的定量观测，在河流稳定封冻后进行冰厚测量，分别在岸边和河心打固定点冰孔，每隔5日测量1次冰厚、冰上雪深及水下冰花厚。三是河段冰厚平面图的测绘以及河段冰情图的测绘等。

1962 年执行水电部颁发的《水文测验暂行规范》，增加了冰流量测验。1963 年，干流吴堡、支流无定河的川口站开展冰流量测验；1964 年在干流义门站开展冰流量测验；到 1968 年，只有义门站进行冰流量测验；1978 年因天桥水库的需要增加河曲站冰流量测验；到 1985 年，进行冰流量测验的有河曲、府谷、吴堡 3 个站。

截至 2019 年，冰凌观测的内容主要包括冰情目测、固定点冰厚测量和冰流量测验。开展前两个项目的有河曲、府谷、吴堡、温家川和丁家沟 5 个站；进行冰流量测验的有河曲、府谷和吴堡 3 个干流站。

（三）观测方法与测次布置

1. 冰情目测

从有结冰现象之日起到终冰之日止，每日 8 时观测 1 次，冰情发生急剧变化时，增加测次；冰情目测内容一般有冰凇或微冰、岸冰、流冰花、流冰、封冻、连底冻、冰上流水、融冰、冰层浮起、冰滑动、流冰堆积、冰塞、冰坝、解冻和终冰日期等。

2. 固定点冰厚测量

从河段封冻后在冰上行走无危险时开始至解冻时结束。在基本水尺断面一岸和河心处选择有代表性的冰孔，于每月 1 日、6 日、11 日、16 日、21 日、26 日的 8 时各测量 1 次；冰厚变化较大时酌情加测；未封冻时，测岸边冰厚。当出现固定点冰厚不能代表真实冰厚的情况时，及时更换冰孔。

3. 冰流量测验

冰流量测验内容有敞露水面宽、目测流冰或流冰花团的疏密度、流冰块或冰花团的流速和流冰厚度等。冰流量一般每年施测 10 次至 15 次。

4. 特殊冰情观测

当干流天桥水库以上出现封冻、冰塞、冰坝等特殊冰情时，进行特殊冰情观测或调查，并绘图、摄像，用文字说明情况。

二、水温观测

1936 年黄河开展水温观测。当时因无专用水温表，常以普通气温表代替，资料不够准确。1954 年，黄河干流部分站恢复水温观测；1956 年至 1958 年各站普遍开展水温观测；1968 年水温观测站大量减少；1970 年以后随着工农业建设和防凌的需要又逐步恢复观测。

新中国成立前多数水温观测站用气温表代替，因此水温观测值的准确性较差。新中国成立后水温观测用刻度不大于 0.2℃ 的框式水温计。进行深水测量时，有专用的深水温度计或半导体温度计。

在新中国成立前，水温观测每日于 6 时、12 时、18 时定时观测 3 次。新中国成立初期改为每日 7 时、12 时、19 时观测 3 次。1955 年 1 月黄委在《水文测站工作手册》中规定，每日 7 时、19 时观测 2 次。1956 年执行《水文测站暂行规范》时，又改为每日 8 时、20 时观测 2 次。当河流进入稳定封冻期，水温连续 3 天至 5 天在 0.2℃ 以下时，可暂停水温观测。到河流解冻时，立即恢复观测。

中游局测区历年最高水温分布规律一般为干流低于支流，较大支流低于较小支流。支流历年最高水温由北向南总体呈递增趋势。由于统计资料来自不同年份以及其他因素的影响，这种递增变化会有一些异常情况。中游局部分站实测最高水温情况见表 3.2.7—1。

表 3.2.7—1　中游局部分站实测最高水温统计表

站　名	水温（℃）	年　份	站　名	水温（℃）	年　份	站　名	水温（℃）	年　份
义　门	29.6	1965	川　口	31.0	1963	碧　村	33.8	1961
吴　堡	28.8	1960	延　川	37.2	1962	杨家坡	33.0	1961
皇　甫	33.4	1961	后会村	33.0	1961	林家坪	32.4	1961
高家川	35.6	1962	裴家川	32.6	1958	后大成	31.4	1961

截至 2019 年，河曲和府谷两个站进行定时水温观测，即在每日 8 时观测水位的同时观测水温。观测地点一般在基本断面水边附近具有一定水深和流速之处。当河流进入稳定封冻期，水温连续 3 天至 5 天在 0.2℃ 以下时，停止水温观测；待河流解冻后，立即恢复观测。

另外，凡有悬移质泥沙颗粒分析和冰凌观测任务的水文站，水温作为附属项目进行观测。

第八节　测洪纪实

中游测区是黄河洪水的主要来源区之一。施测好洪水特别是大洪水，对于黄河中游地区乃至全河具有举足轻重的作用。洪水暴涨暴落，施测洪水如同打仗一般，不但艰辛劳累，而且具有很大的危险性。中游局职工肩负着"治黄尖兵"和"防汛耳目"的使命，以"艰苦奋斗，无私奉献，严细求实，团结开拓"的黄河水文精神，迎难而上，冒风雨，战恶浪，齐心协力，与洪水搏斗，为一次次洪水能测得到、报得出、报得准付出了巨大的努力，有的甚至献出了宝贵的生命，为确保黄河的岁岁安澜做出了突出贡献。

一、吴堡 1989 年 7 月 22 日洪水

1989 年 7 月 22 日 0 时，吴堡站出现洪峰流量 12400 立方米每秒的大洪水。该站全体职工团结一致，共同努力，圆满完成了洪水测报任务。

7 月 21 日 12 时 48 分，府谷站洪峰流量 11400 立方米每秒。13 时 54 分孤山川河高石崖站洪峰流量 1980 立方米每秒；16 时 12 分窟野河温家川站洪峰流量 9480 立方米每秒；区间其他支流发生程度不同的中小洪水。

在陆续收到上游府谷、高石崖和温家川等水文站的水情信息后，吴堡站全体职工和榆次总站到站指导并参与洪水测报的同志在站长刘学斌的统一指挥下，展开了一场有条不紊的洪水测报战斗。

首先进行洪水预报。根据上游水情，经榆次总站和吴堡站有关技术人员的深入分析和反复磋商，确定吴堡站洪峰流量预报值为 15500 立方米每秒，并向中央防总等 11 家防汛单位发布了洪水预报。

22 时 18 分洪水起涨，22 时 30 分，用均匀浮标法施测第一份流量，22 分钟完成。洪水在快速上涨，流量在不停地施测。与此同时，按照规定，即时向中央防总等 23 家单位按不同的内容和标准汇报水位、流量、含沙量等实时水情。

22 日 11 时，在没有接到任何上游涨水水情的情况下，突然又涨水了。大家紧急动员，振作精神、不顾疲劳、连续作战，又很快进入了施测第 2

次洪峰的紧张战斗中。此次洪水测验中还实测了涨坡流量6030立方米每秒和落坡流量7420立方米每秒的过水断面面积。

在全站职工的努力下，圆满完成了两次洪水测报任务。

——向中央防总等11家单位发布洪峰流量15500立方米每秒的预报是几家发布吴堡站洪峰流量预报的单位中精度最高的一家。

——第一次洪水测流9次，实测最大流量相应水位距最高水位相差2厘米。第二次洪水测流7次，实测最大流量相应水位距峰顶水位相差6厘米。

——报汛及时，精度高。第一次洪水发报峰顶及过程报8次，峰顶报汛精度93.2%，平均报汛精度93%；第二次洪水发报峰顶及过程报7次，峰顶报汛精度90.1%，平均报汛精度91.1%。两次洪水共发含沙量报16次，平均估报精度98.9%。

——在洪水过程中，用重铅鱼实测断面4次，最大的1次实测面积1320平方米，最大水深6.5米，测深垂线12条，相应流量7000立方米每秒，最大流速8.65米每秒。

——第一次洪水实测最大含沙量262千克每立方米，第二次洪水实测最大含沙量394千克每立方米。

陕西省防汛指挥部根据府谷和温家川等水文站提供的情报，预报龙门站22日9时洪峰流量17500立方米每秒（《陕西日报》7月22日登载）。省委书记张勃兴、省长侯宗宾到防汛指挥部了解汛情，指挥防汛。张勃兴和省防汛指挥部指挥王双锡副省长亲临现场指挥。

吴堡县21日下午接到上级电话通知，在7月21日22时黄河将有25900立方米每秒的洪水通过吴堡县城，要求做好城防准备。县委、县政府联合召开五套领导班子会议，部署安排防汛抢险工作。

吴堡县政府在准备防汛的同时，向吴堡站询问当时的水情和可能发生的洪峰流量，县委书记高振年、县长吴德铭到黄河岸边察看水情。吴堡站根据水情分析吴堡站最大洪水预计在15000立方米每秒，吴堡县城河段不会出现25900立方米每秒的洪水。当洪峰水位不到15000立方米每秒的相应水位就开始回落时，吴堡县领导忐忑不安的心情才得以平静，感谢吴堡站提供了准确及时的水情信息，使吴堡县城和沿黄村庄避免了撤离、搬迁的损失，感谢该站为吴堡县防汛抗洪立了一大功。

7月25日，陕西省防汛指挥部发来慰问电，陕西省防汛指挥部向吴堡站赠送了一面锦旗，上书："惊涛骇浪测洪峰，确保安全传汛情。"7月27日，吴堡县副县长带队到吴堡站慰问。8月2日，水文局派员到吴堡站慰问。8月15日，榆次总站为该站颁发了嘉奖令和奖金。

1989年吴堡站及下站职工合影

二、府谷 2003 年 7 月 30 日洪水

2003年7月30日凌晨，皇甫川、清水川、孤山川河、县川河、朱家川和窟野河流域普降大暴雨。皇甫站8小时降水量136毫米，为该站设站以来同时段最大降水量；高石崖站8小时降水量130毫米；旧县站8小时降水量107毫米；府谷站6小时降水量133毫米。

30日4时，位于暴雨中心的皇甫站洪水开始起涨。4时30分洪水涨到峰顶，洪峰流量6700立方米每秒。30分钟内水位涨幅达4.93米。整个洪水过程，用均匀浮标法测流3次（峰顶1次、落坡2次），流速仪法测流4次；测取单沙18次；发布水情报告106份，报汛精度97.4%。

皇甫川等支流洪水汇入黄河后，5时24分，洪水到达府谷站。当时府谷县全城突然停电。此时的天色依然很暗，站长立即通过对讲机通知浮标房的1名人员到机房发电。此时山洪暴发，观测路坍塌，半山腰浮标房的道路也被冲毁。面对危险，其中一位同志用绳子迅速将另一位比较瘦小的同志从半山腰吊下去，完成了发电任务。8时洪水达到峰顶，流量

12800 立方米每秒，水位涨幅 4.12 米。整个洪水过程实测流量 6 次，测取单沙 21 次、输沙率 1 次，发布水情报告 21 次，报汛精度 98.4%。这是该站历史实测最大洪水。在 6 个多小时雷电交加的抢测洪水中，无论是 50 多岁的老同志，还是未经历过洪水的年轻同志，大家都顾不得个人安危，全身心扑在了洪水测报工作中。

11 时 12 分，中游局向水文局发布洪水预报，预报吴堡站洪峰流量 9000 立方米每秒。

18 时洪水到达吴堡站。21 时 30 分洪水涨到峰顶，洪峰流量为 9520 立方米每秒，预报精度 94.5%，水位涨幅 3.33 米。整个洪水过程实测流量 10 次、测取单沙 20 次、输沙率 1 次，观测水位 130 次，发布水情报告 192 份。

各水文站全体职工艰苦奋斗、团结协作、连续作战，在晋陕峡谷之间又一次履行了"防汛的尖兵，人民的警哨"的神圣职责。

三、清涧河 2002 年 7 月 4 日洪水

2002 年 7 月 4 日凌晨，黄河中游清涧河流域出现 500 年一遇特大暴雨，清涧河子长站 24 小时最大降水量 274.4 毫米，形成了子长站百年一遇的特大洪水，洪峰流量 4670 立方米每秒，也是该站设站以来的最大洪水。下游延川站出现了设站以来实测第 2 大流量，洪峰流量 5540 立方米每秒。

7 月 4 日 4 时 12 分子长站洪水上涨，4 时 42 分流量 900 立方米每秒。6 时 30 分流量 3800 立方米每秒，超过历史实测最高洪水水位 0.79 米。洪水来得又急又大，面对这次洪水，站长沙富贵首先安排退休老职工将水文资料整理好，快速撤离站上。外面正在降大雨，5 小时降雨量达 168 毫米。随着洪水的上涨，他们边测验边后退。洪水漫入院内，院墙倒塌，副缆被洪水冲断，浮标房、操作房被淹没，吊箱、副缆、牵引索绞在一起，断面照明设施被冲垮，测验设施全部瘫痪。但他们没有被吓倒。大家沉着应战，利用大树、油灌等漂浮物进行中泓浮标测验。7 时 06 分，测到了极其宝贵的设站以来最大流量 4670 立方米每秒。9 时开始河中没有了漂浮物，人工投放浮标多次失败。看着洪水急速退去，大家很着急。职工们急中生智，想出了一个办法，用大饮料瓶灌进半瓶水当浮标，人工投放获得了成功。此次洪水共观测水位 81 次、测取单沙 30 次、报汛 17 次、测流 8 次，

报汛精度 91%。

洪水期间，在电话中断、电台信号联络不上的情况下，站长沙富贵用自己的手机，利用时有时无的信号报告水情。在一次报汛中，他的手机被雷击坏，他又想法借了一部手机，把一组组宝贵的水情数据发了出去。

子长站下游是延川站，7 月 4 日，该站接到上游水情信息后，按照异常洪水测报方案，首先进行了河道大断面测量。9 时 12 分洪水开始急剧上涨，工作人员有条不紊地进行着洪水测报。10 时流量达 3850 立方米每秒，相应水位 91.18 米，由于大桥震动剧烈，为确保人身安全，县公安人员在大桥两面把守，严禁通行。工作人员改用漂浮物施测洪水。10 时 45 分，中游局电话通知，在峰顶附近争取放一次全断面均匀浮标。接到通知后，站长袁关平和延安勘测局支援抢险的工会主席曹宪国当即与地方公安戒严人员取得联系，特许水文站工作人员利用大桥进行洪水测验。工作人员冒着生命危险，在大桥上投掷浮标测洪水。由于浪高流急，投掷进去的浮标均被洪水吞没。在此情况下站长决定，将站上破旧的办公桌椅搬来投入急流中，测得了宝贵的洪峰流量 5580 立方米每秒，报汛精度 91.2%。本次洪水共观测水位 107 次、测取单沙 17 次、发报 150 份，全过程测流 14 次。

防汛责任重于泰山。水文职工辛勤工作，任劳任怨。洪水来了，汛情就是命令。他们的确是防汛的耳目，他们更是防汛战线上最可爱的人。

第九节　水文调查

水文调查确保了水文资料的完整性和一致性，扩大了水文资料的收集范围，提高了水文资料的使用价值。中游局测区进行的水文调查主要有流域基本情况调查、暴雨洪水调查和淤地坝调查等。

大规模的洪水调查是在新中国成立初期开始的。20 世纪 50 年代末和 60 年代初，由于兴建水利工程和编制《水文手册》的需要，洪水调查工作得到进一步发展。1956 年以前的洪水调查没有统一的方法。1957 年 2 月《洪水调查和计算》一书出版后有了统一的方法和技术标准。1963 年 9 月水电部水文局编印《水文调查资料审编刊印暂行规定》（讨论稿），1975 年 2 月水电部颁发的《水文测验试行规范》正式将水文调查作为水文测验的一项任务列入规范。1976年水电部颁发《洪水调查资料审编刊印试行办法》，并于1979年修改补充后再版。1982年黄委水文局受水电部水文局的委托，编写《水文站定位观测补充调查方法参考资料》，1986年6月由南京水文水资源研究所牵头，黄委水文局等单位参加，在广泛搜集资料和征求意见的基础上，于1987年10月完成了《中华人民共和国水利部（标准）水文调查》征求意见稿。1997年《水文调查规范》（SL—1997）颁布实施；2015年《水文调查规范》（SL—2015）颁布实施。水文调查逐步走向规范化。

一、流域基本情况调查

（一）设站初期调查

水文站在设站初期，均全面进行流域基本情况调查，并将调查资料存档，以后有较大变化时，对相关部分进行补充调查。调查方法以收集现有资料为主，对重要内容还要采用现场访问、查勘等方法进行补充核实。调查内容如下：

1. 自然地理

水文站所在地理位置、主要河流（渠道）、湖泊和水库等水体水系情况及几何特征值，地形、地貌、地质、土壤、植被和水土流失等资料。

2. 水文站和水文气象特征

流域内历史的和现有的各种水文和气象测站的位置、设站时间和观测情况，水文站附近的水准点位置、等级、采用基面和高程等情况，各项水文气象要素的月均值、年均值和极值等资料。

3. 历史资料

流域内历史上发生的较大洪、涝、凌、旱等灾害的时间、范围、主要地段和受灾损失等情况，水质及水污染情况。

4. 水利工程

流域内主要水利工程情况，包括水库、堰闸、水电站、灌区、取水口、水土保持等各种工程的名称、位置、数量、规模和建成时间等基本情况。

5. 社会经济发展概况

流域内水资源概况，农业、工业、生活及生态用水情况。

6. 流域图

包括流域水系、水工程、水文站、气象站分布图和流域地形图。

（二）较大变化调查

流域内因修建水工程、水土保持工程、开采矿物和地下水等活动，使水文情势和水环境发生显著变化，即进行调查。调查内容如下：

1. 修建水工程、水土保持工程、过量开采矿物和地下水等引起的地下径流变化情况和地面下沉情况。

2. 修建水库后发生的淤积、冲刷、库岸坍塌、库岸地下水水量变化等情况。

3. 修建水库后下游河床发生冲淤情况。

4. 河流改道原因及影响分析。

5. 引起水环境变化的其他情况。

（三）定期调查

除设站初期的调查外，1990 年和 2005 年，对各水文站控制断面以上的主要水利工程也进行了全面调查，并分别编制各水文站以上主要水利工程基本情况表和分布图。主要水利工程基本情况表和分布图均刊入当年的《水文年鉴》。

主要水利工程的调查包括水文站控制断面以上的小型及其以上水库和较大的引水渠道的基本情况以及在流域内的分布情况。

二、洪水调查

中游局测区进行的洪水调查主要是特大洪水调查。洪水调查也包括相应的暴雨调查。暴雨洪水调查分为历史暴雨洪水调查和当年（或近期）暴雨洪水调查。在调查历史上的暴雨洪水时，往往因历史或技术原因，难以调查到暴雨资料，因此暴雨调查就成为掌握特大暴雨信息的重要手段，它与洪水调查是相辅相成的。

（一）历史洪水调查

1. 干流洪水

（1）为了解 1843 年黄河洪水的来源，黄委组织了几个调查组，其中有河曲至潼关段调查组，由王仲凯等 6 人组成。调查组于 1955 年 4 月至 6 月调查了保德、吴堡、延水关和龙门河段。

在保德河段调查到洪水发生的年份有 1945 年、1946 年及 1953 年，只进行洪痕水位的测量，未估算流量。在吴堡河段调查的历史大洪水年份有 1842 年、1896 年、1933 年、1942 年、1946 年及 1951 年。1842 年洪水最大，估算洪峰流量为 26800 立方米每秒，1946 年为 21900 立方米每秒，1933 年为 15500 立方米每秒，1896 年及 1951 年未调查到洪痕水位，故未估算流量。在延水关河段调查到 1800 年、1942 年洪水，1942 年估算洪峰流量为 29000 立方米每秒，1800 年由于洪痕精度不高未估算流量。

（2）1957 年 5 月，北京勘测设计院的李克宗等人对柳青、万家寨河段进行了洪水调查。在柳青河段调查到的历史大洪水年份有 1896 年和 1904 年，以 1896 年的洪水最大，在万家寨河段只调查到 1896 年洪水，估算洪峰流量为 9850 立方米每秒。

以上各河段的调查成果均有变化，在 1979 年至 1982 年汇编《黄河流域洪水调查资料》时，均对数据进行了修改。

（3）1969 年和 1972 年，为进行天桥电站的设计，李文魁、易元俊等人分两次赴保德、府谷河段对 1945 年的调查成果进行复核。通过反复调查核算，1945 年估算洪峰流量为 13000 立方米每秒，主要来自皇甫川。

（4）1974 年 6 月，黄委设计院与内蒙古水利厅设计院共同进行托克托至龙口河段规划，胡尔昌、王兴等人在柳青和万家寨等河段进行了历史大洪水调查。除对 1957 年北京勘测设计院调查的 1896 年和 1904 年历史大洪水进行复查外，又调查到 1967 年和 1969 年两次历史大洪水。1967 年的洪水主要来自河口镇以上，1969 年的洪水来自河口镇以下的红河与杨家川，系局部暴雨形成。

（5）1976 年 6 月，为落实龙门道光年间洪水年份并复查 1942 年洪水，史辅成、易元俊、王兴等 6 人再次到龙门以上的壶口进行调查。从黄河东岸的南村向南走访了 10 余个村庄，经访问群众，对道光年间的洪水都说不清，而对 1942 年的洪水记忆犹新，都记得是水淹阎锡山印钞窑洞那一年。在壶口瀑布下游圪针滩 U 型石槽出口处调查到 1942 年洪水水位，估算洪峰流量 25400 立方米每秒。

（6）1978 年进行军渡建设水电站可行性研究时，史辅成、易元俊等人赴吴堡复查 1842 年洪水。此次在河滩上发现了一块石碑，已被凿了几个洞，作为柴油机的底座。碑上刻有"……吴邑城南二十里许，杨家店古渡也，随驿官船建立河神祠由来已久，越雍正至道光数百年，河水涨溢亦非一次，但旧虽涨溢未曾淹没，阅道光壬寅淹没无存，村人目击心伤……道光二十四年立"。壬寅年即道光二十二年（公元 1842 年）。1976 年 8 月 2 日吴堡站实测洪峰流量 24000 立方米每秒，以此次水位与流量关系，推得 1842 年的洪峰流量为 32000 立方米每秒。

2. 支流洪水

（1）1955 年洪水调查

为了了解 1843 年洪水来源，黄委在组织进行干流河段洪水调查的同时，也对河曲至龙门区间主要支流的入黄口河段进行了洪水调查，取得了各支流的历史大洪水资料，但均未发现 1843 年的洪水情况。

窟野河

在窟野河温家川站调查，发生的历史最大洪水年份是 1946 年，估算洪峰流量为 18200 立方米每秒至 20000 立方米每秒。

秃尾河

在秃尾河高家川站调查，发生的历史大洪水年份是 1949 年，估算洪峰流量为 4080 立方米每秒。

佳芦河

在佳芦河申家湾站调查，发生的历史大洪水年份是 1951 年和 1942 年。1951 年洪水最大，估算洪峰流量为 3230 立方米每秒；1942 年洪水次之，估算洪峰流量为 2600 立方米每秒。

无定河

在无定河绥德站调查，发生的历史大洪水年份有 1919 年、1932 年和 1933 年。1919 年洪水最大，估算洪峰流量 16000 立方米每秒；1932 年洪水次之，估算洪峰流量 11900 立方米每秒；1933 年洪水估算洪峰流量 10500 立方米每秒。

清涧河

在清涧河延川站调查，发生的历史大洪水年份有道光年间、1913 年和 1933 年。道光年间的洪水最大，估算洪峰流量为 7350 立方米每秒；1913 年洪水次之，估算洪峰流量为 6550 立方米每秒；1933 年洪水估算洪峰流量为 4060 立方米每秒。

延水

在延水甘谷驿站调查，发生的历史大洪水年份有 1933 年和 1942 年，1933 年洪水最大，估算洪峰流量为 3180 立方米每秒。

蔚汾河

在蔚汾河河口任家湾村调查，发生的历史大洪水年份是 1917 年和 1951 年。1917 年洪水最大，估算洪峰流量 1100 立方米每秒；1951 年次之，估算洪峰流量为 520 立方米每秒。

湫水河

在湫水河林家坪站调查，发生的历史大洪水年份是 1875 年和 1951 年。1875 年估算洪峰流量为 7700 立方米每秒；1951 年估算洪峰流量为 5200 立方米每秒。

三川河

在三川河琵琶村调查，发生的历史大洪水年份有 1875 年、1942 年和 1933 年。1875 年洪水最大，估算洪峰流量为 5600 立方米每秒；1942 年洪水次之，估算洪峰流量 3230 立方米每秒；1933 年估算洪峰流量为 3010 立方米每秒。

（2）1956 年至 1965 年洪水调查

1956 年至 1965 年对河口镇至龙门区间主要支流的历史大洪水进行了调查。

延水

为了编制延水流域规划，1957 年 5 月下旬至 6 月中旬，对延水进行了一次全流域性的洪水调查。调查组由黄委设计院的叶乃亮、孟宗一、段咏澜等 8 人组成。在延水干流上调查了安塞、沿河湾、延安、甘谷驿等河段。主要成果是：安塞河段最大洪水年份是 1908 年，估算洪峰流量为 2180 立方米每秒；沿河湾河段最大洪水年份是 1940 年，估算洪峰流量为 7100 立方米每秒；延安河段最大洪水年份是 1933 年，估算洪峰流量为 5840 立方米每秒，次大洪水年份是 1940 年和 1917 年，估算洪峰流量为 5280 立方米每秒；甘谷驿河段最大洪水年份是 1933 年，估算洪峰流量为 6860 立方米每秒，次大洪水年份是 1940 年，估算洪峰流量为 5540 立方米每秒。

此外，对杏子河、南川及蟠龙川等支流也进行了调查，并获得了宝贵的洪水资料。

无定河

为了编制无定河流域规划，1956年3月至5月，对无定河进行了一次全流域性的洪水调查。调查组由黄委设计院的王甲斌、王居正、孟宗一等8人组成。调查组又分为三个小组，调查了无定河干流的雷龙湾、赵石窑、镇川堡、白家硷等4个河段。调查成果是：雷龙湾最大洪水年份是1932年，估算洪峰流量为1400立方米每秒；赵石窑河段最大洪水年份是1932年，估算洪峰流量为1900立方米每秒；镇川堡河段最大洪水年份是1932年，估算洪峰流量为7270立方米每秒；白家硷河段最大洪水年份是1919年，估算洪峰流量为10400立方米每秒，次大洪水年份是1932年，估算洪峰流量为9140立方米每秒，1933年的洪水排第三，估算洪峰流量为8340立方米每秒。此外，对槐理河、大理河、马湖峪河、黑木头川、芦河、义合沟、米脂河、榆溪河等支流也进行了调查，并取得了历史大洪水资料。

皇甫川

为了编制皇甫川流域规划，1959年至1965年6月，黄委设计院的张颖等人对皇甫川的韩家湾河段进行了洪水调查。取得的历史大洪水年份是1929年，估算洪峰流量为7100立方米每秒；次大洪水年份是1945年，估算洪峰流量为5100立方米每秒。

中游局各站历史大洪水调查成果见表3.2.9—1。

表3.2.9—1　中游局各站历史大洪水调查成果表

河　名	站　名	至河口距离（千米）	集水面积（平方千米）	洪峰流量（立方米每秒）	发生时间（年、月、日）	提供单位
黄　河	万家寨	1888	394813	10600	1896.08	黄委设计院
黄　河	河　曲	1839	397658	8740	1896.08	中游局
黄　河	府　谷	1786	404039	13000	1945.07.13	黄委设计院
黄　河	吴　堡	1544	433514	32000	1842.07.23	黄委设计院
皇甫川	皇　甫	14	3175	7100	1929.08	黄委设计院
孤山川河	高石崖	1.8	1263	5000	1953	黄委设计院
窟野河	温家川	14	8515	15000	1946.07.18	黄委设计院

河　名	站　名	至河口距离 （千米）	集水面积 （平方千米）	洪峰流量 （立方米每秒）	发生时间 （年、月、日）	提供单位
秃尾河	高家川	10	3253	5900	1869	中游局
海流兔河	韩家峁	6.9	2452	600	1933.08.07	中游局
芦　河	横　山	12	2415	1950	1931.08.22	中游局
黑木头川	殿　市	19	327	2700	1932.08.11	中游局
佳芦河	申家湾	6.7	1121	3700	1942.07.23	黄委设计院
马湖峪河	马湖峪	2.5	371	4500	1932.08.11	中游局
小理河	李家河	3.3	807	2500	1931.08.22	中游局
无定河	丁家沟	129	23422	7270	1932.08.09	黄委设计院
无定河	绥　德	113	28719	11500	1919.08.16	黄委设计院
无定河	川　口	20	30217	9300	1976.08.06	白家川站
清涧河	子　长	110	913	4100	1909.07	中游局
清涧河	延　川	38	3468	11200	1843	黄委设计院
延　水	延　安	159	3208	2820	1933.08.14	中游局
延　水	甘谷驿	112	5891	6300	1917.09.03	黄委设计院
汾川河	临　镇	59	1121	340	1932.07	中游局
汾川河	新市河	23	1662	1000	1932.07	中游局
仕望川	大　村	29	2141	1030	1932.07	中游局
县川河	旧　县	3.0	1562	2840	1956.08	中游局
清凉寺沟	杨家坡	2.2	283	2370	1951.08.15	中游局
湫水河	林家坪	13	1873	7700	1875.07.17	黄委设计院
三川河	后大成	25	4102	5600	1875.07.17	黄委设计院
昕水河	大　宁	37	3992	3490	1869	黄委设计院

（二）当年暴雨洪水调查

由于暴雨站点的不足或分布不均，为了了解特大暴雨的覆盖范围、中心和移动路径，在水文站发生特大洪水后，需要及时对形成洪水的暴雨进行调查。由于水文站断面以上流域各支流不可能都布设水文站，所以为了了解特大洪水的来源，除了进行暴雨调查外，还需要对形成洪水的上游有关支流的来水情况进行全面调查。通过上述暴雨洪水调查，可以弥补基本水文站点观测资料的不足，从而把特大洪水的暴雨情况、洪水来源和特点了解清楚。下面是中游局测区具有一定代表性的洪水调查情况：

1. 吴堡 1964 年 8 月 13 日洪水

吴堡站 1964 年发生一次特大洪水，洪峰流量为 17500 立方米每秒，发生时间为 8 月 13 日 8 时 18 分。

这次洪水由暴雨形成。据调查，这次暴雨有两个中心，一个在河曲、义门、皇甫川、孤山川河和朱家川一带，另一个在岚漪河流域、窟野河中游神木和秃尾河中上游高家堡一带。暴雨集中在 8 月 12 日，日降水量情况是：

（1）河曲 91.6 毫米，义门站 110.6 毫米；

（2）皇甫川流域 69.1 毫米至 101 毫米；

（3）孤山川河流域 107.6 毫米至 119.8 毫米；

（4）朱家川流域从上游到下游逐渐递增，从 61.7 毫米递增到 144.6 毫米；

（5）石马川 167.5 毫米；

（6）岚漪河流域 140.7 毫米（实际历时 18 小时 58 分），6 小时降水量 95.3 毫米；

（7）窟野河神木站 128.4 毫米（实际历时 14 小时 24 分）；

（8）秃尾河高家堡站 159 毫米，最大 12 小时降水量 137 毫米。

这次暴雨的特点是降雨面积大，雨量大，历时短，主要集中在 8 月 12 日这一天，雨区各站均不同程度发生了洪水。

此次暴雨使皇甫川皇甫站 12 日 22 时 54 分出现 1000 立方米每秒洪峰流量；义门站 12 日 21 时 06 分出现 7000 立方米每秒洪峰流量；孤山川河高石崖站 12 日 21 时 06 分出现 3990 立方米每秒洪峰流量；朱家川后会村站洪峰出现在 13 日 3 时，洪峰流量 1260 立方米每秒；岚漪河裴家川站 13 日 2 时出现 628 立方米每秒洪峰流量；窟野河温家川站 12 日到 14 日共发生 3 次洪水，第一次 12 日 8 时到 13 日 1 时 48 分，洪峰流量 4100 立方米每秒，第二次 13 日 1 时 48 分到 4 时 36 分，洪峰流量 3590 立方米每秒，第三次 13 日 4 时 36 分至 14 日 20 时，洪峰流量 2140 立方米每秒；秃尾河高家川站 12 日 21 时 30 分出现 2090 立方米每秒洪峰流量；佳芦河申家湾站 12 日 21 时 12 分出现 1870 立方米每秒洪峰流量。4 日到 14 日，黄河义门至吴堡区间基流在 3000 立方米每秒到 4000 立方米每秒，12 日义门洪水与高石崖洪水汇合，形成黄河较大洪峰；13 日又和窟野河的第一个洪峰和第二个洪峰相遇，再加上秃尾河、佳芦河的洪峰落水坡，从而形成吴堡站特大洪水，洪峰流量为 17500 立方米每秒，发生时间为 13 日 8 时 18 分。

2. 吴堡 1967 年 8 月 10 日洪水

吴堡站 1967 年发生一次特大洪水，洪峰流量为 19500 立方米每秒，发生时间为 8 月 10 日 20 时 12 分。

根据调查，8 月 8 日至 10 日，义门至吴堡区间从北向南普降大雨到特大暴雨，主要雨区的朱家川流域，除义井雨量站三日降水量为 50.8 毫米外，其余均在 100 毫米以上。最大日降水量 122.2 毫米（8 月 10 日），出现在岚漪河的三井雨量站；最大两日降水量 160.4 毫米；最大雨强为每小时 30.7 毫米；最大一次降水量为岚漪河的三井雨量站，降水量为 148.8 毫米，历时 17 小时。

由于暴雨集中，降水量大，8 月 10 日义门站发生洪峰流量为 6860 立方米每秒的洪水；皇甫川皇甫站发生洪峰流量为 1300 立方米每秒的洪水；孤山川河高石崖站发生洪峰流量为 2140 立方米每秒的洪水；朱家川后会村站发生洪峰流量为 2420 立方米每秒的洪水；岚漪河裴家川站发生洪峰流量为 2740 立方米每秒的洪水；蔚汾河碧村站发生洪峰流量为 1840 立方米每秒的洪水；窟野河温家川站发生洪峰流量为 4250 立方米每秒的洪水；秃尾河高家川站发生洪峰流量为 924 立方米每秒的洪水；湫水河林家坪站发生洪峰流量为 1200 立方米每秒的洪水。

义门洪水在陆续接纳上述各支流洪水后，形成吴堡站特大洪水，洪峰流量为 19500 立方米每秒，发生时间为 10 日 20 时 12 分。

3. 吴堡 1976 年 8 月 2 日洪水

1976 年吴堡站发生特大洪水，洪峰流量 24000 立方米每秒，发生时间为 8 月 2 日 22 时。此次特大洪水是该站设站以来发生的最大洪水，也是黄河流域实测最大洪水。

1976 年 8 月 2 日，窟野河温家川站发生设站以来最大洪水，洪峰流量为 14000 立方米每秒，发生在 14 时 36 分，与 1946 年 7 月 18 日调查洪峰流量为 15100 立方米每秒洪水相当。这次洪水给内蒙古和陕西省相关地区造成了较大灾害，引起了各级领导部门的高度重视。洪水过后，黄委规划办公室、陕西省和内蒙古水利厅等部门组成联合调查组，对这次暴雨的气象成因、暴雨的分布以及形成特大洪水的特殊性进行了调查。

调查组从 1976 年 8 月 31 日起在准格尔旗、东胜市、伊金霍洛旗、鄂托克旗、达拉特旗等地进行了调查，于 9 月 23 日结束，历时 24 天。调查基本情况如下：

形成 1976 年 8 月 2 日洪水的暴雨过程，1 日 9 时左右首先在伊克昭盟境内开始，2 日 2 时至 8 时降水最大，3 日 15 时至 17 时降水停止。伊克昭盟普降大雨到暴雨，雨区范围较大，延伸到黄河以东地区，雨区面积近 7 万平方千米。暴雨中心在鄂托克旗的乌兰镇，一次最大降水量为 248 毫米，最大 24 小时降水量为 207.9 毫米（2 日 4 时至 3 日 4 时），最大 1 小时降水量为 51.7 毫米（2 日 7 时至 8 时）。次暴雨中心在东胜市的泊江海子和伊金霍洛旗的纳林塔一线，降水量分别为 162 毫米和 147 毫米，降水量大于 100 毫米的雨区面积约为 6000 平方千米，该雨区是形成窟野河温家川和吴堡站洪水的主要来源。

吴堡 1976 年 8 月 2 日的洪水主要来自上游支流窟野河、孤山川河和干流府谷站。8 月 2 日窟野河支流牛川新庙水文站发生洪峰流量 4920 立方米每秒的洪水，洪峰出现在 2 日 9 时；同日窟野河王道恒塔水文站发生洪峰流量 9760 立方米每秒的洪水，洪峰出现在 2 日 10 时 06 分。牛川河口以下至神木区间也有洪水，致使窟野河神木站发生特大洪水，2 日 11 时 42 分洪峰流量 13800 立方米每秒；孤山川河高石崖站 2 日发生洪水，11 时 53 分洪峰流量为 2330 立方米每秒；府谷站 2 日发生洪水，12 时 18 分洪峰流量 5320 立方米每秒。温家川、高石崖和府谷 3 个水文站的洪峰流量叠加也只有 21500 立方米每秒，从洪水传播的时间分析，府谷加高石崖的洪水至窟野河需 4 小时，即 16 时 30 分左右到达窟野河口（比窟野河洪峰晚 1 小时左右），与窟野河温家川站洪水落水坡相遇，洪峰流量应小于 21600 立方米每秒，那么吴堡站形成 24000 立方米每秒的洪峰流量应该有其他特殊原因。

根据调查，当时在窟野河河口下游右侧修建有一条长约 300 米、高出河床 3 米的护田石堤，束窄了河道的过水断面，改变了水流方向，窟野河洪水汇入黄河后直冲对岸，使黄河在窟野河出口的上游附近产生了严重的回水顶托。窟野河洪水含沙量比较大，携带有卵石、泥沙和大块煤炭，当黄河出现回水倒流时，由于流速减小，窟野河洪水中的卵石、泥沙和大块煤炭便淤在河口处的黄河河槽内，形成泥沙堆积。泥沙的堆积使河床抬高，顶托加重，于是逐渐形成黄河在窟野河河口上游巨大的槽蓄水量。在窟野河河口附近的小船往黄河上游逆行了 6 千米，说明当时回水的严重性。

当温家川站的洪水开始回落不久，府谷站加高石崖站的洪水合成洪峰到达窟野河口，河槽淤积物被瞬间冲开，巨大的槽蓄水量随同干流来的合成洪峰一起奔腾而下，在临县索达干附近的黄河上游追上窟野河洪峰。据调查，在到达索达干一带时洪峰流量为 26000 立方米每秒。

吴堡 1976 年 8 月 2 日的特大洪水非常独特，与正常洪水相比，同水位流速、流量显著偏大，过程陡涨陡落，具有明显的溃坝洪水特征。洪水顶托现象比较多见，但下游洪峰流量远远大于上游合成流量，也大于上游各站洪峰流量之和，这种特殊现象在中游测区从未发生过。

4. 吴堡 1989 年 7 月 22 日洪水

1989 年 7 月 20 日至 22 日，内蒙古伊克昭盟、陕西省北部神木县、府谷县、山西省中西部地区的兴县、临县等 9 个县市普降大到暴雨，局部地区发生大暴雨和特大暴雨。暴雨的特点是强度大，历时短，破坏力强。整场暴雨由两次大的降水过程组成，雨区呈西北东南向带状分布，形成吴堡 1989 年 7 月 22 日洪水。

20 日出现第一次降水过程，雨区主要集中在内蒙古东胜市附近，降水历时 3 至 5 小时，是一次短历时、强降雨过程。暴雨中心位于东胜市西北罕台川上游的青达门一带，中心点雨量 186.3 毫米。降水量大于 50 毫米的雨区面积约 2.3 万平方千米，其中包括皇甫川、窟野河流域近 1/3 的面积。

22 日 4 时至 10 时，在山西省兴县、临县之间出现第二次降水过程，整个雨区覆盖范围西起窟野河下游，东跨岚漪河、蔚汾河和湫水河上游。降雨量大于或等于 100 毫米的雨区面积约 800 平方千米，大于或等于 150 毫米的雨区面积约 450 平方千米，大于或等于 200 毫米的雨区面积约 180 平方千米，降雨历时 4 至 6 小时，暴雨中心位于蔚汾河支流南川河的任家塔一带，中心点雨量 245 毫米（调查）。

暴雨形成的洪水分别汇流于黄河头道拐站以上的大小孔兑和河曲站

以下的两川两河。据调查，不少孔兑出现了百年一遇的特大洪水；皇甫川、窟野河两条支流，干流府谷、吴堡站均出现了大洪水。皇甫川沙圪堵站洪峰流量 8610 立方米每秒，发生在 21 日 7 时 50 分，皇甫站洪峰流量 11600 立方米每秒，发生在 21 日 10 时 24 分，均为百年一遇；府谷站洪峰流量 11400 立方米每秒，发生在 21 日 12 时 48 分，为设站以来最大洪水；窟野河王道恒塔站洪峰流量 4600 立方米每秒，发生在 21 日 12 时 36 分；神木站洪峰流量 11000 立方米每秒，发生在 21 日 13 时；温家川站洪峰流量 9480 立方米每秒，发生在 21 日 16 时 12 分；窟野河支流牸牛川新庙站洪峰流量 8150 立方米每秒，发生在 21 日 9 时 42 分，为五百年一遇洪水；吴堡站洪峰流量 12400 立方米每秒，发生在 22 日 0 时。

这次洪水给神木县造成直接经济损失 963.4 万元。临县 4 人死亡（洪水冲走 3 人，窑洞坍塌压死 1 人），2 人下落不明，全县直接经济损失达 8514 万元。兴县死亡 12 人，12 人下落不明，全县直接经济损失 5690 万元。

5. 府谷 2003 年 7 月 30 日洪水

本次降水府谷、皇甫、旧县、大路峁和高石崖等 7 站的日降水量均达到或超过 100 毫米，最大日降水量为皇甫站的 136 毫米，是该站多年年平均降水量的三分之一，超过该站 1997 年的历史最大日降水量 132.5 毫米。本次雨量大于或等于 100 毫米的雨区范围主要在河曲至府谷黄河干流山陕区间和清水川中上游，其中大于或等于 130 毫米的雨区范围集中在天桥水库至府谷站山陕区间。

受降雨影响，皇甫川皇甫站 4 时 30 分洪峰流量 6700 立方米每秒；县川河旧县站 7 时 24 分洪峰流量 586 立方米每秒；清水川清水站 6 时 12 分洪峰流量 880 立方米每秒；孤山川河高石崖站洪峰流量 2910 立方米每秒；朱家川桥头站洪峰流量 1350 立方米每秒；窟野河温家川站洪峰流量 2600 立方米每秒；府谷站洪峰流量 12800 立方米每秒；吴堡站洪峰流量 9520 立方米每秒。

7 月 31 日至 8 月 7 日，由中游局马文进、薛开祥、陈国华、李涛和魏海龙对这次暴雨洪水进行了调查，8 月 4 日起与水文局研究院徐建华等 4 人开展了联合调查。调查目的一是要搞清楚本次洪水来源及府谷站 12800 立方米每秒洪峰流量的组成问题；二是要搞清楚本次洪水府谷站涨水坡水位涨幅大、流量涨幅较小的原因。本次调查收集府谷、吴堡、河曲、旧县、皇甫、清水、高石崖、桥头、偏关、沙圪堵等 10 个水文站的降雨、水沙等资料和古城、大路峁等 7 个雨量站的资料（包括天桥水电站委托的 5 个雨量站）。调查、分析各站测报质量情况，现场解决浮标流量计算中的技术问题，提出今后测验中应注意的事项；收集了天桥水电站洪水过程等有关资料，调查测量了 9 个洪水断面，与历史资料进行了对比分析。

黄河中游 2003 年 7 月 30 日洪水水量对照表见表 3.2.9—2。府谷站以上来水量为 1.459 亿立方米，府谷站实测径流量为 1.446 亿立方米，在测量允许的误差范围之内；吴堡站以上来水量为 2.425 亿立方米（不完全统计），吴堡站实测径流量为 2.595 亿立方米，水量是基本平衡的。说明各站测验质量合格，府谷站发生并实测到 12800 立方米每秒洪峰流量可靠。

表 3.2.9—2 黄河中游 2003 年 7 月 30 日洪水水量对照表

序号	河 名	站 名	水量（亿立方米）
1	黄 河	河 曲	0.3819
2	皇甫川	黄 甫	0.6032
3	县川河	旧 县	0.0791
4	清水川	清 水	0.2004
5		1+2+3+4	1.265
6		未控区	0.1872
7		天桥水库	0.0065
8		5+6+7	1.459
9	黄 河	府 谷	1.446
10	孤山川河	高石崖	0.2202
11	朱家川	桥 头	0.2767
12	窟野河	温家川	0.4820
13	秃尾河	高家川	
14		9+10+11+12	2.425
15	黄 河	吴 堡	2.595

这次暴雨洪水给陕西省府谷县和山西省保德县造成了很大的经济损失，还有部分人员伤亡。据不完全统计，这次洪涝灾害府谷县 2 人下落不明，

全县直接经济损失 3800 万元。保德县死亡 1 人。此次洪水给府谷、皇甫、旧县和桥头等水文站的测验设施也造成了较大损失，河曲站和府谷勘测局家属区院墙倒塌。

6. 延水 1977 年 7 月 6 日洪水

1977 年 7 月 4 日深夜至 6 日凌晨，黄河支流延水发生特大暴雨，6 日发生特大洪水。

在甘肃庆阳、陕西省甘泉和延长以北普降暴雨，暴雨分布为西南东北向，笼罩范围西起六盘山，东跨黄河，波及甘肃、宁夏、陕西、山西等省（区）。这次暴雨雨量之大，持续时间之长，笼罩面积之广，均超过该地区实测记录，形成了延水流域自 1800 年以来的特大洪水。

洪水过后，由延安水文中心站站长李美生带队，陕北水文分站和陕西省水电局派人参加，共同组成调查组，对这次暴雨洪水进行了调查。

暴雨从 5 日凌晨至 6 日凌晨有三个降水时段：5 日 2 时至 14 时，暴雨中心带雨量为 60 毫米至 90 毫米；14 时至 23 时，雨量较小；5 日 23 时至 6 日 8 时，暴雨中心带的雨量为 90 毫米至 310 毫米，整个降水过程历时约 30 小时。这次暴雨在陕西省境内降水量大于或等于 100 毫米的雨区面积达 9000 多平方千米；在延水流域延安以上达 3580 平方千米。降水量大于或等于 150 毫米的雨区面积在延水流域达 1050 平方千米。暴雨中心在陕西省安塞县招安公社王庄大队，降水量近 400 毫米。强度最大时段在 7 月 6 日凌晨 2 时至 3 时，真武洞降水量记录为 54.5 毫米。据资料统计，这次暴雨是新中国成立以来延安地区最大的一次暴雨。安塞、招安两站实测最大 6 小时、12 小时、24 小时的暴雨量均大于两站历年实测最大值。延水 1977 年 7 月 6 日暴雨和历年实测暴雨对照表见表 3.2.9—3。

延安站洪水主要来源于真武洞以上的杏子河、茶坊以上。据调查，真武洞 6 日 3 时 30 分洪峰流量 4220 立方米每秒，茶坊 6 日 3 时 40 分洪峰流量 3170 立方米每秒，4 时 10 分两个洪峰在李家湾相遇，加上真武洞下游附近支沟马家沟水库的垮塌，致使李家湾出现了 7520 立方米每秒的洪峰流量，5 时 24 分到达延安站。

表 3.2.9—3 延水 1977 年 7 月 6 日暴雨和历年实测暴雨对照表

站名	最大 6 小时、12 小时、24 小时降水量（毫米）											
	历年实测			百年一遇			二百年一遇			1977 年 7 月 6 日暴雨实测		
	6	12	24	6	12	24	6	12	24	6	12	24
安塞	58.5	59.2	65.1	80.6	87.1	90.7	86.2	92.0	95.7	94.0	112.0	179.0
招安	76.7	88.9	111.9	112.0	132.0	153.0	124.0	145.0	169.0	105.0	125.5	215.0

注：延水 1977 年 7 月 6 日暴雨在安塞地区大于二百年一遇暴雨，在招安地区接近百年一遇暴雨。

这次洪水主要由暴雨形成，小型库坝的溃决对洪峰流量影响不大。甘谷驿站洪水主要由上游延安、枣园、甘谷驿三站区间暴雨洪水和延安、枣园水文站洪水形成。三站区间集水面积 1964 平方千米，占甘谷驿集水面积的 33.4%，其中南川河（423.5 平方千米，未涨水）、蟠龙河（570 平方千米）6 月 6 日洪峰流量 1240 立方米每秒，西川河枣园 6 日 4 时 30 分洪峰流量 1450 立方米每秒，延安站 6 日 5 时 24 分洪峰流量 7200 立方米每秒，甘谷驿站 6 日 8 时 18 分洪峰流量 9050 立方米每秒。

这次洪水使延安市区、安塞、延长县遭受重大灾害损失。暴雨洪水冲毁库容 100 万立方米以上水库 9 座，占 100 万立方米水库总数 42 座的 21.4%；泥沙淤满 100 万立方米以上水库 11 座，占 100 万立方米水库总数的 26.2%。冲毁库容 10 万立方米以上水库 99 座，10 万立方米以下水库 3400 多座。王瑶水库拦截洪水 2534 万立方米，对削减洪峰、降低灾害起到了一定的作用。洪水还使大片农田被淹，桥梁被冲垮，房屋被冲毁，给人民的生命财产造成了很大的损失。

7. 乌审旗 1977 年 8 月 1 日暴雨

1977 年 8 月 1 日 22（或 23）时开始至 2 日 6（或 8）时之间发生特大暴雨，雨区在内蒙古和陕西省交界地区，是一次中国历史上罕见的特大暴雨。调查最大暴雨中心雨量达 1000 至 1400 毫米。8 月 11 日，陕西省榆林地、县水电局组成暴雨调查组，进行了 20 多天的现场调查。同年 10 月 10 日至 1978 年 1 月 22 日，由陕西省水电局、黄委和内蒙古水电局先后又进行了三次调查。整个雨区位于北纬 38°30′ 至 39°40′ 和东经 107°30′ 至 111°40′ 的范围内，包括内蒙古的乌审旗、鄂托克旗、伊金霍洛旗、杭锦旗和准格尔旗，陕西省的神木、府谷、榆林和山西省的偏关、河曲、保德等 11 个县、旗所属的部分地区。暴雨中心在陕西省榆林县的小壕兔公社、神木县的尔林兔公社、内蒙古乌审旗的呼吉尔特公社、图克公社、伊金霍洛旗的台格庙公社、乌兰什巴尔台公社等。调查暴雨量大于 1000 毫米的有木多才当、要刀兔、葫芦素、什拉淖海四处。暴雨前西北风大作，云层极厚，降暴雨时风突然变小，下雨像盆倒水一样，脸盆放在院中顷刻之间就满溢。通过对群众院内、猪圈旁沙梁上放的铁锅、水桶、罐子、缸（瓷）、防冰雹用的炮筒以及葡萄糖瓶等容器的积水测定，木多才当的雨量为 1400 毫米（从小口罐积水量得）；葫芦素雨量为 1250 毫米（从空葡萄糖瓶量得）；要刀兔雨量为 1230 毫米、什拉淖海为 1050 毫米（均为从炮筒积水量得）。8 月 2 日，雨停后，原由沙梁隔开的大小盆地已被积水连成一片，农用机井水位普遍上升 1 米至 2 米。半月后，多年干旱的沙湾还蓄存大量的积水。从暴雨量、暴雨强度、农田被淹、沙湾积水等方面来看，都是历史上罕见的。因暴雨降落在沙漠地区，无法调查所产生的洪水。

8. 孤山川河 1977 年 8 月 2 日洪水

乌审旗 1977 年 8 月 1 日暴雨由内蒙古什拉淖海向东北伸到孤山川河流域，并形成三道沟和木瓜川两个暴雨中心，雨量分别为 210 和 205 毫米。暴雨在孤山川河流域的中上游雨量强度大，分布均匀，全流域平均雨量为 144 毫米。暴雨使高石崖站发生设站以来最大洪水，洪峰流量达 10300 立方米每秒。据木瓜、新民、孤山和三道沟四个公社不完全统计，被这次洪水冲垮的小型库坝就有 500 多座。其中暴雨中心木瓜有 498 座库坝，被冲溃的就有 491 座，5 座库容在百万立方米以上的水库被冲垮，造成严重的洪灾。孤山川河洪水进入黄河后，使黄河水流受到严重顶托，致使府谷站水位抬高 1.9 米，这是多年来少见的现象。为了解孤山川流域的暴雨洪水和库坝的冲毁情况，高石崖站及时组织人员进行了实地调查。

9. 清涧河 2002 年 7 月 4 日洪水

2002 年 7 月 4 日至 5 日，陕西省北部子长县一带出现 500 年一遇特大暴雨，清涧河子长站降水量 283 毫米，最大 24 小时降水量 274.4 毫米，形成了子长站百年一遇的特大洪水。由中游局杨德应、霍庭秀、杨涛、刘都喜与水文局研究院徐建华等人对这次洪水进行了联合调查。

据子长县气象局雷达观测分析，本次降雨系单体对流、高空低涡影响形成的局部特大暴雨。暴雨由两块直径为 10 千米至 20 千米的小尺度云团生成，云团从西北向东南移动。第 1 块云团从上游移动到子长县城以下后，又转而向上游移动，与下移的第 2 块云团在县城西南附近相遇，使暴雨量、持续时间和降雨强度进一步加强。暴雨中心以 10 千米每小时至 15 千米每小时的速度从西北向东南移动。

这次暴雨由两次降水过程组成。7 月 4 日凌晨至中午的暴雨为第一次降水过程，暴雨中心在子长县城附近；7 月 4 日晚至 7 月 5 日上午的暴雨为第二次降水过程，暴雨中心在清涧河支流永坪川上游禾草沟附近。这两次降水过程的综合特点：一是降雨量多，暴雨中心瓷窑站降水量达 463 毫米（调查）。二是雨强大，子长站最大 1 小时降雨 78 毫米；禾草沟站最大 1 小时降雨 85 毫米。三是历时长，第一次降水过程历时 10 小时，第二次降水过程历时 14 小时。四是雨区小，第一次降水过程 50 毫米以上雨区面积 1895 平方千米，100 毫米以上雨区面积 683 平方千米，150 毫米以上雨区面积 70 平方千米；第二次降水过程 50 毫米以上雨区面积 1425 平方千米，100 毫米以上雨区面积 380 平方千米，150 毫米以上雨区面积 65 平方千米。

第一次降水过程分别形成了子长、延川站第 1 个洪峰。子长站洪水 7 月 4 日 4 时 12 分起涨，6 时 42 分到达峰顶，水位涨幅 7.95 米；洪峰流量 4670 立方米每秒。延川站本次洪水主要来自干流吴家寨子以上，9 时 12 分洪水起涨，11 时到达峰顶。水位涨幅 9.97 米，洪峰流量 5540 立方米每秒。

第二次降水过程形成的流量较小。子长站 7 月 5 日 1 时 30 分洪峰流量 1350 立方米每秒，延川站 5 时 18 分洪峰流量 1690 立方米每秒。

子长站 7 月 4 日洪峰流量 4670 立方米每秒，历史最大的 1969 年洪峰流量为 3150 立方米每秒；两次洪水过程径流量分别为 0.6023 亿立方米和 0.168 亿立方米；两次洪水过程的最大含沙量分别为 771 千克每立方米和 966 千克每立方米；输沙量分别为 4090 万吨和 1400 万吨。

延川站 7 月 4 日洪峰流量 5540 立方米每秒，历史最大的 1959 年洪峰流量为 6090 立方米每秒；两次洪水过程径流量分别为 0.7649 亿立方米和 0.908 亿立方米；两次洪水过程的最大含沙量分别为 743 千克每立方米和 698 千克每立方米；输沙量分别为 5600 万吨和 4990 万吨。

这次特大暴雨洪水造成子长、清涧和延川 3 县直接经济损失分别为 2.4 亿元、1.04 亿元和 822.33 万元。

10. 无定河 2017 年 7 月 26 日洪水

2017 年 7 月 25 日，无定河一带出现强降雨过程，部分水库溃坝，小理河、大理河和无定河相继涨水，26 日洪水冲进子洲县城和绥德县城，道路被冲毁，街道积水，基础设施受损，给当地人民的生命和财产造成了较大损失。

此次暴雨中心位于无定河支流大理河。大理河绥德站出现建站以来的最大洪水，洪峰流量 3160 立方米每秒，最大含沙量为 837 千克每立方米。无定河白家川站出现 1975 年设站以来最大洪水，洪峰流量 4480 立方米每秒。以无定河为主的洪水汇入黄河后，和黄河干流洪水汇合，形成黄河龙门水文站 2017 年第 1 号洪峰。

为了解此次暴雨洪水情况，水文局组织中游局和三门峡库区局，成立了由徐建华带队的洪水调查组，开展了对无定河 2017 年 7 月 26 日暴雨洪水的调查。

调查组从 8 月 3 日开始，历时 9 天，调查收集了有关站点的暴雨情况，查勘了 14 个水文站，对清水沟水库的漫溢溃决情况，脑畔沟乡淤地坝淤积情况，韭园沟淤地坝冲毁情况，辛店沟、韭园沟小流域暴雨洪水后的情况，水利水保工程减水减沙作用和水毁情况等进行了调查，与榆林市水务局和气象局、子洲县和绥德县水务局等单位进行了座谈讨论，得出如下结论：

（1）暴雨强度大、笼罩面积广，来水来沙比较多

这次暴雨面平均雨量仅次于 1977 年 8 月 5 日至 6 日，排历史第二位；形成的洪水径流量排历史第一位，输沙量排历史第四位。绥德站 26 日出现洪峰流量 3160 立方米每秒洪水，为建站以来实测最大洪水。

（2）发生高强度大暴雨，依然会产生大水大沙

经过 20 世纪五六十年的水土保持治理，无定河流域下垫面有了明显改善，现有水利水保措施对中小暴雨减水减沙作用明显，但遇到 2017 年 7 月 26 日这样的高强度大暴雨减水减沙作用有限，依然会产生大水大沙。

（3）发生暴雨洪水，泥沙来源以重力侵蚀为主

无定河的坡面植被大多是灌草，灌草植被遇到大暴雨产流并流经坡面，

在坡面的沟边发生冲刷，引起重力侵蚀而向下游输送。因此泥沙主要来自沟边重力侵蚀。

（4）产汇流和侵蚀产沙输沙研究任重而道远

经过几十年水土保持和流域生态修复的实施，无定河流域下垫面发生了较大程度的改变，水文情势出现了较大变化，大洪水发生频次降低。但从长期来看，该地区的气候特征并没有改变，局地或大范围仍有可能发生短历时的强降雨天气，从而引发干流和支流出现较大洪水。因此，必须利用各种技术手段，进一步加强下垫面变化调查及其对产汇流、侵蚀产沙等的影响研究，加强对不断变化的下垫面条件下的水沙成因的分析研究工作。

第十节 测报能力提升

水文局共组织开展了两次较大规模的水文测报能力提升活动。第一次为 2001 年启动的围绕"三条黄河"（即原型黄河、数字黄河、模型黄河）建设新要求，以全面提高水文测报水平为目标的"黄河水文测报水平升级活动"；第二次为 2016 年启动的以全面提升黄河水文"技术、管理和服务能力"为目标的测报能力提升活动。

一、2001 年水文测报水平升级活动

（一）活动背景

进入 21 世纪后，黄河大部分水文站的测验仪器设备陈旧落后，技术水平等发展缓慢。水文测验工作基本上靠人工操作，如：水位以人工观测为主；测深采用测深杆；流量测验大多数站仍使用流速仪、秒表、电铃盒测算流速，大洪水时仍采用浮标测速；起点距测量主要采用标志牌、平板仪；在泥沙测验方面，用横式采样器取样、天平称重等。自动化程度低、效率低、劳动强度大，还存在危险性。

要实现"堤防不决口，河床不抬高、河道不断流、水质不超标"的治黄目标，为"三条黄河"的建设提供及时、准确、可靠、全面的水文数据

信息，迫切需要提高水文测报的自动化、数字化水平。2001 年汛后，黄委党组在深入分析黄河水文测报现状和国内外测报技术的基础上，做出在全河开展测报水平升级活动的决定。

（二）活动的启动

2001 年 10 月，水文局在郑州召开专题会议，全面部署水文测报水平升级活动，时任黄委主任李国英到会讲话。

水文局成立了测报升级活动领导小组，制定了管理办法，加强检查、指导，及时总结经验，研究解决问题，并且建立了奖励机制，安排研发专项资金和奖励基金，设立了技术革新"浪花奖"；组织有关人员到国内外考察学习，聘请国内外专家开展学术技术讲座等。黄委也给予了大力支持，设立了专项资金；为引进先进技术设备，申请了"948"项目、水利部科技推广经费，申请到了"激光粒度分析仪引进""黄河流域自动化水文测站关键技术引进"等项目。

（三）主要成果

这次水文测报水平升级活动历时 3 年多，中游局水文测报能力升级主要项目见表 3.2.10—1。这些项目的完成提升了中游局测区水文测报的现代化水平，有力推动了水文测报水平和测报能力的提升。

表 3.2.10—1 中游局水文测报能力升级主要项目统计表

序号	名 称
1	设施设备防雷技术方案设计
2	万家寨库区水质自动监测站建设方案
3	数字化测图系统开发
4	水情信息网络升级
5	电动升降吊箱研制
6	水情报汛站网补充及方案改善
7	"有人值守、无人观测"示范站建设
8	引进激光粒度分析仪

二、2016 年水文测报能力提升活动

（一）启动

为顺应时代变革和社会发展，使水文综合能力快速提升，2016 年 11 月，黄委党组决定再次开展全河水文测报能力提升活动，并提出全面提升水文测报"技术、管理、服务能力"的要求。11 月 22 日，全河水文测报能力提升启动会议在郑州召开。明确了测报能力提升的目标、任务和措施。印发了《黄河水文测报能力提升指导意见》。

（二）推进

2017 年 6 月 20 日至 22 日，全河第一次测报能力提升交流会在兰州召开。各单位交流了水文测报能力提升开展情况，参观了民和水文站安装的自动蒸发站系统、同位素测沙仪、RG-30 雷达在线测流系统、自动水温观测系统、JDZ02-1 雨量自动观测系统以及远程视频监控情况等；参观了兰州水文站侧扫雷达测流系统、智慧水文站系统、基础数据管理平台、户外 LED 信息大型显示屏和水文互动查询系统等。

11 月 22 日至 23 日，在济南再次召开测报能力提升交流会。会议全面交流了取得的最新成果和进展，参观了山东黄河水文信息综合平台、水质监测实验室、泺口水文站标准化多功能水尺等。

2018 年 12 月 10 日至 12 日，第三次测报能力提升交流会在银川召开。各单位对两年来测报技术、管理、服务能力提升的最新成果和进展进行了交流。参观了青铜峡"智慧水文站"、宁夏勘测局水文水资源自动监测控制中心、RG-30 雷达在线流量监测系统、自动蒸发站等，"智慧水文站"和综合管理平台建设取得新突破。为实现"有人看管、无人值守"的测验新模式提供了技术示范。

2019 年 6 月 19 日至 20 日，在三门峡召开测报能力提升推进会。会上交流了最新成果，参观了河南黄河水文水资源局水文资料在线审查系统和三门峡库区局水文在线监测系统。

12 月 10 日至 11 日，测报能力提升三年总结会在郑州召开。会议通过工作汇报、现场参观、座谈交流等形式，总结了三年来水文测报能力提

升活动取得的成果和经验，对后续水文现代化建设的方向形成了共识。

（三）成果

2016年至2019年，围绕提升"三个能力"的总体要求，坚持整体规划、重点突破、分步实施和大力推进的方针，中游局实现了"三年大变样"的目标，取得了一批测报能力提升的重要成果。中游局水文测报能力提升主要项目见表3.2.10—2。

表3.2.10—2 中游局水文测报能力提升主要项目统计表

序号	项目名称	要求	时限（年）
1	雷达水位计安装及基础施工	列入"十三五"，根据项目安排情况按要求完成。	2019
2	河曲水文站水位计观测井建设	列入"十三五"，根据项目安排情况按要求完成。	2019
3	水位信息管理系统	以勘测局为单位完成对所属水文站的水位信息管理、数据处理及深加工。	2017
4	吊箱缆道自动化测验平台推广	在吴堡、府谷水文站推广。列入"十三五"，根据项目安排情况按要求完成。	2019
5	ADCP应用	争取2017年在吴堡水文站投入使用；府谷、河曲水文站根据"十三五"项目安排情况按要求完成。	2017 2018
6	单值化测流槽建设	在大村、兴县、殿市、桥头、旧县、新市河、曹坪、子长、青阳岔、李家河、吉县、裴沟12个水文站建设。列入"十三五"，根据项目安排情况按要求完成。	2019
7	建设雷达测流系统	在延川、白家川、高家川、丁家沟、温家川、旧县、青阳岔、申家湾、大村、杨家坡、新市河、裴沟、后大成、延安、高家堡等15个水文站建设。列入"十三五"，根据项目安排情况按要求完成。	按要求
8	铅鱼系统改造	吴堡、河曲水文站，列入"十三五"，根据项目安排情况按要求完成。	按要求
9	泥沙采样设备	在吴堡水文站引进多仓式悬移质采样器，条件具备时逐步在府谷、温家川、白家川水文站推广。	2017
10	泥沙室标准化建设	列入"十三五"，根据项目安排情况按要求完成。	按要求
11	数字化水面蒸发量观测设备	列入"十三五"，根据项目安排情况，在温家川、万家寨、申家湾、白家川、大宁、大村、靖边7个水文站按要求完成。	按要求
12	固体降水自动化观测仪器	引进并进行比测。	2018
13	提升应急监测能力	加强应急监测队伍建设，有针对性地开展应急演练，规范应急设备的管理、维护。每年至少进行水文、水质两次应急演练，每月对应急设备进行一次维护保养，确保应急设备随时处于应急状态。	2017

序号	项目名称	要求	时限（年）
14	成熟的先进仪器设备配置	GPS、全站仪、电子测距仪等仪器配置。列入"十三五"，根据项目安排情况按要求完成。	按要求
15	流速仪信号记录仪、水位计接收终端	引进流速仪信号记录仪、水位计接收终端等设备。	2017
16	吊箱缆道改造	更新改造吴堡、府谷、河曲、高家堡水文站吊箱缆道。列入"十三五"，根据项目安排情况按要求完成。	按要求
17	防雷设施建设	分期分批逐步较好地解决各种设施设备的防雷问题，为安全生产提供保障。优先考虑新庙、吴堡、河曲水文站。	2020
18	配备便携式卫星电话	列入"十三五"，根据项目安排情况按要求完成。	按要求
19	制度修订	修订《测站任务书》《黄委中游水文局测验指导意见》	2017
20	ISO9001质量管理体系的建立及认证工作	完善水文测报质量管理组织机构、仪器设备鉴定、检测计量程序、人员、环境等工作制度。	2018
21	水文站视频监控系统建设	2017年完成吴堡、府谷、河曲、延安、甘谷驿、横山、子长、丁家沟水文站和佳县水位站建设；2018年完成吉县、大宁、林家坪、高石崖、皇甫、王道恒塔、高家堡、殿市、韩家峁、申家湾水文站建设；2019年完成马湖峪、白家川、曹坪、李家河、青阳岔、高家川、温家川水文站建设。	2017、2018、2019年分批完成
22	局机关、各勘测局视频监控中心建设	各水文站通过网络实现视频的上传，监控中心通过电视墙随时观看各点的运行情况，实现水文站测验、设施设备运转等远程可视化。通过互联网技术，将测站的降水量、水位、流量、含沙量等过程信息及单次测验信息在局机关实时展示。	2018
23	水情信息展示系统	在吴堡、府谷、吉县、甘谷驿、延安、高石崖、林家坪、横山、丁家沟水文站公共区域建设水情信息展示系统。	2017
24	标识水位特征	在延安、延川、横山、高石崖、林家坪水文站河堤上标识水位特征标志。	2017
25	水文基础研究	继续加强水沙变化规律基础性跟踪研究、区间洪水泥沙产汇流规律研究，测站水沙特征统计和测站特性分析。	长期
26	水文情报预报能力建设	推进河龙区间暴雨洪水预警预报系统建设。	2020

第十一节　专项测验

2000年以后，为适应黄河治理开发和水资源调度管理需要，中游局所属各站的水文测报业务有所扩展，除基本水文测报工作外，还承担了多项水文专项测验任务，有黄河水资源调度管理测验、黄河调水调沙测验、黄河小北干流放淤试验原型观测和利用桃汛洪水冲刷降低潼关高程试验测验等。各有关水文站根据上级要求及测报方案，以现行有关规范和标准进行相应的专项测验。

一、水资源调度管理

在黄河水资源调度管理测验中，中游局测区主要进行有关省界控制站的水量监测任务。

2018年，水利部水文司颁发了《省界断面水文监测管理办法（试行）》（水文〔2018〕260号），对省界断面水文监测提出了具体要求。水文局下发了《黄委水文局省界断面测报方案》，对黄委所属的51处（中游局测区为24处）省界站的水位、流量测验和水情报汛等提出了具体要求。按照水利部水资源监测管理和信息上报要求，从2019年1月1日开始，中游局每月5日前上报所属24个控制站上月日平均水位和月平均水位、月最高、最低水位；日平均流量和月平均流量，最大、最小流量，月径流量。

二、调水调沙

黄河调水调沙试验主要是通过水库调度下泄库内清水，减少河道含沙量。2002年初，黄委成立"黄河首次调水调沙试验总指挥部"，水文局下达有关水文站调水调沙试验水文测报任务书。中游局制定了调水调沙期间有关测站测报任务书，对调水调沙期间的测报工作进行具体部署。参与了2003年、2004年的第二次、第三次黄河调水调沙试验。从2005年开始，黄委要求调水调沙转为正常生产任务，中游局均按要求参与并完成了每年的测报任务。

2002年至2005年，中游局所属万家寨、河曲、府谷、吴堡和白家川5个站参加了当年的调水调沙测报任务；2006年和2007年，河曲、府谷、吴堡3个水文站、万镇和佳县两个水位站参加了当年的调水调沙测报任务；2008年至2019年，河曲、府谷、吴堡3个水文站和万镇水位站参加了当年的调水调沙测报任务。黄河调水调沙专项测验项目一般从每年的6月中下旬开始，7月上旬结束。

测报任务一般有水位、流量、单沙、输沙率、泥沙颗粒级配测验和水情报汛等。根据调水调沙期间的测验、整编和审查情况，编制调水调沙试验水文监测总结报告。按年度将每年的调水调沙测验、整编成果及总结报告上报水文局。

三、小北干流放淤

黄河小北干流放淤是利用河流动力学原理，借助弯道水流自身力量，将来自黄土高原的泥沙进行粗、细泥沙的自然分选，把对下游河道及水库淤积影响较大的粗颗粒泥沙滞留在试验区两岸洼地，细颗粒泥沙再送回黄河，达到"淤粗排细"的目的，减少三门峡、小浪底库区及下游河道淤积。放淤工程位于山西省河津市连伯滩一带的汾河口工程背水侧。工程分为引水闸、输沙渠、淤区、退水闸四个部分。原规划的两年放淤试验，因河势变化、上游来水来沙等因素影响，从 2004 年开始一直持续到 2016 年 7 月 29 日。

根据水文局安排，在小北干流放淤试验中，吴堡站增加了测验与报汛次数。

四、利用桃汛洪水冲刷降低潼关高程

桃汛是由黄河宁蒙河段解冻开河形成的洪水过程，到潼关河段一般出现在 3 月中旬至 4 月上旬，洪峰流量一般在 2000 立方米每秒至 3000 立方米每秒，平均流量约 13 亿立方米，洪水过程约 10 天。

桃汛洪水对降低潼关高程有一定的作用。从 2006 年开始，黄委决定开展利用黄河桃汛洪水冲刷降低潼关高程试验，到 2019 年，此项目一直在进行。

2006 年开始，水文局每年编制《利用桃汛洪水冲刷降低潼关高程试验水文原型观测方案》，并下达观测任务书。中游局相应编制《利用桃汛洪水冲刷降低潼关高程试验水文原型观测实施方案》，并负责试验期间万家寨至吴堡河段的观测任务。

中游局从 2006 年开始参与利用桃汛洪水冲刷降低潼关高程试验的观

测任务。2006年河曲、府谷、吴堡3个水文站和万镇水位站参加了观测任务；2007年至2018年，河曲、府谷和吴堡3个水文站参加了观测任务；2019年，河曲、府谷两个水文站和万镇水位站参加了观测任务。观测一般从3月中下旬开始，4月上旬结束。测验项目有水位、流量、单沙、输沙率和泥沙颗粒级配等。

根据试验期间的观测、整编和审查情况，编制总结报告并将水文观测、整编成果及总结报告上报水文局。

第三章　水库测验

黄河中游测区黄河干流已建水库有万家寨、龙口和天桥 3 座。万家寨、龙口水库均为大型水库，天桥水库为中型水库。万家寨、龙口水库的测验不属于中游局垂直管理。水库测验由水库管理单位负责，委托中游局具体实施；天桥水库建库初期，水库测验由中游局负责管理并具体实施。

第一节　万家寨水库

一、基本情况

万家寨水库位于黄河干流托克托至龙口河段的峡谷内，是黄河中游规划开发的八个梯级坝之一，左岸为山西省偏关县，右岸为内蒙古准格尔旗。

万家寨水库前期工程于 1991 年开始，主体工程 1994 年正式开工，1998 年 11 月提前完成首台机组发电，2000 年 12 月 12 日，6 台机组全部投入生产运行。坝址以上控制流域面积 394813 平方千米，占黄河流域总面积的 52.2%，上距河口镇约 104 千米。水库正常蓄水位 977 米，最高蓄水位 980 米，水库回水长度 72.14 千米，汛期防洪限制水位 966 米，最低运用水位 952 米，冲沙水位 948 米。水库总库容为 8.96 亿立方米。支流库容仅占总库容的 2.8%。最低运用水位 952 米以下库容为 3.25 亿立方米，占总库容的 36%。最高蓄水位时水库面积 28.11 平方千米，平均库面宽不足 400 米。

二、库区测验

（一）平面和高程控制

库区首级控制由中游局和水利部天津勘测设计院测量队于 1997 年 6 月至 7 月共同施测。

平面控制为 1954 年北京坐标系，起算点为万家寨施工控制网二等边角网点 WS01、WS02、WS08、流芳庙，采用 GPS 网和导线测量相结合的方法。

高程控制为 1956 年黄海高程系，起算点为万家寨三等水准点 2001 及 WS03、WS06、WS11、WS44，采用几何水准和三角高程代水准相结合的方法。

（二）断面布设

根据 1997 年中游局、天津勘测设计院测定的 88 条断面情况，选取 59 条断面作为永久测淤断面。其中支流 16 条；干流头道拐水文站至拐上河段为水库上游河道，布设 7 条断面，平均断面间距为 4.8 千米；拐上（WD65）至红河口河段泥沙冲淤变化大，断面布设密度大，布设 9 条断面，平均断面间距为 1.7 千米；红河口（WD56）至坝址布设 27 条断面，断面间距 0.8 千米至 3.14 千米，平均断面间距为 2.1 千米。干流总计布设 43 条断面。支流杨家川总长 6.2 千米，共布设 5 条断面；支流黑岱沟总长 4.53 千米，共布设 4 条断面；支流龙王沟总长 0.8 千米，共布设两条断面；支流红河总长 6 千米，共布设 5 条断面，支流总计布设 16 条断面。万家寨库区干流和支流永久测淤断面一览表分别见表 3.3.1—1、表 3.3.1—2。

（三）库区泥沙淤积测验

库区泥沙测验主要内容包括：泥沙冲淤数量、冲淤分布和形态、库容、淤积泥沙组成和淤积泥沙容重等。测验范围为黄河干流坝址至拐上约 106 千米河道，红河、龙王沟、黑岱沟、杨家川 4 条支流的部分河段。每年汛前 5 月至 6 月、汛后 9 月至 10 月上旬各测验 1 次，遇有特大洪水冲淤变化大时增加测次。

表 3.3.1—1 万家寨库区干流永久测淤断面一览表

序号	断面编号	水库中心线（千米）		断面名称	序号	断面编号	水库中心线（千米）		断面名称
		断面间距	距坝里程				断面间距	距坝里程	
	坝轴线				22	WD46	1.80	44.98	
1	WD01	0.80	0.80		23	WD48	1.66	46.64	
2	WD02	1.07	1.87		24	WD50	2.33	48.97	
3	WD04	2.13	4.00		25	WD52	3.14	52.11	
4	WD06	2.73	6.73		26	WD54	2.93	55.04	
5	WD08	2.47	9.20		27	WD56	1.46	56.50	红河口
6	WD11	2.53	11.73		28	WD57	0.67	57.17	
7	WD14	2.20	13.93	杨家川	29	WD58	1.20	58.37	
8	WD17	3.13	17.06		30	WD59	1.33	59.77	
9	WD20	2.93	19.99		31	WD60	1.74	61.44	
10	WD23	2.33	22.32		32	WD61	2.26	63.70	
11	WD26	2.86	25.18		33	WD62	2.20	65.90	
12	WD28	2.00	27.18		34	WD63	1.67	67.57	
13	WD30	1.66	28.84		35	WD64	2.20	69.77	喇嘛湾
14	WD32	1.67	30.51		36	WD65	2.33	72.10	拐上
15	WD34	1.87	32.38		37	WD66	1.80	73.90	
16	WD36	2.66	35.04		38	WD67	2.52	76.42	
17	WD38	2.20	37.24		39	WD68	4.92	81.34	
18	WD40	1.27	38.51		40	WD69	4.64	85.98	
19	WD42	2.53	41.04	龙王沟	41	WD70	5.74	91.72	
20	WD43	1.34	42.38		42	WD71	7.53	99.25	
21	WD44	0.80	43.18	小沙湾	43	WD72	6.72	105.97	河口镇

（四）断面测验

万家寨水库自 1998 年下闸蓄水后，于 1999 年 9 月由中游局首次施测断面淤积，2000 年至 2003 年每年对水库均进行两次淤积测验。2009 年至 2020 年山西黄河万家寨工程咨询有限公司每年对水库均进行两次淤积测验，中游局负责审查淤积测验资料成果。

表 3.3.1—2 万家寨库区支流永久测淤断面一览表

序号	断面编号	河道中心线（千米）		序号	断面编号	水库中心线（千米）	
		断面间距	距坝里程			断面间距	距坝里程
	杨家川			9	HD04	1.53	4.53
1	YJ01		0.00		龙王沟		
2	YJ02	2.00	2.00	10	LW02		0.00
3	YJ03	1.60	3.60	11	LW01	0.80	0.80
4	YJ04	1.20	4.80		红河		
5	YJ05	1.40	6.20	12	HH01		0.00
	黑代沟			13	HH02	0.47	0.47
6	HD01		0.00	14	HH03	1.00	1.47
7	HD02	1.53	1.53	15	HH04	1.86	3.33
8	HD03	1.47	3.00	16	HH05	2.67	6.00

断面测量按 1/2000 实际精度比例尺掌握。各断面均测至前一次断面测量后所发生最高水位 0.5 米以上。断面桩及转点的起点距、高程闭合差符合误差要求，即所测高差不符值每百米小于 3 厘米，全线小于 ±0.03k/n1/2 厘米（k 为全线长，以米记；n 为仪器站数）；闭合于控制点的起点距的闭合差不大于 1/500。

岸上部分测量：坝前断面两岸陡峻，测量方法为两岸桩点分别架设全站仪，观测对岸。库中及库尾断面以一岸为仪器站，向对岸引测转点，然后由断面桩和转点分别设站观测。断面点间距控制在 10 米至 40 米，且各地形转折变化处均设有测点。

水下断面测量：水下断面点测量采用全站仪配合 CSS 水深仪进行。浅水区用测深杆测深。测量时断面点平面误差、高程误差分别控制在 0.5 米和 0.1 米，保证了测深精度。测点数目和分布情况，根据水面宽窄和水下地形的变化，在主槽、陡岸边及水深变化处测次较多。水深变化不大处按照规范中规定的最少垂线数控制。

（五）淤积物（河床质）泥沙取样

根据设计要求，取样断面位置为：WD01、WD08、WD20、WD30、WD42、WD48、WD52、WD56、WD58、WD60、WD62、WD64、WD65、WD66、WD67、WD68、WD69、WD70、WD71、WD72、YJ01、HH01、HH03、LW01、HD01、大沟口。

淤积物采样与淤积断面测量同时进行。各断面取样点主槽部分采样2个至3个，滩地部分采样1个至2个，具体视断面宽窄布置采样点。每个沙样都取至河床表层下0.1米至0.2米内，并且要能代表断面淤积物的组成。

三、进出库水文测验

（一）万家寨进库水文测验由干流头道拐站和支流红河放牛沟水位站承担。

（二）万家寨出库水文测验由万家寨水文站承担。万家寨站1954年由电力部设立，1956年停测；1960年由黄委在原址恢复观测，1964年撤销；1994年9月1日由黄河万家寨水利枢纽有限公司下迁100米恢复观测，改为万家寨（二）站；2000年1月1日上迁250米改为万家寨（三）站。

（三）受黄河万家寨水利枢纽有限公司委托，中游局承担万家寨站水文测验工作。测验项目有水位、流量、单沙、输沙率、泥沙颗粒级配、水温、气温、冰凌、降水量、蒸发量等。

第二节　龙口水库

一、基本情况

黄河万家寨水利枢纽配套工程龙口水利枢纽位于黄河干流托克托至龙口河段的尾部，是黄河治理开发规划中确定的梯级工程之一。坝址距上游万家寨水库25.6千米，下游距天桥水库约70千米。左岸是山西省忻州市的偏关县和河曲县，右岸为内蒙古鄂尔多斯市的准格尔旗。

龙口水库以发电为主，对万家寨水库进行反调节，同时具有滞洪削峰等作用。水库总库容1.957亿立方米，正常蓄水位898米，汛期限制水位891米，调节库容0.705亿立方米。

作为万家寨水库的反调节水库，发电就近投入晋、蒙电网，确保黄河龙口至天桥区间不断流。2009年9月并网发电。龙口水库非汛期为季节调节、汛期为日调节。水库采用"蓄清排浑"运作方式。

库区左岸距坝址约13.5千米处有支流偏关河汇入，偏关河流域面积为2089平方千米，占万家寨至龙口区间流域面积2600平方千米的80%。蓄水后库区河道宽300米至500米。

二、库区测验

龙口水库库区测验由黄河万家寨水利枢纽有限公司负责管理，委托中游局具体实施。

（一）平面和高程控制

平面控制系统为1954年北京坐标系（高斯面）；高程控制系统为1956年黄海高程系。

（二）断面布设

龙口水库坝址至上游万家寨水库25.6千米河道，布设26条断面，断面间距0.119千米至1.361千米，平均断面间距为0.972千米；支流偏关河总长1.942千米，布设6条断面，断面间距0.28千米至0.505千米，平均断面间距为0.388千米。龙口库区干流和支流淤积断面一览表分别见表3.3.2—1、表3.3.2—2。

（三）库区泥沙淤积测验

库区泥沙测验主要内容包括：泥沙冲淤数量、冲淤分布和形态、库容、淤积泥沙组成和淤积泥沙容重等。测验范围为黄河龙口坝址至万家寨坝址25.6千米河道，偏关河支流的部分河段。每年7月至8月、9月至10月各测验1次，遇有特大洪水冲淤变化大时增加测次。

表 3.3.2—1　龙口库区干流淤积断面一览表

序号	断面编号	水库中心线（千米）		序号	断面编号	水库中心线（千米）	
		断面间距	距坝里程			断面间距	距坝里程
	坝轴线		0	14	LK14	1.361	13.394
1	LK01	0.119	0.119	15	LK15	0.885	14.279
2	LK02	1.046	1.165	16	LK16	1.187	15.466
3	LK03	0.966	2.131	17	LK17	0.884	16.35
4	LK04	1.026	3.157	18	LK18	0.906	17.256
5	LK05	1.106	4.263	19	LK19	1.036	18.292
6	LK06	0.976	5.239	20	LK20	0.96	19.252
7	LK07	1.023	6.262	21	LK21	0.986	20.238
8	LK08	1.207	7.469	22	LK22	1.046	21.284
9	LK09	1.02	8.489	23	LK23	1.006	22.29
10	LK10	1.038	9.527	24	LK24	1.013	23.303
11	LK11	1.026	10.553	25	LK25	0.95	24.253
12	LK12	0.545	11.098	26	LK26	1.007	25.26
13	LK13	0.935	12.033				

表 3.3.2—2　龙口库区支流淤积断面一览表

序号	断面编号	河道中心线（千米）		序号	断面编号	水库中心线（千米）	
		断面间距	距坝里程			断面间距	距坝里程
1	PG01		0	4	PG04	0.505	1.232
2	PG02	0.28	0.28	5	PG05	0.401	1.633
3	PG03	0.447	0.727	6	PG06	0.309	1.942

（四）断面测验

龙口水库自 2008 年下闸蓄水后，于 2009 年 7 月由山西黄河万家寨工程咨询有限公司每年对水库进行两次淤积测验，中游局负责审查淤积测验资料成果。

断面测量按 1/2000 比例尺掌握。各断面均测至前一次断面测量后所发生最高水位0.5米以上。断面桩及转点的起点距、高程闭合差符合误差要求，即所测高差不符值每百米小于3厘米，全线小于±0.03k/n1/2厘米（k为全线长，以米记；n为仪器站数）；闭合于控制点的起点距的闭合差不大于1/500。

岸上部分测量：库区断面两岸陡峻，测量方法为两岸断面桩点分别架设全站仪，观测对岸。部分断面以一岸断面桩点架设仪器，观测对岸断面桩及测转点，然后由断面桩和测转点分别设站观测。断面点间距控制在3米至10米内，且各地形转折变化处均有测点。

水下断面测量：水下断面点采用HY1600测深仪进行。浅水区用测深杆测深。测量时断面点平面误差、高程误差分别控制在0.5米和0.1米，保证了测深精度。测点数目和分布情况，依据大坝蓄水后第一次泥沙淤积测验、水面宽窄和水下变化，在主槽、陡岸边和水深变化处测点较多。水深变化不大处按照规范中规定的最少垂线数控制。

（五）淤积物（河床质）泥沙取样

根据技术设计书的要求，取样断面为LK01、LK02、LK04、LK06、LK08、LK10、LK12、LK14、LK16、LK18、LK20、PG01、PG02共13个。

淤积物采样与淤积断面测量同时进行。各断面取样点主槽部分采样2个至3个，滩地部分采样1个至2个，具体视断面宽窄布置采样点。每个沙样都取至河床表层下0.1米至0.2米内，并且要能代表断面淤积物的组成。

三、进出库水文测验

龙口水库库区测验由黄河万家寨水利枢纽有限公司负责管理，委托中游局具体实施。

（一）龙口进库水文测验由干流万家寨站（万家寨出库站兼龙口进库站）和支流偏关河偏关水文站承担，两站分别隶属于黄河万家寨水利枢纽有限公司和山西省水文水资源勘测局。黄河万家寨水利枢纽有限公司委托中游局负责万家寨站的水文测验管理及具体实施；山西省水文水资源勘测局负责偏关站的水文测验管理及具体实施。

（二）龙口出库水文测验由河曲站承担。

（三）受黄河万家寨水利枢纽有限公司委托，中游局承担万家寨、河曲站出库水文测验工作。河曲站测验项目有水位、流量、单沙、输沙率、泥沙颗粒级配、水温、冰凌和降水量等。

第三节　天桥水库

一、基本情况

天桥水库于1970年4月动工兴建，1977年2月1号发电机组开始发电，1978年7月4台发电机组全部投产。总装机容量12.8万千瓦，设计水头18米。

坝体全长752.1米（其中右岸为土石坝，长330米），坝顶高程838米（黄海基面），最大坝高42米。

水库设计正常运用水位834米，回水长度25千米左右，水库水面面积8.52平方千米，库面宽300米至800米。834米水位设计的库容为0.6618亿立方米，1973年6月实测为0.6734亿立方米，并作为原始起算库容。836米水位库容（实测）为0.8479亿立方米。设计百年一遇洪峰流量为15600立方米每秒，相应坝前水位可达835.1米，最大泄洪量为14800立方米每秒。

黄委根据水电部1975年121号文件指示部署天桥库区测验工作。1975年9月吴堡总站根据黄委指示组建天桥库区水文实验站，1976年正式开始水库观测研究工作。观测研究项目主要有：进、出库水沙测验，库区水位观测，淤积断面测验，水力、泥沙因子测验，库区冰凌观测与调查等。

二、进出库水文测验

（一）天桥进库水文测验由干流河曲站（龙口出库站兼天桥进库站）和支流皇甫川皇甫、清水川清水、县川河旧县4个水文站承担，均隶属于吴堡总站，并负责天桥出库水文测验管理及具体实施。

皇甫站1953年7月12日设立；1955年6月上迁53米改为皇甫（二）站，1977年1月上迁4千米改为皇甫（三）站。皇甫川洪峰大，含沙量大，泥沙粒径粗，易使天桥水库产生淤积，对防汛和电站运行有较大影响。1976 年 6 月设立黄河干流河曲、清水川清水（1995 年 10 月 1 日撤销，改为天桥水库专用水文站）、县川河旧县 3 个进库站，旧县为汛期水文站。义门站处在施工区，是黄河重要报汛站之一，为避免在大坝施工期对该站测验精度的影响，于 1971 年在坝下 8 千米处设立府谷水文站为出库站。

（二）天桥出库水文测验由府谷站承担。府谷站 1971 年 5 月由黄委设立；1988 年 6 月上迁 384 米改为府谷（二）站；1991 年 1 月下迁 134 米改为府谷（三）站；2007 年 8 月下迁 250 米，是国家重要水文站。

（三）干流和支流主要站水沙概况

1. 据干流府谷站（建库前用义门站）1954 年至 2019 年的资料统计，天桥坝址多年平均径流量 210.1 亿立方米，汛期占年径流量的 58.1%。最大年径流量 460.8 亿立方米（1967 年）；最小为 95.05 亿立方米（1997 年）。多年平均流量 672 立方米每秒。实测最大流量 12800 立方米每秒（2003 年 7 月 30 日）；调查历史洪水洪峰流量为 13000 立方米每秒（1977 年复查核定）。多年平均输沙量 1.77 亿吨，汛期占年输沙量的 84.6%。最大输沙量 8.67 亿吨（1967 年）；最小 0.039 亿吨（2005 年）。多年平均含沙量 6.88 千克每立方米，最大含沙量 1190 千克每立方米（1971 年 7 月 23 日）。

2. 支流皇甫川水少沙多，也是水库泥沙主要来源之一。据 1954 年至 2019 年的资料统计，多年平均径流量 1.197 亿立方米，输沙量 0.365 亿吨，分别占入库水沙的 0.6% 和 20.6%。多年平均流量和含沙量分别为 3.78 立方米每秒和 251 千克每立方米。最大流量和最大含沙量分别为 8400 立方米每秒和 1570 千克每立方米。

（四）受黄河天桥电站委托，中游局承担河曲、皇甫、清水、旧县和府谷 5 个水文站的进出库水文测验工作。

1. 皇甫站测验项目有水位、流量、单沙、泥沙颗粒级配和降水量等。

2. 旧县站测验项目有水位、流量、单沙和降水量等。

3. 清水站测验项目有水位、流量和单沙等。

4. 府谷站测验项目有水位、流量、单沙、输沙率、泥沙颗粒级配、水温、冰凌和降水量等。

三、库区水位观测

水库建成后，1976年1月义门水文站改为坝前水位站。为掌握库区回水和淤积变化，1979年6月1日，在距坝21.77千米、28.45千米、18.78千米、11.83千米处，分别设立上庄水位站和曲峪、石梯子、禹庙汛期水位站。1981年6月曲峪站下迁1650米，4站均于1988年1月停测。

除各水位站进行常规性水位观测外，1979年至1986年（1985年未测）汛期，曾在部分淤积断面进行库区同时水面线观测，共计观测65天、214次，每次观测6个至16个断面，流量变幅为120立方米每秒至8550立方米每秒。

此外，山西省电业局天桥水电厂从1977年4月1日起，在坝前溢洪闸上游第7孔闸门导墙上和坝下冲沙闸出口左岸导墙上进行坝上和坝下水位观测。

四、库区淤积测验

（一）断面布设及控制

1973年，黄委测量四队按要求在大坝至河曲段49.83千米的干流布设断面28个，断面平均间距为1.78千米（按地形图河槽弯曲长度计）。1975年天桥库区实验站对干流部分淤积断面位置和方向进行了调整，断面平均间距由1.78千米调整为1.23千米。

1978年6月，在主要入库支流布设7个断面，其中皇甫川3个、清水川3个、县川河1个。库区干流和支流固定实测断面共32个。

库区平面控制是1954年北京坐标系，高程控制为黄海基面。首级控制：平面为五等三角，高程为四等水准，个别为五等水准。

历年来，测量标志破坏严重，至1985年完好率不到30%。

（二）断面测验

1973年5月3日至6月22日，黄委测量四队对库区28个断面进行首次测量。1975年12月截流前，由天桥库区水文实验站于11月3日至18日施测了第二次。当年因设施准备不足，只测了黄淤1至黄淤8—1断面。1976年和1977年随淤积上延，施测至黄淤15断面。1978年测至黄淤20

断面及支流清水川和县川河断面 3 个。1979 年测至黄淤 22 断面及支流清水川和县川河断面 3 个。1980 年支流增测皇甫川 3 个断面。1981 年干流上延测至黄淤 22 断面,在黄淤 4、6、8 和 21 断面另增设辅助断面各 1 个,每次施测 32 个断面。

测次安排:1978 年以前每年测 1 次,从 1978 年起每年施测 2 次至 4 次。汛前汛后各测 1 次,汛期遇较大洪水时,实行简测,选择 7 个至 8 个断面增加测次 1 次至 2 次。1985 年起,水文局调整测验任务,改为每年汛前必测,汛期如无较大水沙变化,一般不测,若生产单位(水电厂)需要,则根据有偿服务的原则加测。

1973 年至 1982 年的 20 次断面实测成果及库容、冲淤量、断面面积、泥沙等资料于 1985 年 5 月集中汇刊在《黄河流域天桥水库区资料》专册。1983 年以后的资料纳入全河水库实验资料专册刊印。

五、下游河道测验

为了解下游河道冲淤情况,1979 年 5 月由天桥库区测验队在坝下 11.2 千米内布设断面 8 个,平均断面间距为 1.4 千米。

下游河道断面的平面、高程控制与库区相同。因断面较宽,两岸均有基本设施,断面标和水准点均为砼管(桩)。

1979 年 6 月至 1981 年 10 月因断面基本设施不足,仅施测坝下 1 断面、3 断面、5 断面、8 断面共 6 次;1982 年 5 月至 1987 年 5 月施测坝下 8 个断面共 8 次。

六、淤积泥沙组成测验

水库淤积物泥沙组成测验于 1979 年开始,与断面测验同时进行。每次在库区黄淤 2、黄淤 4—1、黄淤 6—1、黄淤 8—1、黄淤 9、黄淤 12、黄淤 15、黄淤 20、黄淤 22 断面和坝下黄淤 1、黄淤 2、黄淤 3、黄淤 5、黄淤 8 断面取样。每个断面的取样一般不少于 5 个,水下使用蚌式或自制的墩式、锥式采样器取样,并做颗粒分析。

七、水沙因子测验

为了解入库水沙运行情况和规律，在 1978 年全国水库观测研究工作会议后，拟定在水库黄淤 2 断面（坝前）和黄淤 9（禹庙）断面（该断面因设施未建而未实施）设水力泥沙因子断面。1979 年在黄淤 2 断面架成过河缆双缆吊船，测船为 7 米长的钢板船。

坝前水沙因子测验于 1979 年 9 月至 11 月施测 5 次，1980 年 3 月至 9 月施测 9 次，加测断面 13 次。每次布设 5 条至 7 条垂线，用积点法测速取沙，同时观测比降并采取床沙质，对泥沙样品逐点进行颗粒分析。历次施测水位变幅在 829.21 米至 831.57 米之间，最大水深 13.3 米，流量变幅为 0 至 1730 立方米每秒，断面平均含沙量在 0 至 11.8 千克每立方米，断面平均流速为 0 至 2.07 米每秒，最大测点流速 3.96 米每秒。

该项资料于 1987 年重新审查整编，除 1980 年 13 次断面施测资料刊印在《黄河流域天桥水库区资料》专册内，其余资料未刊印。

八、水库泥沙研究

天桥水库水沙资料分析工作始于 1979 年，水文处于 1979 年 7 月编写了《黄河天桥水库测验资料的整理分析》。1980 年以后，天桥库区测验队、黄委设计院及天桥水电厂等单位陆续进行有关专题分析，编写有库区泥沙冲淤情况、库区冰情调查分析及水电站排沙运用等方面的研究报告 10 多篇。

（一）水库运用

天桥水库库容小，来沙多，水沙来势猛，无调节能力。设计运用原则是：水库回水末端不宜超过皇甫川口（距坝 26 千米），维持天然河道特性，防止淤积上延，维持冲沙漏斗，减少过机泥沙，合理使用泄水建筑物。据此电站运行初期非汛期正常蓄水位为 834 米，汛期限制水位为 830 米，按流量级大小进行洪水调度，桃汛和伏汛初期及大沙峰期实行停机冲沙或排沙，凌汛时，少量浮冰由上层堰排出，流冰集中时停机开闸排冰。

1985 年 11 月在太原召开了天桥电站设计运行总结会议。天桥水电厂总结了 1977 年电站运行以来的运用经验。由于水库运用方式采取了汛期按初汛期、主汛期、中汛期、末汛期分段控制水位在 828 米至 834 米之间，为兼顾上下游合理输沙，将排沙、冲沙水位控制在 824 米至 826 米，从而在保证安全泄洪和控制淤积延伸的前提下，较好地发挥了多沙河流低水头径流电站的效益。

（二）水库冲淤

1977 年 2 月至 1979 年为电站运行初期，泥沙淤积迅速。据 1976 年 10 月至 1979 年 11 月的实测资料，黄河 22 断面以下库区共淤积泥沙 3805 万立方米。正常蓄水位 834 米以下库容 6734 万立方米，损失 3245 万立方米，占原库容的 48.2%。

1980 年以后，电站进入正常运行。根据初期运行经验，对来水来沙分别采取降低水位或停机敞泄等排沙措施，使水库泥沙有冲有淤。据统计，1979 年 11 月至 1985 年 6 月间，共淤积 5610 万立方米，冲刷 5241 万立方米，基本上达到了冲淤平衡。1986 年 9 月，水位 834 米的库容剩余 2540 万立方米，淤积库容 4194 万立方米。大坝至黄淤 9 断面淤积 3606 万立方米，占淤积库容的 86%。至 1989 年 10 月，834 米水位的库容剩 2020 万立方米，仅为原库容的 30%。

（三）淤积形态

天桥水库纵向淤积形态随水沙条件而变。非汛期多呈三角洲淤积形态，三角洲顶点距坝约 7 千米至 8 千米，洲面比降为 2‰左右，前坡比降为 18‰至 25‰，淤积末端在皇甫川口附近。汛期来沙量大，淤积可一直发展到坝前，呈典型的锥体淤积形态。淤积末端在皇甫川口以下 500 米至 1000 米，即距坝 20 千米。整个库区平均淤积厚度达 4 米至 5 米，其中坝前段淤积厚度为 7 米至 8 米，最大淤厚为 11.3 米（1982 年 10 月），天桥峡谷上下淤厚为 8 米至 9 米。

坝前黄淤 1 至黄淤 4 断面基本上属水平淤积。黄淤 5 断面以上滩槽分明，淤滩较多，淤槽较少，河槽变化趋势接近上徐庄至曲峪自然河道河槽形态。

（四）坝下河床变化

坝下建库前为天桥峡谷出口处，河道展宽。洪水出峡谷后河分两岔，水分数股，河床有历史性的抬升趋势。据调查，坝下 2 千米处原有一铁匠铺村，已变为沙洲。

建库以后，电站的运行对水沙起到了一定的调节作用，中水流量下泄机会增多，因而冲刷大于淤积，床沙粗化，纵向下切，横向变窄。如：府谷站断面 1979 年至 1984 年间，同流量水位下降 2.35 米，水面宽减少了 102 米，平均水深增加了 1.41 米。

沿河两岸修筑了一些丁坝、护岸等人工控导工程，使河道向窄深稳定型发展。

第四篇　水环境监测

　　中游局测区水化学成分监测始于 1959 年，当时成立了吴堡水化学中心分析室，1968 年停止水化学成分监测。1975 年恢复水质监测工作，设立水质分析室；1979 年 1 月水质分析室改建为吴堡监测站，1993 年 10 月更名为黄河中游水环境监测中心。1995 年 3 月成立黄河中游水资源保护局，与中游局合署办公（一套班子，两块牌子），下设水质监测中心。水质监测站、黄河中游水资源保护局、黄河中游水环境监测中心历任负责人由主任（局长）兼任。黄河中游水环境监测中心 1993 年取得国家技术监督局计量认证合格证。

　　1992 年以来，黄河中游水环境监测工作发展迅速，监测站网逐步增加，站网布局渐趋完善。在常规监测站网的基础上增加了省界监测站网、专用监测站网；检测类别不断增多，由单纯的地表水监测，拓展到地下水、饮用水、大气降水、工业废水及生活污水、土壤、河流底质等；检测项目不断增加，由天然水化学项目及五项毒物的分析逐步增加了重金属、有机污染物、营养盐、有机污染综合指标等；检测队伍不断壮大，检测人员素质、检测能力不断提高；检测技术装备现代化水平不断提高，拥有自动化程度较高的仪器设备；检测技术手段逐步改善，由重量分析、容量分析和简单仪器分析发展到以自动化分析为主；检测环境显著改善，实验室面积扩大，基础设施和配套设施趋于完善，基本达到规范要求。工作内容逐步由单纯的水环境监测分析、提供基础数据向水环境监督管理转变，可更好地为水资源保护和水生态环境保护提供可靠的决策依据。

第一章　监测管理

水质监测中心负责中游局测区水功能区、省界、饮用水源地、排污口和河流沉降物监测等工作，可进行地表水、地下水、大气降水、饮用水、污废水及悬移质、土壤、河流底质等样品检测。目前已开展的通过国家计量认证的检测项目主要有：pH、矿化度、悬浮物、钙、镁、钾、钠、氯化物、硫酸盐、碳酸盐、重碳酸盐、溶解氧、CODcr、CODmn、BOD、氨氮、亚硝酸盐氮、硝酸盐氮、挥发酚、总氰化物、砷、六价铬、总磷、总汞、重金属、细菌总数、粪大肠菌群等58项。建立了以《质量手册》《程序文件》《作业指导书》《记录表格》和《安全管理手册》为核心的管理体系，对整个水质检测过程进行全面规范的管理。

第一节　综述

一、监测任务

1978年，在黄河水质监测工作座谈会上，明确水质监测站的主要任务是：积极开展所辖河段的水质监测工作，及时、准确地做好监测资料的整理分析，掌握水质变化动态，为水资源保护当好耳目和哨兵；大力宣传贯彻环境保护工作的重要意义、方针政策，协同地方环境保护部门进行污染源调查，监督厂矿企业排污；积极开展科学试验活动，不断提高监测工作水平，保护水源、造福人民，为工农业生产服务。

1998年黄河流域水资源保护局根据省界水体水环境监测工作需要，制定了《黄河流域省界水体水环境监测站网建设规划》，在河龙区间规划并设置了省界水体水环境监测站网，省界站网的主要任务是：对各省界出境河段水环境质量实施全面监测，及时掌握污染状况，预测不良发展趋势并发布警报，以实现排污总量控制，促进各行政区污染治理；按照国家、水利部及黄河流域有关水环境保护法律法规，结合黄河流域水环境监测实际情况，建立健全省界水体监测指标体系，对重要的环境影响因子进行定期与实时监测；建立黄河流域省界水体监测信息管理系统，收集积累站网基本情况和区域环境资料，提出黄河流域省界水体水环境质量月报、通报和年报，并报告国务院水利主管部门和国家环保总局；定期对资料进行汇总整编和系统分析，为全面评价黄河流域省界水环境质量提供科学依据；及时为水资源保护管理部门提供监测资料和污染动态分析成果，以使其提出对策和措施，实现对水污染的有效监控和防治；参与流域水污染防治和水环境监督管理，并承担突发性水污染事故跟踪监测、监督调查和处理，为水污染纠纷提供公正性、权威性数据。

目前，中游局测区常规监测、省界监测等具体监测任务每年由水文局下达。

二、检测项目

1968年以前主要是水化学检测项目：1.水的物理性质，包括水温、气味、味道、透明度、色度等；2. pH（酸碱度）；3.溶解气体，包括游离二氧化碳、侵蚀性二氧化碳、硫化氢、溶解氧；4.总碱度、总硬度及主要离子，包括钙离子、镁离子、钾和钠离子、氯离子、硫酸根离子等。

1976年至1984年的检测项目为：pH、溶解氧、耗氧量、酚、氰化物、砷、汞、六价铬、总硬度、矿化度、阴离子、阳离子等8至16项。1985年至1993年检测项目增加到18至35项。1994年至2004年，检测项目为pH、电导率、悬浮物、钙、镁、钾、钠、氯化物、硫酸盐、碳酸盐、重碳酸盐、矿化度、总硬度、溶解氧、高锰酸盐指数、化学需氧量、五日生化需氧量、氨氮、硝酸盐氮、总氮、挥发酚、氰化物、砷、六价铬、汞、铜、锌、铅、镉、铁、锰、氟化物、总磷、大肠杆菌、细菌总数等。2005年至今，执行《地表水环境质量标准》（GB3838—2002），以《地表水环境质量标准》中的24项基本项目为主，万家寨库区断面增加地表水源地补充项目5项，2008年又增加了有毒有机物项目监测，包括苯、甲苯、乙苯、二甲苯（对二甲苯、间二甲苯、邻二甲苯）、异丙苯共7项，府谷、吴堡断面增加了钙、镁、钾、钠、碳酸盐、重碳酸盐、总硬度、矿化度、氯化物、硫酸盐等10项。

三、监测规范

1968 年以前按照水电部 1962 年制定的《水文测验暂行规范》第四卷（第五册）水化学成分测验的有关规定执行，1976 年至 1983 年没有统一的水质监测规范，1984 至 1998 年水环境监测执行水利电力部部颁标准《水质监测规范》（SD127—84），1999 年至 2012 年执行中华人民共和国水利部标准《水环境监测规范》（SL219—98），2013 年起执行中华人民共和国水利部标准《水环境监测规范》（SL219—2013）。

四、检测方法

1968 年以前按照水电部 1962 年制定的《水文测验暂行规范》第四卷（第五册）水化学成分测验的有关规定执行，分析方法以化学法为主，分析环境、技术条件相对较差。1976 至 1985 年按照《水文测验手册》第二册 中泥沙颗粒分析和水化学分析的有关规定执行。1986 年至 1998 年，采用水利电力部水文局 1986 年出版的《水质分析方法》，以重量法、分光光度法、容量法、滴定法为主。1999 年开始采用国家或行业标准。

五、评价标准

1968 年以前仅做水化学分析，不做水质评价。1976 年至 1983 年采用《工业企事业设计卫生标准》（GBJ3—73）中地面水水质卫生要求和地面水中有害物质的最高允许浓度进行地表水环境质量评价。1984 年开始执行《地表水环境质量标准》（GB3838—83），2002 年开始执行《地表水环境质量标准》（GB3838—2002）。

1997 年开始，排污口水质评价执行《污水综合排放标准》（GB8978—1996）和其他特殊行业污染物排放标准。

1993 年开始，地下水水质评价执行《地下水质量标准》（GB/T14848—1993），2017 年开始执行《地下水质量标准》（GB/T14848—2017）。

六、检测人员

检测分析人员建站初期仅有 2 人，到 2019 年 12 月，监测中心共有 15 人，其中教授级高工占 6.7%，高级工程师占 40%，工程师占 20%，助理工程师占 33.3%。大专以上学历 15 人，占总人数的 100%，其中研究生占 20%，本科生占 73.3%，专科生占 6.7%。专业涉及生物、陆地水文、计算机应用、环境工程、生物化学、水文水资源等。检测人员持证上岗，可承担地表水、地下水、饮用水、大气降水、污废水等 58 个项目的检测分析。

第二节　专项监测

一、准格尔煤田监测

1994 年为监控准格尔煤田的开发对黄河水体的影响，受准格尔煤炭工业公司的委托，在准格尔煤炭开发区建立了龙王沟薛家湾专用水环境监测站网，站网由 3 个专用监测断面组成，分别为龙王沟上断面、龙王沟下断面和污水处理厂断面。其中龙王沟上为对照断面，龙王沟下为污染监控断面，污水处理厂为排污口监控断面。根据委托方要求，该专用水环境监测站网的监测项目有流量、气温、水温、pH、电导率、悬浮物、总硬度、氨氮、总氮、硝酸盐氮、氟化物、溶解氧、高锰酸盐指数、化学需氧量、生化需氧量、挥发酚、氰化物、汞、砷化物、六价铬、铁、锌、铜、铅、镉、锰、石油类、粪大肠菌群、细菌总数等。每年检测 6 次，单月采样，至 2019 年 3 月因排污口零排放而停止监测。

二、万家寨库区监测

2001 年为监控黄河万家寨库区水体质量，受万家寨水利枢纽工程有限公司委托，在万家寨库区建立了万家寨库区专用水环境监测站网，站网由 7 个专用监测断面组成，分别为拐上断面、城坡断面、坝上断面及坝下（水文站）断面、龙王沟下断面、红河断面及黑岱沟断面。其中拐上为入库水环境监测断面，城坡、坝上为库中水环境监测断面，坝下（水文站）

断面为出库水环境监测断面，龙王沟下断面、红河断面及黑岱沟断面分别为支流龙王沟、红河及黑岱沟入库水质监测断面。根据委托方要求，该专用水环境监测站网的监测项目有流量、气温、水温、pH、电导率、悬浮物、总硬度、氯化物、硫酸盐、氨氮、总氮、硝酸盐氮、总磷、氟化物、溶解氧、高锰酸盐指数、化学耗氧量、生化需氧量、挥发酚、氰化物、汞、砷化物、六价铬、铁、锌、铜、铅、镉、锰、石油类、阴离子表面活性剂、粪大肠菌群、细菌总数、叶绿素、透明度等。

三、龙口水库监测

2012年为监控龙口水库水体质量，受万家寨水利枢纽工程有限公司的委托，建立龙口水库专用监测断面，设磨石滩、龙口生活污水口、寺沟（一线三点）、龙口坝上（一线三点）、龙口坝下（左中右混合样）5个监测断面。参照湖泊、水库、地表水环境监测项目，结合龙口水库的实际情况，确定寺沟、龙口坝上、龙口坝下的监测项目有pH、溶解氧、高锰酸盐指数、化学需氧量、五日生化需氧量、氨氮、总磷、总氮、铜、锌、氟化物、硒、汞、砷、镉、六价铬、铅、氰化物、挥发酚、石油类、硫化物、硫酸盐、氯化物、硝酸盐氮、锰、铁等，龙口坝上和寺沟加测透明度、叶绿素。磨石滩、龙口生活污水口的监测项目有pH、色度、悬浮物、五日生化需氧量、氨氮、挥发酚、氰化物、氟化物、六价铬、总汞、总砷、总镉、总铅、总铜、化学需氧量、磷酸盐、石油类、总锰、硫化物等。

四、地下水监测

2014年开始地下水监测，由黄河流域水环境监测中心通过委托的方式，与中游局签订水质监测合同，对山西省太原市、晋中市的39个一般地下水井和两个水源地井开展水质监测。2014年至2016年地下水监测站点分布见表4.1.2—1。

2017年对部分地下水监测站点的位置进行了调整，监测井总数没有变化。新增加南宽、南格、二坝管理站、均衡场、西炉、温曲、安固、井峪、三合、晋中水文局10个监测井，撤销罗城、二中、上庄、二〇七所、闫漫、王杜、新闻监测中心、鸣李、义棠、流村10个监测井。

表 4.1.2—1　2014 年至 2016 年地下水监测站点分布

序号	监测站名称	监测站编码	所在行政区	监测时间及频次
1	南固碾	41061031	山西省太原市尖草坪区	每月 1 次
2	大井峪	41061911	山西省太原市万柏林区	3 月、8 月，每年 2 次
3	罗　城	41062267	山西省太原市晋源区	3 月、8 月，每年 2 次
4	南　张	41062287	山西省太原市晋源区	3 月、8 月，每年 2 次
5	高家堡	41062299	山西省太原市晋源区	3 月、8 月，每年 2 次
6	西温庄	41062743	山西省太原市小店区	3 月、8 月，每年 2 次
7	北　格	41062762	山西省太原市小店区	3 月、8 月，每年 2 次
8	东高白	41063251	山西省清徐县	3 月、8 月，每年 2 次
9	北　营	41063257	山西省清徐县	3 月、8 月，每年 2 次
10	董家营	41063265	山西省清徐县	3 月、8 月，每年 2 次
11	西　谷	41063268	山西省清徐县	3 月、8 月，每年 2 次
12	西楚王	41063275	山西省清徐县	3 月、8 月，每年 2 次
13	良　隆	41063277	山西省清徐县	3 月、8 月，每年 2 次
14	师家堡	41063280	山西省清徐县	3 月、8 月，每年 2 次
15	东　郝	41064598	山西省晋中市榆次区	每月 1 次
16	北　田	41064613	山西省晋中市榆次区	3 月、8 月，每年 2 次
17	王　杜	41064617	山西省晋中市榆次区	3 月、8 月，每年 2 次
18	新闻监测中心	41064621	山西省晋中市榆次区	3 月、8 月，每年 2 次
19	鸣　李	41064625	山西省晋中市榆次区	3 月、8 月，每年 2 次
20	大张义	41064627	山西省晋中市榆次区	3 月、8 月，每年 2 次
21	陈　侃	41064628	山西省晋中市榆次区	3 月、8 月，每年 2 次
22	东　阳	41064629	山西省晋中市榆次区	3 月、8 月，每年 2 次
23	二　中	41065354	山西省太谷县	3 月、8 月，每年 2 次
24	上　庄	41065394	山西省太谷县	3 月、8 月，每年 2 次
25	洛　阳	41066138	山西省祁县	3 月、8 月，每年 2 次

序号	监测站名称	监测站编码	所在行政区	监测时间及频次
26	思 贤	41066153	山西省祁县	3月、8月，每年2次
27	常家堡	41066155	山西省祁县	3月、8月，每年2次
28	二〇七所	41066160	山西省祁县	3月、8月，每年2次
29	闫 漫	41066217	山西省祁县	3月、8月，每年2次
30	贾 令	41066219	山西省祁县	3月、8月，每年2次
31	白 圭	41066220	山西省祁县	3月、8月，每年2次
32	晓 义	41066221	山西省祁县	3月、8月，每年2次
33	庄 则	41066911	山西省平遥县	3月、8月，每年2次
34	木 瓜	41066932	山西省平遥县	3月、8月，每年2次
35	北官地	41066934	山西省平遥县	3月、8月，每年2次
36	宋 古	41067357	山西省介休市	3月、8月，每年2次
37	席 村	41067370	山西省介休市	3月、8月，每年2次
38	东内封	41067385	山西省介休市	3月、8月，每年2次
39	师屯南	41067401	山西省介休市	3月、8月，每年2次

2018至2019年调整为33个，2018年至2019年地下水监测站点分布见表4.1.2—2。由山西省水文水资源局安排太原市、长治市分局和晋中市分局负责采样，2014年至2017年水源井监测项目有pH、氨氮、硝酸盐、亚硝酸盐、挥发性酚、氰化物、砷、汞、六价铬、总硬度、铅、氟化物、镉、铁、锰、溶解性总固体、高锰酸盐指数、硫酸盐、氯化物、总大肠菌群、色、嗅和味、浑浊度、肉眼可见物、铜、锌、阴离子合成洗涤剂、细菌总数、硒、碘化物、钼、钴、铍、钡、镍、总α放射性、总β放射性等，其中硒、碘化物、钼、钴、铍、钡、镍、总α放射性、总β放射性等11项因不具备检测能力，没有开展检测。一般地下井监测项目有pH、氨氮、硝酸盐、亚硝酸盐、挥发性酚、氰化物、砷、汞、六价铬、总硬度、铅、氟化物、镉、铁、锰、溶解性总固体、高锰酸盐指数、硫酸盐、氯化物、总大肠菌群共20项。

表4.1.2—2　2018年至2019年地下水监测站点分布

序号	监测站名称	监测站编码	所在行政区	监测时间及频次
1	上兰	41061040	山西省太原市尖草坪区上兰镇上兰水厂内	每月1次
2	枣沟	41061538	山西省太原市杏花岭区中涧河乡枣沟村长沟煤矿	每月1次
3	三给	41061027	山西省太原市尖草坪区柴村镇三给村西500米	每月1次
4	南固碾	41061031	山西省太原市尖草坪区新城乡南固碾村西300米	4月、10月，每年2次
5	西温庄	41062743	山西省太原市小店区西温庄乡西温庄村	4月、10月，每年2次
6	西谷	41063268	山西省太原市清徐县西谷乡西谷村	4月、10月，每年2次
7	西楚王	41063275	山西省太原市清徐县徐沟镇西楚王村	4月、10月，每年2次
8	南宷	41061530	山西省太原市杏花岭区中涧河乡南宷村	10月，每年1次
9	董茹水文站	41062340	山西省太原市晋源区金胜乡董茹水文站	10月，每年1次
10	二坝管理站	41063301	山西省太原市清徐县西谷乡二坝管理站	10月，每年1次
11	北邰	41063290	山西省太原市清徐县徐沟镇北邰村	10月，每年1次
12	东郝	41065320	山西省晋中市榆次区修文镇东郝村	10月，每年1次
13	大张义	41064627	山西省晋中市榆次区张庆乡大张义	10月，每年1次
14	陈侃	41064628	山西省晋中市榆次区修文镇陈侃	10月，每年1次
15	流村	41064557	山西省晋中市榆次区乌金山镇流村	10月，每年1次
16	晋中水文局	41064634	山西省晋中市榆次区郭家堡乡直隶庄	10月，每年1次
17	均衡场	41065404	山西省晋中市太谷区明星镇均衡场	10月，每年1次
18	西炉	41065405	山西省晋中市太谷区小白乡西炉	10月，每年1次
19	朝阳	41065403	山西省晋中市太谷区胡村镇朝阳	10月，每年1次
20	三合	41066228	山西省晋中市祁县昭馀镇三合	10月，每年1次
21	温曲	41066232	山西省晋中市祁县古县镇温曲	10月，每年1次
22	贾令	41066219	山西省晋中市祁县贾令镇贾令	10月，每年1次
23	南团柏	41066234	山西省晋中市祁县东观镇南团柏	10月，每年1次
24	安固	41066952	山西省晋中市平遥县香乐乡安固	10月，每年1次
25	北城	41066953	山西省晋中市平遥县古陶镇北城	10月，每年1次
26	宋古	41067357	山西省晋中市介休市宋古乡宋古	10月，每年1次
27	东内封	41067385	山西省晋中市介休市绵山镇东内封	10月，每年1次

序号	监测站名称	监测站编码	所在行政区	监测时间及频次
28	义　棠	41067432	山西省晋中市介休市义棠镇义棠水文站	10月，每年1次
29	郭壁水源地	41761466	山西省晋城市泽州县郭壁	每月1次
30	北石店	41761005	山西省晋城市泽州县北石店镇北石店村	10月，每年1次
31	马家沟	41762023	山西省晋城市高平市寺庄镇马家沟	10月，每年1次
32	董　封	41762611	山西省晋城市阳城县董封乡	10月，每年1次
33	绿洲纺织厂	41762617	山西省晋城市阳城县绿洲纺织厂	10月，每年1次

按照水利部开展地下水监测的统一要求，根据《地下水质量标准》（GB/T14848—2017），2018年起黄河流域（片）地下水监测分为常规项目和非常规项目两部分。常规项目39项，包括：色、嗅和味、浑浊度、肉眼可见物、pH、总硬度、溶解性总固体、硫酸盐、氯化物、铁、锰、铜、锌、铝、挥发性酚类、阴离子表面活性剂、耗氧量、氨氮、硫化物、钠、总大肠菌群、菌落总数、亚硝酸盐、硝酸盐、氰化物、氟化物、碘化物、汞、砷、硒、镉、六价铬、铅、三氯甲烷、四氯化碳、苯、甲苯、总 α 放射性、总 β 放射性等。非常规项目54项，目前监测中心只开展39项常规监测项目，还不具备非常规项目的检测条件。

监测分析方法执行《地下水质量标准》（GB/T14848—2017）有关规定。

第三节　应急监测

一、组织制度

依据黄委《黄河重大水污染事件报告办法（试行）》《黄河重大水污染事件应急调查处理规定》等，中游局于2006年制定印发了《突发水污染事件应急预案》，自2008年以来，开展水污染应急调查、监测27次。

二、方式方法

按照《突发水污染事件应急预案》，当发生突发水污染事件时，所属水文站第一时间采样取证，10 分钟内报勘测局和中游局，中游局收到污染报告后，立即启动水污染事件应急预案，30 分钟内上报水文局、黄河流域水资源保护局，组织安排现场取样、调查及水质监测分析，调查处理结束 2 日内向水文局和黄河流域水资源保护局提交突发水污染事件调查报告和总结，并按要求报地方政府。

三、仪器设备

2013 年由国家水资源监控能力建设项目配备水质监测专用车 1 辆及部分应急监测仪器设备，水质监测专用车配备的仪器设备见表 4.1.3—1。

表 4.1.3—1　水质监测专用车配备的仪器设备

设备名称	型号	制造商	数量（台）
测深仪	D330	上海华测导航技术有限公司	1
测距仪	contourXLRic	美国 LaserCraft 公司	1
快速 COD 测定仪	DR2800	美国哈希公司	1
便携式快速水质测定仪	DR/890	美国哈希公司	1
车载气象色谱仪	8610C	美国 SRI 公司	1
红外测油仪	OIL460	北京华夏科创仪器有限公司	1
摄像机	HDR-PJ580E/b	日本索尼公司	1
照相机	EOS600D	日本佳能公司	1
便携式计算机	TinkPad　T420	中国联想公司	2
生物毒性分析仪	DeltaTOX	美国 SDI 公司	1
便携式多参数检测仪	YSI-6820V2	美国 YSI 公司	1

四、典型案例

（一）秃尾河水污染事件

2008 年 8 月 17 日，秃尾河高家堡站发现测验河段水质变黑，无味无泡沫，随即上报榆林勘测局。榆林勘测局核实情况后报中游局，中游局接到报告后立即启动《突发水污染事件应急预案》，将水污染情况上报水文局、黄河流域水资源保护局，安排高家堡站和下游高家川站在测验河段、污染源、入黄口等地分别采样，同时派出调查人员前往污染现场进行污染源调查，并将水污染情况通报榆林市环保局。经调查，这起水污染事件由高家堡站上游约 20 千米、距入黄河口约 80 千米的锦界工业园区违法排污造成（园区内锦界煤矿污水处理厂一号调节池出现突发性故障，导致矿井水未经处理直接排放；神木化工厂年度检修，清理锅炉排出污水；北元化工厂偷排污水）。经检测分析，化学需氧量严重超标。本次水污染未对当地群众生产生活造成大的危害。

（二）皇甫川水污染调查

按照《黄河流域水资源保护局关于开展皇甫川污染情况调查的通知》，中游局于 2013 年 12 月 21 日至 26 日对皇甫川古城至贾家寨断面的水污染情况开展调查。经调查，发现陕西奥维乾元化工有限公司设置排污口向皇甫川排污，在排污口以下 1 千米及距皇甫川入黄口 1 千米的河道采样，并将调查结果上报黄河流域水资源保护局。同时向企业讲解了黄委《实施入河排污口监督管理办法》细则，入河排污口的设立必须经过黄委主管部门批准，未经批准不能排放。

（三）仕望川水污染事件

2019 年 6 月 25 日，延安勘测局报告，陕西省宜川县大村水文站上游发生油罐车碰撞事故，装载的石脑油泄漏进入仕望川河道，地方政府派环保、水务等部门人员采取拦油措施处理。接到报告后，中游局立即启动《突发水污染事件应急预案》，向水文局、黄河流域水资源保护局报告，同时安排大村水文站进行调查、采样。首先在大村水文站测验断面采样取证，其次沿河道向上游调查，在距入黄口约 40 千米处（距水文站约 18 千米），一辆载有 30 吨石脑油的罐车因倒车侧翻入河。陕西省宜川县水务、环保部门在事故发生地至大村水文站之间采取了漂浮草帘吸油焚烧、吸油膜吸油、拦河小坝拦截等方式阻止油污进入黄河。6 月 25 日至 27 日在水文站测验断面共采集水样 12 次，在仕望川入黄口附近采样 2 次。此次污染事件经地方政府及时有效处置，石脑油污染物未进入黄河。

（四）清涧河水污染事件

2019 年 8 月 1 日 9 时 50 分，连续强降雨导致陕西省子长县瓦窑堡街道后桥村某洗煤厂的两处废渣蓄水池发生滑塌，造成下游桃树洼村水坝溃坝，溢水涌入洗煤厂，淹没县城街道及加油站，并沿沟道进入清涧河。事发地点下游 8 千米处的子长水文站接到子长县防汛办公室的通知后，立即将情况报告中游局，接到报告后，中游局立即启动《突发水污染事件应急预案》，向水文局报告，同时要求水文站密切关注水质变化，根据水位变化施测流量。10:20 开始涨水，水色由黄色转变为黑色，水面漂浮黑色类似油类油花，气味为原油味。子长站组织测验，起涨水位 4.2 米，流量 0.998 立方米每秒，10:39 最高水位 4.56 米，流量 20.5 立方米每秒。并派张兆明等人赶赴现场，根据子长站水势变化，在断面上布点，连续采样，同时安排下游延川水文站采集样品。至 2 日 14 时，共采集、监测样品 13 个，上报监测数据 78 组。按《地表水环境质量标准》（GB3838—2002）Ⅲ类水标准评价，污水到达子长站断面时，化学需氧量最大超标 6449 倍，氨氮最大超标 12 倍，石油类最大超标 625 倍，悬浮物含量最高达 738000 毫克每升。污水过后，2 日 8 时，子长站断面主要污染物指标基本恢复正常，化学需氧量最大超标 1.1 倍，氨氮最大超标 0.7 倍，石油类未检出。延川站断面仅有 1 次化学需氧量略有超标，氨氮、石油类等均未超标。

第二章　设施设备

第一节　基础设施

一、实验室

1992 年之前，实验室位于陕西省吴堡县吴堡总站机关，建筑面积 400 平方米（包括泥沙分析），检测仪器简陋，检测环境差。1992 年搬迁到山西省榆次市榆次总站机关，新建水环境监测中心楼一栋共三层，建筑面积 530 平方米，其中恒温面积 60 平方米。2009 年，中游局新建综合办公楼一栋，监测中心在综合办公楼四至七层，建筑面积 1636 平方米，其中实验室（含库房）恒温面积 914 平方米。

根据水利部 2008 年 6 月《关于水资源监测能力 2008 年度应急建设初步设计的批复》和黄委 2008 年 12 月《关于黄河中游水环境监测中心实验楼初步设计的批复》，黄河中游水环境监测中心实验楼于 2008 年 10 月 30 日动工，2009 年 9 月 30 日完工，2009 年 12 月 30 日通过山西省晋中市建设工程质量安全监督站的竣工验收，2011 年 9 月，通过黄河流域水资源保护局初步竣工验收。黄河中游水环境监测中心实验楼建设情况见表 4.2.1—1。

表 4.2.1-1　黄河中游水环境监测中心实验楼建设情况

序号	功能房间名称	实际面积（平方米）
1	七楼药品室	55.44
2	七楼多功能厅	75.00
3	六楼分析实验室	859.26
4	四楼办公室	150.96
5	二楼会议室	55.90

序号	功能房间名称	实际面积（平方米）
6	二楼接待室	32.24
7	二楼文印室	31.00
8	二楼水质信息自动化室	14.46
9	一层档案、水电管理室	12.50
10	一楼大厅	12.60
11	一楼后勤管理办公室	12.60
12	地下室配电室	13.07
13	地下室仪器设备库	25.20
14	地下室采暖、消防泵房	20.79
15	地下室技术、财务、文书资料档案室	77.12
16	各层电梯间面积	75.60
17	各层楼梯间面积	64.68
18	卫生间面积	47.58
合　计		1636

二、配套设施建设

在建设实验室的同时，进行了基础设施的配套建设。新建给水排水系统、电力系统、通讯网络系统、通风系统、采暖系统，对实验室进行装修，配置中央实验台、实验边台、超净工作台、玻璃仪器柜和试剂柜、电热水器、空调等，实验室配套设施和环境条件均已达到各项要求。

第二节　技术装备

1990 年以前水质监测分析方法主要是容量分析法（手工滴定），配置仪器多为手工和半手工操作。1990 年以后逐年配置了 pH 计、数字式离子计、电导率仪、可见光分光光度计、红外分光测油仪、紫外分光光度计、原子吸收光谱仪、稳压电源、电热板、电炉、烘箱、离心机等，水质监测分析仪器设备不断更新，环境不断改善。

2013 年至 2015 年，根据"黄委水资源监测能力 2013 年至 2014 年度应急建设项目"和"国家水资源监控能力建设项目"，配备了采样车、COD 测定仪、生物显微镜、高速冷冻离心机、冷藏柜、自动电位滴定仪、生物毒性分析仪、自动流动注射分析仪、高效固液萃取仪、离子色谱自动进样器、超声波清洗器、气相色谱仪、液相色谱仪、全自动冷原子吸收微分测汞仪、COD 消解装置、总 α、β 测定仪、离子色谱仪、总有机碳测定仪、等离子发射光谱仪、原子吸收光谱仪、原子荧光光度计、移动实验室等。水环境监测技术装备表见表 4.2.2—1。

表 4.2.2-1　水环境监测技术装备表

序号	仪器名称	单位	数量	购买时间（年.月）	投资（万元）
1	电感耦合等离子体发射光谱仪	台	1	2014.12	89
2	气相色谱仪	台	2	2007.06 2013.12	42 44
3	液相色谱仪	台	1	2014.12	77
4	离子色谱仪	台	2	2007.06 2014.12	40 15
5	原子吸收分光光度计	台	2	2006.07 2013.02	48 65
6	紫外分光光度计	台	3	2006.12 2009.02 2012.10	5 9.8 7.3
7	可见分光光度计	台	2	2012.04 2018.05	1.4 0.8
8	流动分析仪	台	2	2013.11 2010.06	105 91
9	COD 测定仪	台	1	2013.05	11
10	BOD 测定仪	台	1	2014.12	6
11	原子荧光分光光度仪	台	1	2012.09	14
12	TOC 测定仪	台	1	2012.11	27
13	总 α、β 测定仪	台	1	2015.03	20
14	显微镜（生物）	台	1	2014.12	19
15	微波消解仪	台	1	2008.12	20

序号	仪器名称	单位	数量	购买时间（年.月）	投资（万元）
16	测油仪	台	3	2004.05 2013.05 2012.09	0.8 6 8.8
17	高速冷冻离心机	台	1	2014.12	28
18	自动电位滴定仪	台	2	2010.08 2014.12	19 29
19	生物毒性分析仪	台	2	2013.05 2014.12	14 39
20	叶绿素测定仪	台	1	2012.11	17
21	超纯水制备系统	台	1	2012.10	4
22	超声波清洗机	台	5	2009.10 2012.09 2012.09 2012.09 2013.09	3.8 0.9 0.9 0.9 5
23	吹扫捕集仪	台	2	2010.10 2013.12	20 20
24	测汞仪	台	1	2014.12	20
25	离心机	台	1	2003.09	0.9
26	全自动固相萃取仪	台	1	2014.12	65
27	水质移动实验室	台	1	2013.05	95
28	水质应急监测设备	套	1	2013.05	79
合　计			44		

附　表

附表　干部任职

附表 1—1　中游局历任负责人统计表

单位名称	职　务	姓　名	任职时间（年、月）
吴堡一等水文站	站　长	骆寿春	1952.10—1953.04
吴堡水文分站	站　长	肖劲军	1953.05—1956.06
	副站长	贾华芳	1953.05—1956.06
吴堡总站	主　任	肖劲军	1956.06—1963.01
		姜圣俊	1963.01—1963.03
		朱　信	1963.03—1968.06
	副主任	辛志杰	1956.09—1958.09
		贾华芳	1956.09—1963.03
		葛　行	1960.03—1962.05
		刘汉章	1963.01—1963.03
		张广道	1963.03—1965.03
		李林学	1965.10—1968.04
	教导员	杨路锁	1964.10—1975.06
	副教导员	朱振泉	1965.10—不详
吴堡总站革委会	主　任	朱　信	1968.06—1971.03
		汤秀生	1971.03—1978.04
	副主任	李林学	1968.04—1972
		燕培森	1968.06—1978.04
		杨路锁	1968.06—1975.06
		范灶兴	1968.06—1978.05
		付永光	1974.04—1979.11
		杨路锁（主持工作）	1978.03—1979.11
		杨路锁	1979.11—1980.06

单位名称	职　务	姓　名	任职时间（年、月）
吴堡总站	主　任	付永光	1979.11—1981.12
		席锡纯	1984.10—1985.12
	副主任	辛永忠	1979.06—1983.05
		田顺成	1981.03—1981.12
		田顺成（主持工作）	1981.12—1984.10
		席锡纯	1983.05—1984.09
		许世耀	1983.05—1985.12
		林来照	1984.11—1985.12
	主任工程师	芮君和	1984.10—1985.12
黄河中游水资源保护局	局长、监测中心主任	杨传进	1995.09—1997.11
榆次总站	主　任	席锡纯	1986.01—1992.08
	副主任	许世耀	1986.01—1990.02
		林来照	1986.01—1989.02
		王海明	1988.02—1992.08
		杨传进	1989.02—1992.08
		钞增平	1991.04—1992.08
	主任工程师	芮君和	1986.01—1988.12
	总工程师	芮君和	1988.12—1992.08
中游局	局　长	席锡纯	1992.08—1995.10
		张红月	1997.03—1998.07
		高贵成	1999.07—2013.10
		王海明	2013.10—2017.04
		卢寿德	2017.09—2021.02
		贾俊亮	2021.02—
	副局长	王海明	1992.08—1998.07
		杨传进	1992.08—1995.10
		钞增平	1992.08—1995.10
		钞增平（主持工作）	1995.10—1997.02
		林来照	1995.10—2000.05

单位名称	职　务	姓　名	任职时间（年、月）
中游局	副局长	高国甫	1995.10—2017.12
		钞增平	1997.02—2002.07
		王海明（主持工作）	1998.07—1999.03
		王海明	1999.03—2005.06
		高贵成（主持工作）	1999.03—1999.07
		蔡文彦	2006.03—2019.02
		王雄世	2006.03—2009.04
		韩淑媛	2010.03—
		卢寿德（主持工作）	2017.04—2017.09
		陈　鸿	2019.01—
		贾俊亮	2019.03—2021.02
	总工程师	芮君和	1992.08—1995.10
		杜　军	2000.11—2002.11
		屠新武	2002.11—2004.03
		陈　鸿	2004.06—
	主任会计师	刘　尧	1995.03—2000.03
	调研员	许世耀	1992.04—1993.12
		席锡纯	1995.10—1996.11
		芮君和	1995.10—1996.10
	五级职员	赵宏强	2012.01—2012.02
		高国甫	2017.12—2018.03
		宋海宏	2017.12—2018.03
		蔡文彦	2020.10—
	六级职员	陈三俊	2012.01—2017.03
		汪艾卓	2015.08—
	副总工程师	段学超	1994.04—1995.03
		杨锡瑾	1998.03—1999.06
		何志江	2001.01—2002.12
		陈　鸿	2002.12—2004.06

单位名称	职　务	姓　名	任职时间（年、月）
中游局	副总工程师	车忠华	2008.03—2012.02
		齐　斌	2011.03—2015.08
		刘都喜	2015.09—2020.12
		何继宏	2021.07—
	副主任会计师	刘　尧	1994.04—1995.03

附表1—2　中游局历任党组织负责人和党组织隶属关系一览表

党组织		职　务	姓　名	驻　地	隶属		任职时间（年、月）
党委	党组				黄委	水文局	
	√	党的核心小组组长	汤秀生	陕西省吴堡县	√		1975.05—1978.04
	√	党的核心小组副组长	燕培森	陕西省吴堡县	√		1975.05—1978.04
	√	党的核心小组副组长	范灶兴	陕西省吴堡县	√		1976.07—1978.04
	√	党组副书记（主持工作）	杨路锁	陕西省吴堡县	√		1978.04—1981.09
	√	党组副书记	付永光	陕西省吴堡县	√		1978.04—1981.09
√		书记	付永光	陕西省吴堡县	√		1981.09—1981.12
√		副书记（主持工作）	田顺成	陕西省吴堡县	√		1981.12—1983.06
√		副书记（主持工作）	田顺成	陕西省吴堡县		√	1983.06—1984.12
√		书记	李江泰	陕西省吴堡县		√	1984.12—1985.11
√		书记	李江泰	山西省榆次市		√	1985.11—1988.12
√		书记	许世耀	山西省榆次市		√	1990.02—1992.03
√		副书记	席锡纯	山西省榆次市		√	1990.02—1992.03
√		书记	席锡纯	山西省榆次市		√	1992.03—1995.10
√		副书记	王海明	山西省榆次市		√	1992.03—1995.11
√		副书记（主持工作）	王海明	山西省榆次市		√	1995.11—1997.04
√		书记	张红月	山西省榆次市		√	1997.04—1998.07
√		副书记（主持工作）	王海明	山西省榆次市		√	1998.07—1999.04
√		副书记（主持工作）	高贵成	山西省榆次市		√	1999.04—1999.12
√		书记	高贵成	山西省晋中市榆次区		√	1999.12—2001.10

党组织		职　务	姓名	驻　地	隶属		任职时间 (年、月)
党委	党组				黄委	水文局	
√		书记	高贵成	山西省晋中市		√	2001.10—2013.10
√		副书记	王海明	山西省晋中市榆次区		√	1999.04—2001.10
√		副书记	王海明	山西省晋中市		√	2001.10—2005.08
√		书记	王海明	山西省晋中市		√	2013.10—2017.04
√		副书记（主持工作）	卢寿德	山西省晋中市		√	2017.04—2017.10
√		书记	卢寿德	山西省晋中市		√	2017.10—2021.03
√		副书记	贾俊亮	山西省晋中市		√	2020.04—2021.03
√		书记	贾俊亮	山西省晋中市		√	2021.03—

注：1999 年 9 月，撤销晋中地区，设立晋中市（地级市），所属榆次市改为榆次区。中游局党组织
关系 2001 年由榆次区委转至晋中市委。

附表1—3　中游局历任党组织成员一览表

党　组　织			姓　名	任职时间（年、月）
党的核小心组	党组	党委		
√			汤秀生	1975.05—1978.04
√			燕培森	1975.05—1978.04
√			付永光	1975.05—1978.04
√			范灶兴	1976.07—1978.04
√			刘　尧	1976.07—1978.04
√			辛永忠	1976.07—1978.04
	√		杨路锁	1978.04—1981.09
	√		付永光	1978.04—1981.09
	√		燕培森	1978.04—1981.09
	√		辛永忠	1978.04—1981.09
	√		田顺成	1981.03—1981.09
		√	付永光	1981.09—1981.12
		√	田顺成	1981.09—1984.12
		√	辛永忠	1981.09—1983.05
		√	许世耀	1981.12—1992.03

党 组 织			姓 名	任职时间（年、月）
党的核小心组	党 组	党 委		
		√	芮君和	1983.06—1995.11
		√	李江泰	1984.12—1988.12
		√	席锡纯	1984.12—1995.11
		√	王海明	1984.12—2005.06
		√	杨传进	1990.02—1995.11
		√	钞增平	1992.03—2002.07
		√	林来照	1995.11—2000.05
		√	高国甫	1995.11—2018.12
		√	张红月	1997.04—1998.07
		√	高贵成	1999.04—2013.10
		√	赵宏强	1999.12—2012.03
		√	宋海宏	1999.12—2018.12
		√	屠新武	2002.11—2004.03
		√	蔡文彦	2006.04—2019.02
		√	韩淑媛	2010.05—
		√	王海明	2013.10—2017.04
		√	卢寿德	2017.04—2020.12
		√	贾俊亮	2019.03—
		√	陈 鸿	2019.01—
		√	郭成修	2019.03—

附表1—4 中游局纪检监察历任负责人一览表

序号	职务名称	姓 名	时间（年、月）	隶 属
1	书记	田顺成	1982.07—1984.12	吴堡县委、水文局党委
2	副书记	尚应全	1983.06—1984.12	吴堡县委、水文局党委
3	副书记（主持）	尚应全	1984.12—1986.06	吴堡县委、水文局党委
4	纪检员	王玉林	1986.06—1990.03	榆次市委、水文局党委
5	监察员	王世忠	1989.10—1991.03	榆次市委、水文局党委
6	纪检员	高巨伟	1990.03—1994.04	榆次市委、水文局党委
7	监察员（兼）	王世忠	1991.03—1994.04	榆次市委、水文局党委

序号	职务名称	姓　名	时间（年、月）	隶　属
8	党委委员分管纪律检查	杨传进	1992.05—1995.11	榆次市委、水文局党委
9	监察纪检员	高巨伟	1994.04—1996.01	榆次市委、水文局党委
10	党委委员分管纪律检查	高国甫	1995.11—1999.12	榆次市委、水文局党委
11	纪检监察员（兼）	王世忠	1996.01—2001.04	榆次市委、水文局党委
12	书记	高国甫	1999.12—2002.11	榆次区委、水文局党组
13	副书记	宋海宏	1999.12—2002.11	榆次区委、水文局党组
14	监察员	吕文萍	2001.04—2002.12	榆次市委、水文局党委
15	书记	宋海宏	2002.11—2018.12	晋中市委、水文局党组
16	书记	郭成修	2019.04—	晋中市委、水文局党组

附表1—5　中游局工会组织负责人一览表

主席（主任）	任职时间（年、月）	驻　地	副主席（主任）	任职时间（年、月）	驻　地
付永光（兼）	1980.05—1984.10	陕西省吴堡县	王学文	1980.05—1981.07	陕西省吴堡县
许世耀（兼）	1984.10—1987.11	陕西省吴堡县	付明伦	1982.05—1985.03	陕西省吴堡县
王海明	1987.11—1990.03	山西省榆次市	贾凤成	1985.03—1986.10	陕西省吴堡县
赵宏强（代）	1990.03—1993.12	山西省榆次市	张　元	1987.10—1989.11	山西省榆次市
赵宏强	1993.12—2009.05	山西省榆次市（区）	高巨伟	2012.02—2017.01	山西省晋中市
赵宏强	2009.05—2012.01	山西省晋中市	王　勇	2021.08—	山西省晋中市
王世忠	2012.05—2021.10	山西省晋中市			